工业和信息化精品系列教材

黑马程序员 ◉ 编著

自动化测试

应用教程

（Web+App）

人民邮电出版社

北 京

图书在版编目（CIP）数据

自动化测试应用教程：Web+App / 黑马程序员编著
. -- 北京 ：人民邮电出版社，2023.3（2024.6重印）
工业和信息化精品系列教材
ISBN 978-7-115-59768-7

Ⅰ. ①自… Ⅱ. ①黑… Ⅲ. ①软件工具－自动测试－
教材 Ⅳ. ①TP311.561

中国版本图书馆CIP数据核字(2022)第131596号

内 容 提 要

本书基于 Python 语言，系统地介绍了 Selenium 与 Appium 自动化测试的相关知识及应用。

本书共 10 章，第 1 章主要讲解自动化测试的基础知识，第 2～4 章主要讲解 Selenium WebDriver 的应用与 App 自动化测试；第 5～9 章主要讲解了单元测试框架、PO 模式、数据驱动、日志和持续集成；第 10 章通过测试一个黑马头条项目帮助初学者巩固第 1～9 章学习的知识，让初学者掌握自动化测试在实际工作中的运用。

本书附有配套视频、源代码、教学课件等教学资源，为了帮助初学者更好地学习本书的内容，作者还提供了在线答疑服务，希望能够帮助更多的读者。

本书适合作为高等教育本、专科院校计算机相关专业的教材，也可作为自动化测试爱好者的自学读物。

◆ 编　　著　黑马程序员
　　责任编辑　范博涛
　　责任印制　焦志炜

◆ 人民邮电出版社出版发行　　北京市丰台区成寿寺路 11 号
　　邮编　100164　　电子邮件　315@ptpress.com.cn
　　网址　https://www.ptpress.com.cn
　　北京市艺辉印刷有限公司印刷

◆ 开本：787×1092　1/16
　　印张：15.5　　　　　　　　　2023 年 3 月第 1 版
　　字数：384 千字　　　　　　　2024 年 6 月北京第 4 次印刷

定价：59.80 元

读者服务热线：(010)81055256　印装质量热线：(010)81055316
反盗版热线：(010)81055315
广告经营许可证：京东市监广登字 20170147 号

FOREWORD

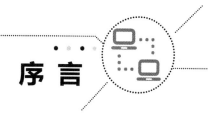

序 言

本书的创作公司——江苏传智播客教育科技股份有限公司（简称"传智教育"）作为我国第一个实现 A 股 IPO 上市的教育企业，是一家培养高精尖数字化专业人才的公司，主要培养人工智能、大数据、智能制造、软件开发、区块链、数据分析、网络营销、新媒体等领域的人才。传智教育自成立以来贯彻国家科技发展战略，讲授的内容涵盖了各种前沿技术，已向我国高科技企业输送数十万名技术人员，为企业数字化转型、升级提供了强有力的人才支撑。

传智教育的教师团队由一批来自互联网企业或研究机构，且拥有 10 年以上开发经验的 IT 从业人员组成，他们负责研究、开发教学模式和课程内容。传智教育具有完善的课程研发体系，一直走在整个行业的前列，在行业内树立了良好的口碑。传智教育在教育领域有 2 个子品牌：黑马程序员和院校邦。

一、黑马程序员——高端 IT 教育品牌

黑马程序员的学员多为大学毕业后想从事 IT 行业，但各方面的条件还达不到岗位要求的年轻人。黑马程序员的学员筛选制度非常严格，包括了严格的技术测试、自学能力测试、性格测试、压力测试、品德测试等。严格的筛选制度确保了学员质量，可在一定程度上降低企业的用人风险。

自黑马程序员成立以来，教学研发团队一直致力于打造精品课程资源，不断在产、学、研 3 个层面创新自己的执教理念与教学方针，并集中黑马程序员的优势力量，有针对性地出版了计算机系列教材百余种，制作教学视频数百套，发表各类技术文章数千篇。

二、院校邦——院校服务品牌

院校邦以"协万千院校育人、助天下英才圆梦"为核心理念，立足于中国职业教育改革，为高校提供健全的校企合作解决方案，通过原创教材、高校教辅平台、师资培训、院校公开课、实习实训、协同育人、专业共建、"传智杯"大赛等，形成了系统的高校合作模式。院校邦旨在帮助高校深化教学改革，实现高校人才培养与企业发展的合作共赢。

（一）为学生提供的配套服务

1. 请同学们登录"传智高校学习平台"，免费获取海量学习资源。该平台可以帮助同学们解决各类学习问题。

2. 针对学习过程中存在的压力过大等问题，院校邦为同学们量身打造了 IT 学习小助手——邦小苑，可为同学们提供教材配套学习资源。同学们快来关注"邦小苑"微信公众号。

（二）为教师提供的配套服务

1. 院校邦为其所有教材精心设计了"教案+授课资源+考试系统+题库+教学辅助案例"的系列教学资源。教师可登录"传智高校教辅平台"免费使用。

2. 针对教学过程中存在的授课压力过大等问题，教师可添加"码大牛" QQ（2770814393），或者添加"码大牛"微信（18910502673），获取最新的教学辅助资源。

本书在编写的过程中，结合党的二十大精神进教材、进课堂、进头脑的要求，将知识教育与思想政治教育相结合，通过案例加深学生对知识的认识与理解，注重培养学生的创新精神、实践能力和社会责任感。案例设计从现实需求出发，激发学生的学习兴趣和动手思考的能力，充分发挥学生的主动性和积极性，增强学习信心和学习欲望，培养学生分析问题和解决问题的能力。在知识和案例的讲解中融入了素质教育的相关内容，引导学生树立正确的世界观、人生观和价值观，进一步提升学生的职业素养，落实德才兼备的高素质卓越工程师和高技能人才的培养要求。此外，编者依据书中的内容提供了线上学习资源，体现现代信息技术与教育教学的深度融合，进一步推动教育数字化发展。

随着信息技术的高速发展，各种各样的软件产品越来越丰富，软件产品的结构越来越复杂，为了保证软件产品的质量，软件测试工作变得越发重要。为了能准确且高效地测试软件，软件测试方式从最开始的人工测试转换为自动化测试。随着互联网技术的迅速发展，市场对自动化测试人才的需求猛增，越来越多的人开始学习自动化测试技术，以适应工作的需求。

◆ 为什么要学习本书

本书主要讲解了 Web 与 App 自动化测试的相关内容。本书站在初学者的角度，由浅入深地讲解每个知识点，布局合理，结构清晰，注重理论与实践相结合，旨在帮助读者掌握自动化测试的基础理论知识（以辐射形式平铺展开），并具备动手实践的能力。本书中的大部分知识点都配备了测试案例或项目，通过学习测试工具的使用方法及其在测试项目中的应用，帮助读者以较快的速度掌握自动化测试的相关知识并具备实践能力。

◆ 如何使用本书

在使用本书时，对于初学者，建议循序渐进地学习，并且反复练习书中的案例，以达到熟能生巧的程度；对于有基础的测试人员，则可以选择感兴趣的章节跳跃式学习。

本书共 10 章，下面分别对各章进行简单地介绍。

- 第 1 章是自动化测试的概述，内容包括自动化测试的概念、优缺点、自动化测试的分类、自动化测试的基本流程和常用工具。通过本章的学习，读者可以了解自动化测试的基本内容。

- 第 2～3 章主要讲解 Selenium WebDriver 的基本应用和高级应用，内容包括搭建 Web 自动化测试环境、使用浏览器和 Selenium 定位元素、获取元素的常用信息、元素的常用操作、鼠标和键盘的常用操作、浏览器的常用操作、下拉选择框和弹出框操作、截图操作、多窗口与多表单切换、元素等待、Cookie 处理、文件上传与下载、执行 JavaScript 脚本等。通过第 2～3 章的学习，读者可以掌握 Selenium WebDriver 的应用，从而可以编写测试页面元素的脚本。

- 第 4 章主要讲解 App 自动化测试，内容包括搭建 App 自动化测试环境、常用工具、驱动操作、手势操作和 Toast 消息处理。通过本章的学习，读者可以掌握 App 自动化测试的基础知识。

- 第 5 章主要讲解单元测试框架，内容包括 unittest 框架和 pytest 框架。通过本章的学习，读者可以掌握如何使用 unittest 框架和 pytest 框架对 Web 项目进行单元测试。

- 第 6 章主要讲解 PO 模式，该模式的核心是对页面元素进行封装，从而减少程序中的冗余代码，并提

● 第10章测试一个实战项目——黑马头条。本章可帮助读者巩固对第1~9章知识点的学习，在本章的学习过程中，希望读者认真分析自动化测试的逻辑流程，并按照步骤完成项目的测试。

如果读者在理解某个知识点的过程中遇到困难，建议不要纠结于此处，可以先往后学习，随着学习的不断深入，前面不懂的知识点一般就能理解了。如果读者在动手练习的过程中遇到问题，建议多思考、理清思路，认真分析问题发生的原因，并在问题解决后多总结。

◆ 致谢

本书的编写和整理工作由江苏传智播客教育科技股份有限公司完成，主要参与人员有高美云、全建玲、王晓娟、孙东等，全体成员在近一年的编写过程中付出了辛勤的汗水，在此一并表示衷心的感谢。

◆ 意见反馈

尽管编者尽了最大的努力，但本书中难免会有疏漏和不妥之处，欢迎读者朋友来信给予宝贵意见，我们将不胜感激。读者在阅读本书时，如发现任何问题或不认同之处，可以通过电子邮件与编者取得联系。

请发送电子邮件至：itcast_book@vip.sina.com。

黑马程序员

2023年2月于北京

目 录
CONTENTS

第 **1** 章

自动化测试概述

学习目标

★ 了解自动化测试的概念，能够说出什么是自动化测试。

★ 熟悉自动化测试的优缺点，能够列举自动化测试的 4 个优点和 2 个缺点。

★ 熟悉自动化测试的分类，能够列举自动化测试的类型。

★ 熟悉自动化测试的基本流程，能够列举自动化测试基本流程中的 11 个阶段。

★ 了解自动化测试的常用工具，能够说出 6 款常用的自动化测试工具。

在软件开发过程中，软件测试是必不可少的工作环节，在软件测试的过程中有很多测试工作都是重复性的，为了能够使测试工作更加高效和准确，可以用软件自动化测试来代替人工测试。尤其在一些软件产品研发周期长的项目中，软件自动化测试能利用自动化测试工具和技术框架更快地实现测试工作，从而保证软件产品的质量。本章将对自动化测试的概念、优缺点、分类、基本流程和常用工具进行讲解。

1.1 自动化测试简介

1.1.1 自动化测试的概念

测试是具有试验性质的测量，在不同的领域有不同的测试对象。例如，在临床医学领域，测试的对象通常是某种激素或生理活动；在计算机领域，测试的对象通常是软件产品。随着信息技术的高速发展，软件产品越来越多，为保证软件产品的质量，软件测试工作变得越来越重要。通常，软件测试的测试方式分为人工测试和自动化测试。人工测试是由测试人员编写并执行测试用例，然后观察测试结果与预期结果是否一致的过程；自动化测试是通过测试工具来代替或辅助人工去验证系统功能是否有问题的过程。

在开展自动化测试之前，测试人员需要对软件开发过程进行分析，并判断测试的项目是否适合采用自动化测试，通常采用自动化测试需要满足以下 3 个条件。

（1）项目需求变动不频繁

测试脚本的稳定性决定了自动化测试的维护成本。如果项目需求变动过于频繁，测试人员需要根据变动的需求来更新测试用例以及相关的测试脚本，然后不断地对测试脚本代码进行修改和调试，有时候还需要花费很多时间对自动化测试的框架进行修改。所以当项目需求变动不频繁时，才会使用自动化测试。

（2）项目进度压力不大且时间不紧迫

在自动化测试过程中，测试工具需要多次对项目进行测试后才能有效预防项目中的缺陷，并且在这个过程中测试人员还需要设计自动化测试框架、编写并调试自动化测试脚本代码，这些操作都需要足够的时间才可以完成。只有给予充足的时间，测试人员才能编写出高质量的测试脚本代码，从而提高自动化测试的质量。所以采用自动化测试的前提条件是保证项目进度压力不大且时间不紧迫。

（3）在多种操作系统或浏览器上可以重复运行的测试脚本

在自动化测试过程中，测试人员需要耗费一定的时间去编写测试脚本代码，如果测试脚本代码的复用率比较低，就会使编写脚本代码过程的成本大于创造的经济价值，这样会增加项目开发的经济负担。为了使项目开发的经济价值实现最大化，通常编写在多种操作系统或浏览器上可以重复运行的测试脚本时，才会使用自动化测试。

综上，只要测试项目满足以上3个条件，就可以使用自动化测试。另外，在需要投入大量时间与人力测试的时候，也可以使用自动化测试，例如压力测试、性能测试、大量数据输入测试等。

1.1.2　自动化测试的优缺点

自动化测试与人工测试相比，既有优点也有缺点。自动化测试虽然能够解决人工测试不能解决的测试场景复杂的问题，但是自动化测试也不能完全代替人工测试。例如，人工测试中测试人员通过大脑思考的逻辑判断和细致定位操作是自动化测试不能完成的，此外，测试人员的测试经验和猜测程序是否有错的能力也是自动化测试不具备的。

1. 自动化测试的优点

（1）提高回归测试效率

回归测试是指开发人员修改了项目中原来的代码后，为了确保项目能够正常运行、没有引入新的错误，测试人员需要重新对项目进行的测试。当一个项目中的用户界面（User Interface，UI）修改比较频繁或项目中开发了新功能，但项目中原来的大部分功能结构都没有改变时，可对此项目进行回归测试。此时，只需要重新按照预先设计好的测试用例和业务操作流程进行测试即可。自动化测试减少了人工测试时需要进行的多次回归测试操作，从而提高了测试工作的效率。

（2）提高人员利用率

在部署好测试环境和测试场景后，自动化测试可以在无人看守的状态下进行，并对测试结果进行分析，这使测试人员可以将时间和精力投入到其他更有意义的测试工作中，从而减少测试人员的工作量。因此，自动化测试提高了测试人员的利用率。

（3）提高测试精确度

在人工测试的过程中，会出现每次测试的操作步骤和顺序不一致的问题，这样会导致测试结果不准确。自动化测试在测试的过程中是由测试工具按照每次相同的步骤自动执行测试操作来完成的，不仅可以有效地保证每次测试的操作步骤和顺序的一致性，提高测试精确度，还可以保证在测试过程中比人工测试出现更少的错误或误差。

（4）可以完成人工测试很难实现的测试

当需要对项目进行负载测试或压力测试时，需要大量用户同时访问并操作该项目。此种类型的测试需要模拟大量用户的参与，很难通过人工测试实现，此时可以通过自动化测试来完成。

2. 自动化测试的缺点

（1）不能提高测试的有效性

自动化测试的脚本是用代码编写而成，在测试过程中，脚本可能会出现异常或逻辑错误等情况，此时将无法提高测试的有效性。自动化测试工具本身也是一个产品，当它在不同的操作系统、浏览器或平台上运行时也可能会出现缺陷。例如，在 Windows 操作系统上运行的脚本不一定能在 Linux 操作系统上运行，在谷歌浏览器上运行的脚本不一定能在火狐或其他浏览器上运行等。当自动化测试过程中出现脚本运行异常时，不能提高测试的有效性。

（2）发现的缺陷（Bug）数量比人工测试少且不易发现新缺陷

自动化测试通常在人工测试之后开展，常用于回归测试。由于自动化测试使用的工具是没有思维的，无法进行主观判断，所以自动化测试只能用于发现新版本的软件中是否出现旧版本的软件中出现过的缺陷（Bug），不易发现软件中的新缺陷，并且发现的缺陷数量比人工测试要少。因此，自动化测试常用于缺陷预防，而不是发现更多新缺陷。

通过分析自动化测试的优缺点可知，自动化测试无法完全取代人工测试，自动化测试和人工测试都有各自的优缺点。在实际项目的测试过程中，自动化测试和人工测试是相辅相成的，二者有效结合才能保证软件产品的高质量。

1.1.3 自动化测试的分类

自动化测试可以从项目的运行环境、软件开发周期、软件测试目的等不同的角度进行分类。下面将对这些不同分类进行具体介绍。

1. 从项目的运行环境角度分类

从项目的运行环境角度，自动化测试可分为 Web 自动化测试和 App 自动化测试。接下来对这 2 种自动化测试分别进行介绍。

（1）Web 自动化测试

Web 自动化测试是用自动化测试工具或框架代替部分人工测试来执行自动化测试脚本代码，验证网页或网站是否有异常的过程。Web 自动化测试本质上属于黑盒测试（基于程序功能的测试），也就是对 Web 项目的用户界面进行的功能测试，除此之外，Web 自动化测试有时也需要进行非功能性的测试，例如程序的兼容性、性能、安全性等方面的测试。

（2）App 自动化测试

App 自动化测试是通过自动化测试工具或框架对 App 进行测试的过程。与 Web 自动化测试一样，App 自动化测试也需要进行功能性和非功能性的自动化测试。需要注意的是，在测试 App 项目时，还要对 App 的用电量、网络、下载和安装等测试项进行专项测试。

2. 从软件开发周期角度分类

从软件开发周期角度，自动化测试可分为单元自动化测试、接口自动化测试和 UI 自动化测试，下面将对这 3 种自动化测试分别进行介绍。

（1）单元自动化测试

单元自动化测试是对程序的每个功能模块（函数、类方法）进行的测试，通常由开发人员完成。单元自动化测试主要是关注程序中代码实现的细节和业务逻辑。单元自动化测试通常采用白盒测试（基于程序代码逻辑的测试）的方法，检测程序的代码逻辑结构是否正确以及代码能否正常运行。通常在单元自动化测试中都会使用单元测试框架，例如 unittest 框架、pytest 框架等编写测试代码，使用框架可以简化一部分复杂的程序代码，有利于测试人员和维护人员理解单元测试代码，同时可以缩短单元测试代码的编写时间。

（2）接口自动化测试

接口自动化测试是测试系统组件间接口的请求和返回的过程。接口自动化测试要求对数据传输、数据库性能、接口文档等进行测试，从而保证数据传输和处理的完整性。接口测试通常使用黑盒测试和白盒测试相结合的方式进行，测试稳定性高，适合开展自动化测试。在接口自动化测试中，接口功能的完整运作对整个项目的功能扩展、升级和维护起着重要作用。

（3）UI 自动化测试

UI 自动化测试是对图形化界面进行流程和功能等方面的测试。UI 自动化测试以用户体验为主，不能完全采用自动化测试来完成，有时也需要人工测试来确定用户界面的用户体验。借助测试工具可以提高 UI 自动化测试的准确性。

3. 从软件测试目的角度分类

从软件测试目的角度，自动化测试可分为功能自动化测试和性能自动化测试，下面对这 2 种自动化测试分别进行介绍。

（1）功能自动化测试

功能自动化测试是检查项目实际功能的输出结果与预期结果是否一致，以回归测试为主，针对系统中比较稳定的功能模块进行的测试，例如登录与注册功能模块、搜索功能模块、提交功能模块等。通常，功能自动化测试的对象是程序中的业务功能，无须考虑 CPU 的负载、内存使用情况和响应时间等因素。

（2）性能自动化测试

性能自动化测试是通过工具自动执行性能测试、收集测试结果，并分析测试结果的过程。通常需要验证软件系统是否能够达到用户提出的性能指标，同时发现软件系统中存在的性能瓶颈，通过不断地测试与修改起到优化软件系统的目的。通常，性能自动化测试会对软件系统的压力、负载和容量等性能指标进行测试，同时还要考虑用户的体验，并确保系统的稳定性，从而令用户满意。

性能自动化测试几乎能做到无人值守也能正常工作，它具有以下几个特性。

- 自动收集测试结果并进行存储和分析。
- 可以设定自动化任务，如并发用户数、执行测试次数等。
- 提供类库，编写脚本时可直接使用。
- 事务监控，在执行测试的过程中，如果发现异常错误，测试程序会自动发出预警邮件。

在自动化测试中，每一种自动化测试类型都有各自的特点，因此在进行不同类型的自动化测试过程中，测试人员需要根据实际情况选择适合的测试工具或框架进行测试。本书将重点对 Web 和 App 的 UI 自动化测试进行讲解，关于自动化测试工具和框架的详细内容将在后续内容中进行详细介绍。

1.2   自动化测试的基本流程

若想在测试的过程中有条不紊地开展工作，测试人员首先需要了解自动化测试的基本流程。通常，自动化测试的基本流程与传统的人工测试的基本流程相似。人工测试的基本流程可以分为 9 个阶段，分别是分析测试需求、制定测试计划、编写测试用例、执行测试用例、判断测试是否通过、记录测试问题、跟踪 Bug、分析测试结果，以及编写测试报告。与人工测试基本流程不同的是，自动化测试是通过编写测试脚本来执行测试用例，此外，自动化测试还需要搭建测试环境。自动化测试的基本流程如图 1–1 所示。

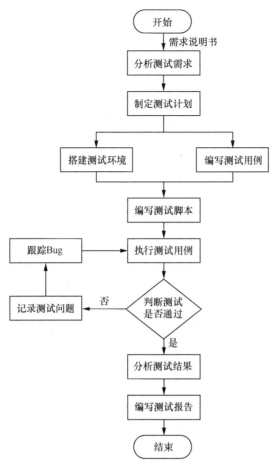

图1-1　自动化测试的基本流程

下面对图 1-1 中的 11 个阶段进行详细介绍，具体如下。

1. 分析测试需求

在自动化测试的基本流程中，第一个阶段是分析测试需求。通过分析测试需求不仅能知道测试目标，即需要测试项目中的哪些功能点，还可以明确每一个测试需求需要设计多少个测试用例。自动化测试无法覆盖项目中所有的功能点，但会尽可能地提高测试覆盖率。一般情况下，自动化测试优先考虑实现正向的测试用例，然后考虑实现反向的测试用例，大多数的反向测试用例都是在认真分析测试需求后筛选出来的。因此，确定测试覆盖率和测试用例的个数、筛选测试用例等工作都是在分析测试需求阶段完成的。

2. 制定测试计划

测试人员在分析测试需求之后需要制定测试计划，明确测试的对象、项目内容、目的和方法等信息，从而有利于跟进项目的测试进度。制定测试计划是自动化测试基本流程中的一个重要阶段，在这个阶段中有以下几点需要重点计划。

（1）准入准出原则：确定自动化测试在什么时候可以开展，及达到什么样的标准后才可以结束。

（2）测试范围：鉴别和确定测试需求的优先级。

（3）进度安排：安排测试人员每周或每月的测试进度。

（4）人员安排：根据项目团队情况，合理分配测试人员进行测试用例的设计、测试环境的搭建、功能步骤拆解等工作。

（5）风险评估：对项目中可能出现的风险进行评估，准备好解决方案。

（6）软硬件资源分配：确定自动化测试需要的软件资源和硬件资源，如操作系统、数据库、服务器等配置。

制定好测试计划后可以使用禅道或其他管理工具监管测试进度。

3. 编写测试用例

编写测试用例的目的是让测试人员理清思路、熟悉测试步骤、提前准备好测试需要的数据。在编写测试用例时，需要编写用例编号、用例标题、用例级别、测试环境、测试数据、测试步骤、预期结果和实际结果等关键要素。

4. 搭建测试环境

当需要测试一个项目时，首先需要搭建测试环境，然后才可以对项目进行测试。测试环境的搭建包括被测系统的部署、系统硬件的调用、自动化测试工具的安装和设置、网络环境的布置等。如果项目团队中的测试人员足够多，编写测试用例和搭建测试环境这两个阶段可以同步进行。

5. 编写测试脚本

编写测试脚本阶段对测试人员的编程能力有一定的要求，测试人员需要具备编程能力，且至少能用一门编程语言编写脚本，例如 Java、Python、PHP 等语言。测试脚本代码，实质上就是一些具有可维护性、可复用性、易用性、准确性的测试程序。在编写脚本的过程中测试人员还需要与开发人员沟通，了解软件内部结构，从而高效地编写测试脚本代码。编写完测试脚本代码后，测试人员还需要进行优化，例如添加数据文件处理、日志文件处理、数据库处理、公共检查点处理等；然后，测试人员需要对测试脚本反复运行，以确保测试脚本的准确性。

6. 执行测试用例

在自动化测试过程中，测试人员通过编写好的测试脚本执行测试用例，执行测试用例的过程就是对项目进行测试的过程。如果测试脚本不需要频繁改动，可以使用持续集成开发工具（如 Jenkins、GitLab CI）对项目进行自动化测试，以实现无人值守的测试，从而高效完成测试任务。

7. 判断测试是否通过

当集成开发工具执行测试用例时，会根据测试用例的执行结果判断测试是否通过。如果测试通过，则说明软件没有缺陷（Bug）。如果测试没有通过，则说明软件有缺陷（Bug）。

8. 记录测试问题

在测试没有通过的情况下，测试人员需要记录测试出现的问题。通常，记录的内容包括测试环境、测试数据、问题截图等，最终由测试人员提交到 Bug 管理工具中。

9. 跟踪 Bug

测试人员将测试出现的问题提交到 Bug 管理工具中后，还需要定期对 Bug 的状态进行跟踪，以确认开发人员是否已经将这个 Bug 修复成功。在确认 Bug 是否修复成功的过程中会用到回归测试，也就是反复对有 Bug 的功能进行测试，直至 Bug 验证通过并将 Bug 状态更新为关闭。

10. 分析测试结果

通常测试脚本执行失败后，自动化测试平台会自动上报一个 Bug，这一阶段测试人员需要对测试的结果进行分析，确认这些 Bug 是不是项目本身真实存在的，如果发现 Bug 不是项目本身造成的，则需要测试人员检查测试脚本或测试环境是否存在问题，如果存在问题，则及时修复测试脚本或测试环境出现的问题。

11. 编写测试报告

在自动化测试的基本流程中，最后一个阶段是编写测试报告。测试报告是把自动化测试的测试项目、测试方法、测试环境、测试过程、测试结果等写成文档，需要重点对自动化测试过程中发现的问题进行分析，为修复软件存在的问题提供依据，同时为软件产品的验收和交付打下基础。

需要注意的是，如果客户临时调整了项目的需求，则需要测试人员更新测试用例，并对测试的脚本进行维护。测试脚本的维护是对之前的测试脚本进行适当的修改和调试，然后跟踪需要修改的功能，直至修改后的效果与客户的需求达成一致。

1.3　自动化测试的常用工具

随着软件测试技术的迅速发展，人们对软件测试的工作也越来越重视。由于自动化测试具有精确度高、效率高等优点，所以许多公司开始使用自动化测试工具来测试项目。如果测试人员能够正确地选择和使用自动化测试工具，不仅可以提高软件测试的质量，而且可以降低软件测试的成本。

通过前面学习的自动化测试分类可知，自动化测试根据不同的角度可以分为多种类型，根据不同的自动化测试类型，测试人员会选择不同的测试工具，下面介绍 6 款常用的自动化测试工具。

1. Selenium

Selenium 是测试 Web 项目常用的自动化测试工具，该工具是完全开源的。Selenium 不仅具有支持多语言（Java、Python、PHP 等语言）、多平台（Windows、Linux、Mac 等平台）、多浏览器（Chrome、Firefox、IE 等浏览器），以及灵活易用等特点，而且提供了一系列支持对 Web 项目进行自动化测试的函数。

2. Appium

Appium 是一款测试 App 项目的开源工具，该工具封装了标准的 Selenium 客户端类库，也支持多平台（Android、iOS 等平台）、多语言。

3. JMeter

JMeter 是一款开源工具，可以用于进行 Web 项目的接口测试和性能测试，例如，测试系统静态、Scripts、Servlet、FTP 服务器等。测试人员可以利用 JMeter 模拟大量并发用户，以测试一台服务器的负载能力，还可以利用 JMeter 图形化界面分析系统性能指标。

4. LoadRunner

LoadRunner 是一款商业自动化测试工具，通常用于测试 Web 项目的性能，例如压力测试、负载测试等。测试人员可以使用 LoadRunner 测试工具模拟成百上千用户操作项目的场景，自动生成测试报告，还可以通过分析测试报告有效地评估项目的性能。

5. Postman

Postman 是一款开源的接口测试工具，在项目的开发过程中，无论是写接口还是调用接口，都需要测试之后才能使用。Postman 不仅可以用来调试 CSS、HTML、脚本等简单的网页信息，而且可以模拟 GET、POST 或其他方式的请求来调试接口。

6. AppScan

AppScan 是一款测试 Web 项目的安全测试工具，它具有强大的报表。测试人员在使用 AppScan 工具扫描项目是否有缺陷（Bug）的时候，不仅可以看到扫描到的缺陷（Bug），而且可以在报表中看到 AppScan 工具记录的漏洞原因和修改建议。

自动化测试工具的工作原理基本相同，每一款工具都有其自身的特点和作用。测试人员需要在选择测试工具前进行调研，应考虑测试工具本身的功能，验证其是否满足测试项目组的测试需求，例如测试程序控件的识别能力、脚本语言的扩展性、费用等，这样才能在众多的测试工具中挑选出适合项目的工具。

本书将重点介绍使用 Selenium 和 Appium 自动化测试工具对 Web 和 App 项目进行 UI 自动化测试，在后续章节中将会详细介绍 Web 和 App 自动化测试的具体内容。

1.4　本章小结

本章对自动化测试进行了概述，具体包括自动化测试的概念、自动化测试的优缺点、自动化测试的分类、自动化测试的基本流程和自动化测试的常用工具，其中自动化测试的优缺点、自动化测试的分类和自动化测试的基本流程需要读者熟知，其余内容属于了解部分。通过本章的学习，读者能够对自动化测试有初步的认识，为后续学习自动化测试的其他知识奠定基础。

1.5　本章习题

一、填空题

1. 通常，软件测试分为人工测试和_____。

2. 自动化测试的优点有提高测试效率、提高测试脚本复用性、_____和_____。

3. 从软件开发周期角度，自动化测试可分为单元自动化测试、接口自动化测试和_____。

4. 从软件测试目的角度，自动化测试可分为_____和性能自动化测试。

5. 市场上常见的自动化测试工具有 JMeter、_____、_____等。

二、判断题

1. 自动化测试可以完全代替人工测试。（   ）

2. 自动化测试的基本流程与传统的人工测试基本流程一样。（   ）

3. 从项目运行的角度，自动化测试可分为 Web 自动化测试和 App 自动化测试。（   ）

4. Selenium 测试工具可用来测试 Web 项目。（   ）

5. 自动化测试找出的缺陷（Bug）一定比人工测试要多。（   ）

6. JMeter 测试工具既可以用于进行性能测试也可以用于进行接口测试。（   ）

三、单选题

1. 下列选项中，不属于自动化测试优点的是（   ）。

A. 提高回归测试效率　　　　　　　　B. 提高人员利用率

C. 能够发现很多缺陷　　　　　　　　D. 提高测试精确度

2. 下列选项中，属于测试 Web 项目的 UI 自动化测试工具的是（   ）。

A. Postman　　　　B. Selenium　　　　C. Appium　　　　D. JMeter

3. 下列选项中，不属于自动化测试基本流程的是（   ）。

A. 制定测试计划　　　B. 修改软件缺陷　　　C. 分析测试需求　　　D. 编写测试脚本

4. 下列选项中，关于自动化测试的说法错误的是（   ）。

A. 项目周期长且界面稳定时适合开展自动化测试

B. 项目需求变动频繁时适合开展自动化测试

C. 项目需要投入大量时间与人力测试时适合开展自动化测试

D. 项目需要在多平台上重复运行相同测试脚本时适合开展自动化测试

四、简答题

1. 请简述自动化测试的概念。

2. 请简述自动化测试的优缺点。

3. 请简述自动化测试的基本流程。

第2章

Selenium WebDriver的
基本应用

学习目标

★ 了解 Selenium WebDriver 的简介，能够阐述 Selenium WebDriver 的作用。

★ 掌握 Web 自动化测试环境的搭建，能够独自搭建 Python 环境、安装 Selenium 和浏览器驱动。

★ 了解元素定位的简介，能够阐述元素定位的定义。

★ 掌握浏览器定位页面元素的方式，能够灵活应用 Chrome 浏览器和 Firefox 浏览器定位页面元素。

★ 掌握 Selenium 定位元素的方法，能够定位单个元素和一组元素。

★ 掌握获取元素常用信息的方法，能够获取元素尺寸、文本和属性。

★ 掌握元素的常用操作，能够实现测试页面的输入、清除等操作。

★ 掌握鼠标的常用操作，能够实现鼠标单击、双击、拖曳等操作。

★ 掌握键盘的常用操作，能够实现复制、粘贴、全选等操作。

★ 掌握浏览器的常用操作，能够设置浏览器窗口、刷新浏览器页面等。

拓展阅读

在第 1 章中我们已学习了自动化测试的基础知识，初步认识了自动化测试，如果想要实现 Web 自动化测试，首先需要搭建自动化测试环境，然后编写 Web 自动化测试脚本，通过浏览器驱动操作 Web 页面。在编写自动化测试脚本的过程中，Selenium WebDriver（网页驱动程序）扮演着重要的角色。在自动化测试脚本中调用 Selenium WebDriver 提供的方法可以实现多种测试操作，例如元素定位、获取元素的常用信息等，所以，我们需要学习并掌握 Selenium WebDriver 在 Web 自动化测试中的应用。本章将对 Selenium WebDriver 的基本应用进行讲解。

2.1 Selenium WebDriver 简介

Selenium WebDriver（网页驱动程序）是基于 Selenium 2.0 而设计的一套类库，该库提供了简单、丰富且设计良好的面向对象的 API（Application Programming Interface，应用程序编程接口）。Selenium WebDriver 是

按照 Server–Client（服务器端–客户端）的模式进行设计的。Server 即 Remote Server（远程服务器），它主要是等待 Client（客户端）发送请求并做出响应。Client 以 HTTP 请求的方式将自动化测试脚本发送给 Server，Server 接收请求后执行相应操作并在 Response（响应）中返回执行状态、返回值等信息。

Selenium WebDriver 是 Python 中用于实现 Web 自动化测试的第三方库，该库提供了定位元素方法、元素操作方法、鼠标操作方法、键盘操作方法等，通过这些方法解决了 Selenium 1.0 版本无法触发键盘和鼠标事件的问题。Selenium WebDriver 和 Selenium RC 都提供了 Web 自动化测试的各种语言调用接口库。Selenium RC 使用注入 JavaScript 的方式来驱动浏览器，此种方式的脚本执行速度较慢。与 Selenium RC 不同的是，Selenium WebDriver 使用浏览器的驱动程序来驱动浏览器，其脚本执行的速度更快，编程接口更加直观易懂，大大提高了测试人员编写脚本的效率。

2.2　搭建 Web 自动化测试环境

在进行 Web 自动化测试之前，首先需要搭建 Web 自动化测试环境。由于本书使用 Python 语言结合 Selenium 测试工具来编写测试脚本，浏览器驱动在测试脚本与浏览器之间起到了桥梁的作用，因此本节讲解的搭建 Web 自动化测试环境包括搭建 Python 环境、安装 Selenium 和安装浏览器驱动。

2.2.1　搭建 Python 环境

在搭建 Web 自动化测试环境时首先需要搭建 Python 环境。搭建 Python 环境包括下载与安装 Python 解释器和集成开发工具 PyCharm。下面将对搭建 Python 环境进行详细讲解。

1. 下载与安装 Python 解释器

在 Python 官方网站中，Python 解释器针对不同平台有多个版本，读者可以根据实际需要在官方网站中下载对应的 Python 解释器进行安装。下面以 Windows 7 64 位操作系统为例，演示如何下载与安装 Python 解释器。

首先访问 Python 官方网站，在 Python 网站的首页将鼠标指针放在"Downloads"处，此处会弹出一个下拉菜单，在该菜单中选择"Windows"选项，右边会显示 Windows 系统的 Python 解释器信息，显示 Python 解释器信息的页面如图 2–1 所示。

图2–1　显示Python解释器信息的页面

单击"Windows"选项后，页面会跳转至 Python 解释器的下载页面，如图 2–2 所示。

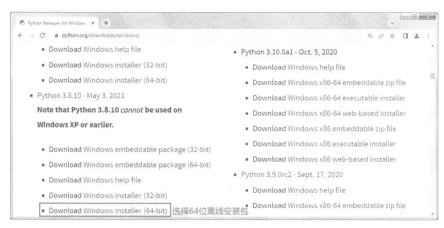

图2-2　Python解释器的下载页面

在图 2-2 中，显示了多个版本的 Python 解释器信息，单击不同的版本可以下载对应的 Python 解释器安装包，此处选择较为稳定的 Python 3.8.10（64-bit）解释器进行下载。

成功下载 Python 解释器的安装包 Python 3.8.10（64-bit）后，双击该安装包进入"Install Python 3.8.10（64-bit）"页面，如图 2-3 所示。

图2-3　"Install Python 3.8.10（64-bit）"页面

在图 2-3 中，显示了 2 种安装 Python 解释器的方式，第 1 种方式是"Install Now"，当选择该方式时，程序会按默认方式安装 Python 解释器，在安装过程中不可以更改安装路径；第 2 种方式是"Customize installation"，当选择该方式时，程序会通过自定义安装方式安装 Python 解释器，在安装过程中可以修改安装路径和其他安装信息。为了方便修改安装路径，此处选择第 2 种方式来安装 Python 解释器。

在图 2-3 的底部还有 2 个复选框，第 1 个复选框后面的"Install launcher for all users（recommended）"表示为所有用户安装启动器（推荐），默认是勾选的；第 2 个复选框后面的"Add Python 3.8 to PATH"表示将 Python 3.8 添加到 Windows 系统的环境变量中，需要手动勾选，如果不勾选，则在使用 Python 解释器之前需要手动将 Python 解释器添加到环境变量中。

选择第 2 种安装方式"Customize installation"后，程序会进入到"Optional Features"页面，如图 2-4 所示。

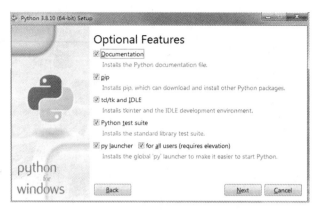

图2-4 "Optional Features" 页面

　　在图2-4所示的页面中，默认勾选了所有的复选框，此处不做任何修改，直接单击"Next"按钮进入"Advanced Options"页面，如图2-5所示。

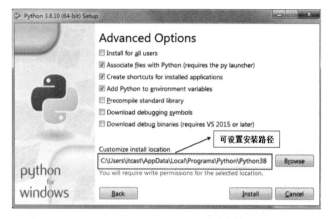

图2-5 "Advanced Options" 页面

　　在图2-5中，默认勾选了3个复选框，此处不做任何修改。在"Customize install location"下方的输入框中显示的是默认安装路径，可以根据实际情况设置安装路径，本书安装的路径为D:\Python\Python38。
　　设置好安装路径后，单击"Install"按钮进入到"Setup Progress"页面，如图2-6所示在该页面开始安装Python解释器。

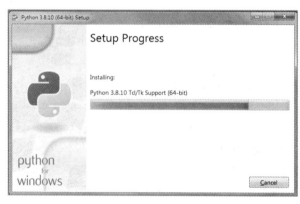

图2-6 "Setup Progress" 页面

Python 解释器安装完成后，程序会进入 "Setup was successful" 页面，如图 2-7 所示。

图2-7 "Setup was successful" 页面

至此，Python 3.8.10（64-bit）解释器安装完成。

为了验证 Python 解释器是否安装成功，可以通过在 cmd 命令窗口中输入 "python" 命令来检测，如果输入 "python" 命令并按下 "Enter" 键后，cmd 命令窗口输出 Python 解释器的版本信息，说明 Python 解释器安装成功，否则，Python 解释器安装失败。下面通过 cmd 命令窗口验证 Python 解释器是否安装成功，cmd 命令窗口如图 2-8 所示。

图2-8 cmd命令窗口

在图 2-8 中，显示了 Python 解释器的版本信息和其他信息，说明 Python 解释器已经安装成功。

2. 下载与安装集成开发工具 PyCharm

在安装 Python 解释器的过程中，程序会默认自动安装一个集成开发和学习环境（Integrated Development and Learning Environment，IDLE）。IDLE 具备集成开发环境的基本功能，比较适合小型项目的开发，如果涉及复杂的项目，需要用到断点调试或其他功能时，Python 解释器默认安装的集成开发环境将不适合使用，此时开发人员会根据实际需要或开发的便捷性选择使用其他的集成开发工具。常见的集成开发工具有 Sublime Text、Eclipse+PyDev、Vim、PyCharm 等。由于 PyCharm 具有代码跳转、智能提示、代码调试、实时错误高亮显示、自动化代码重构等特点，可以帮助用户在使用 Python 语言开发时提高效率，所以，这里选择 PyCharm 集成开发工具来编写自动化测试脚本。下载与安装 PyCharm 的具体操作步骤介绍如下。

首先访问 PyCharm 官方网站并进入 PyCharm 的下载页面，如图 2-9 所示。

图2-9　PyCharm的下载页面

在图 2-9 中，显示了 PyCharm 的两个安装版本，分别是 Professional（专业版）与 Community（社区版）。由于 Community 版本不需要进行注册就能免费使用，所以此处选择 Community 版本进行下载。

成功下载 PyCharm 安装包后，双击该安装包，程序会进入"Welcome to PyCharm Community Edition Setup"页面，如图 2-10 所示。

单击图 2-10 中的"Next"按钮，进入"Choose Install Location"页面，如图 2-11 所示。

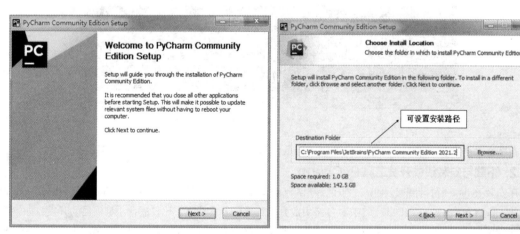

图2-10　"Welcome to PyCharm Community Edition Setup"页面　　　图2-11　"Choose Install Location"页面

在图 2-11 中，"Destination Folder"下方的输入框中显示的是 PyCharm 的默认安装路径，可以根据需要设置安装路径，此处使用默认的安装路径。

设置好 PyCharm 的安装路径后，单击"Next"按钮进入"Installation Options"页面，如图 2-12 所示，在该页面中不做任何修改，继续单击"Next"按钮，进入"Choose Start Menu Folder"页面，如图 2-13 所示。

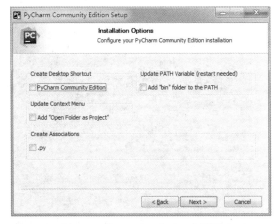

图2-12 "Installation Options" 页面

图2-13 "Choose Start Menu Folder" 页面

在图 2-13 中，单击 "Install" 按钮进入 "Installing" 页面，如图 2-14 所示。

安装完成后，单击 "Next" 按钮进入 "Completing PyCharm Community Edition Setup" 页面，如图 2-15 所示。

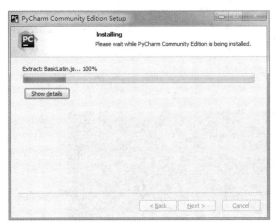

图2-14 "Installing" 页面

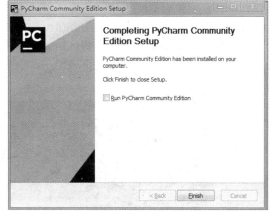

图2-15 "Completing PyCharm Community Edition Setup" 页面

此时说明已经成功安装了 PyCharm，最后单击 "Finish" 按钮结束安装。

2.2.2　安装 Selenium

在进行 Web 自动化测试时，编写自动化测试脚本需要用到 Selenium，所以需要在 PyCharm 工具中安装 Selenium。在安装 Selenium 时可以通过两种方式，第一种方式是通过 pip 包管理工具进行安装，第二种方式是通过 PyCharm 进行安装。下面将分别介绍这两种安装方式。

1. 通过 pip 包管理工具安装 Selenium

只有当 Python 环境搭建成功并且网络连接正常时，才可以通过 pip 包管理工具安装 Selenium。首先需要打开 cmd 命令窗口，在该窗口中输入"pip install selenium"命令，然后按下"Enter"键，此时就可以安装 Selenium。通过 pip 包管理工具安装 Selenium 的具体信息如图 2-16 所示。

在图 2-16 中，当显示 "Successfully installed selenium-4.1.0" 信息后，说明 Selenium 安装成功。当通过 "pip install selenium" 命令安装 Selenium 时，系统将默认安装当前最新的版本。如果需要安装指定的 Selenium 版本，则可以使用 "pip install selenium==版本号" 命令，例如需要安装 3.141.0 版本，则可以在 cmd 命令窗口中输入 "pip install selenium==3.141.0" 命令，然后按下 "Enter" 键即可进行安装。

需要注意的是，如果使用 pip 包管理工具安装 Selenium 后，当打开 PyCharm 进行导包时提示找不到 Selenium 包，这说明使用 pip 包管理工具安装 Selenium 的默认安装路径和安装 Python 所在的安装路径不一致，此种情况下可以打开 PyCharm，单击菜单栏中的 "File→Settings" 选项，会进入 "Settings" 对话框，在该对话框的右侧的 "Python Interpreter" 处将路径修改为 Python 所在的安装路径即可。

2. 通过 PyCharm 安装 Selenium

首先打开 PyCharm，创建一个名为 Chapter02 的程序，然后单击菜单栏中的 "File→Settings" 选项，进入 "Settings" 对话框，如图 2-17 所示。

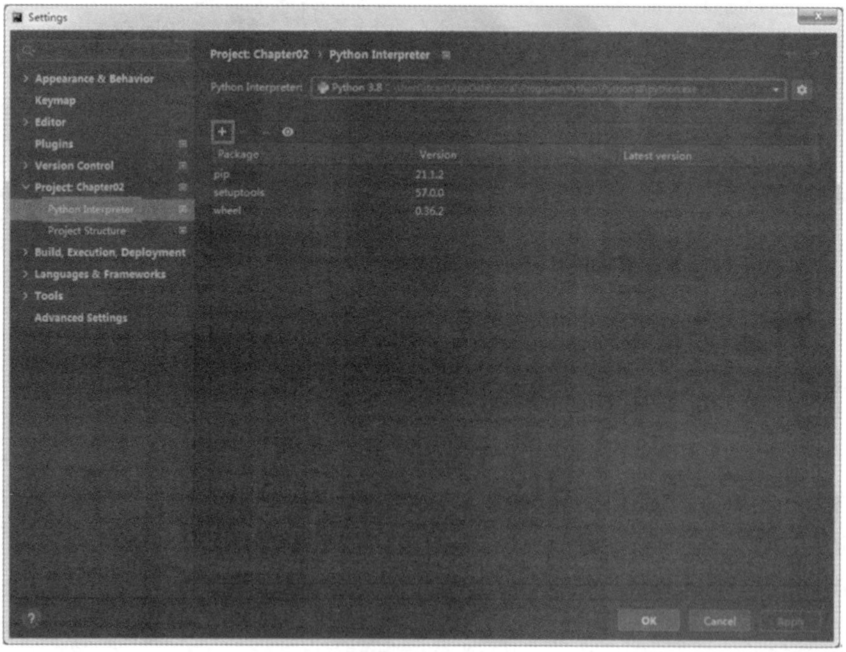

图2-16 通过pip包管理工具安装Selenium的具体信息

图2-17 "Settings" 对话框

在图 2-17 中，在左侧找到 "Project: Chapter02" 选项，单击该选项下方的 "Python Interpreter" 选项，然后单击 "Settings" 对话框右侧的 "+"（加号），进入 "Available Packages" 对话框，如图 2-18 所示。

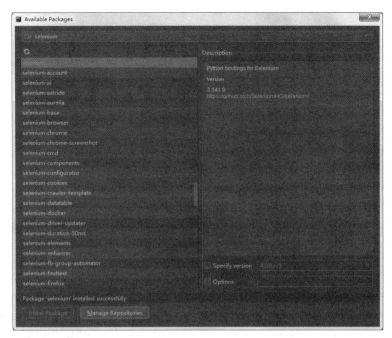

图2-18　"Available Packages"对话框

在图 2-18 中，首先在搜索栏输入框中输入"selenium"，并选择对话框左侧显示的"selenium"，此时对话框右侧显示当前将要安装的 Selenium 版本信息。如果想要安装 Selenium 的其他版本，则可以勾选对话框右下角"Specify version"前面的复选框，然后选择想要安装的版本即可。此处选择 3.141.0 版本，然后单击对话框左下角的"Install Package"按钮进行安装，当看到对话框左下角出现"Package 'selenium' installed successfully"的提示信息后，说明 Selenium 安装成功。

2.2.3　安装浏览器驱动

浏览器驱动能够模拟用户操作浏览器、自动浏览网页、自动提取数据等。在 Web 自动化测试中，浏览器驱动负责将 PyCharm 集成开发工具中的代码转换为浏览器能够识别的指令，浏览器接收到指令后会通过浏览器驱动将操作结果返回到 PyCharm 集成开发工具的控制台中。每一种浏览器都需要有一个特定的驱动来负责操作，并且安装的浏览器驱动版本需要与浏览器版本一致，这样在后续编写自动化测试脚本的过程中可以减少兼容性问题的出现概率。在安装浏览器驱动之前需要确保计算机已经安装了浏览器，Selenium 支持多种浏览器，例如 Chrome、IE、Firefox 等，不同类型和版本的浏览器使用的驱动也不相同，这里以安装 Chrome 浏览器驱动为例进行讲解，安装 Chrome 浏览器驱动的具体操作步骤如下。

1. 查看 Chrome 版本信息

在安装浏览器驱动之前，首先需要查看浏览器的版本信息，这是为了避免因安装的浏览器驱动版本与浏览器版本不一致而引起程序报错或无法正常使用等问题。单击 Chrome 浏览器右上角的 ⋮ ，然后选择"帮助→关于 Google Chrome"选项，会弹出一个"关于 Chrome"页面，在该页面中可以查看 Chrome 的版本信息。"关于 Chrome"页面如图 2-19 所示。

由图 2-19 可知，安装的 Chrome 浏览器的版本信息为 92.0.4515.159。

2. 下载 Chrome 驱动

访问 Chrome 浏览器驱动的官方网站，可以下载不同版本的 Chrome 浏览器驱动，Chrome 浏览器驱动页面如图 2-20 所示。

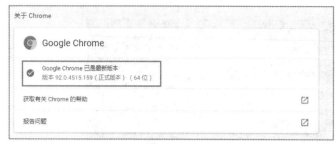

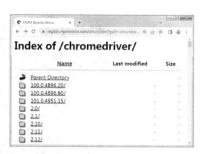

图2-19 "关于Chrome"页面   图2-20 Chrome浏览器驱动页面

在图 2-20 中，页面左侧显示的是 Chrome 浏览器驱动的版本，可以根据自己计算机上的 Chrome 浏览器版本下载对应的浏览器驱动版本。

需要注意的是，如果在图 2-20 中找不到相同版本的浏览器驱动，则可以找近似版本的驱动。例如，Chrome 浏览器的版本为 92.0.4515.159，则可以下载 92.0.4515.107、92.0.4515.108 等版本的驱动。

这里以版本为 92.0.4515.159 的 Chrome 浏览器为例，演示如何下载 Chrome 浏览器驱动。首先在图 2-20 中将右侧的滚动条往下滑动，找到版本以 "92" 开头的驱动，然后单击对应的浏览器驱动版本信息，进入 Chrome 浏览器驱动安装包下载页面，如图 2-21 所示。

在图 2-21 中，单击 "chromedriver_win32.zip" 进行下载，然后将下载的浏览器驱动安装包放在指定文件夹中，此处是放在 Python 的安装目录中（本书的 Python 安装目录为 D:\Python\Python38）。由于在搭建 Python 环境时，已经将 Python 配置到环境变量中，把浏览器驱动放在 Python 安装目录中，相当于将该驱动加入了环境变量，所以无须单独给浏览器驱动配置环境变量，本书的浏览器驱动所在位置如图 2-22 所示。

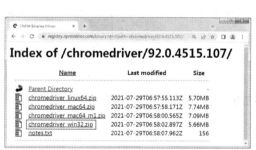

图2-21 Chrome浏览器驱动安装包下载页面   图2-22 本书的浏览器驱动所在位置

需要注意的是，在网络连接正常的情况下，浏览器默认会自动更新为最新版本，此时浏览器版本与浏览器驱动版本就会出现不一致的问题，当运行自动化测试脚本代码时，程序会提示浏览器驱动版本不支持当前版本的浏览器。为了避免这个问题的出现，安装好浏览器后，需要手动关闭浏览器的自动更新功能。

下面以 Windows 7（64 位）操作系统为例，讲解如何关闭 Chrome 浏览器的自动更新功能。首先按下快捷键 "Win+R"，打开运行对话框，然后在该对话框中输入 "taskschd.msc"，单击 "确定" 按钮，此时会打开 "任务计划程序" 窗口，如图 2-23 所示。

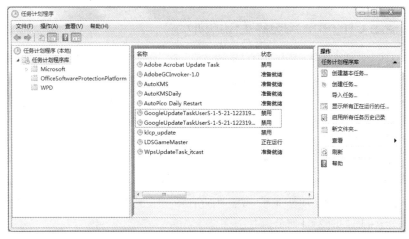

图2-23　"任务计划程序"窗口

在图 2-23 中，选中名称为"GoogleUpdateTaskUserS..."的条目，右击选择"禁用"选项，此时名称为"GoogleUpdateTaskUserS..."的条目状态会设置为"禁用"，Chrome 浏览器的自动更新功能即可处于关闭状态。

2.3　元素定位简介

测试 Web 项目其实是对项目中的每个网页进行测试的过程。网页是由文本、图像、按钮、超链接等各类视觉元素组成的，测试人员需要通过肉眼观察网页中的元素然后进行功能验证。但是在自动化测试的过程中，自动化测试工具是不能进行人为观察的，只有让自动化测试工具准确地定位到页面元素才能进行相关的测试操作，因此需要学习元素定位。

元素定位是通过元素信息或元素层级结构来定位元素的。Selenium WebDriver 根据网页中页面元素拥有不同的标签名和属性值等特征来定位不同的页面元素，当成功定位到页面元素后即可对页面元素进行操作。Web 页面是由 CSS、JavaScript 等脚本语言开发的，可以通过查看 Web 页面的源文件找到页面元素的标签，该标签的语法格式如下。

```
<标签名 属性名 1="属性值 1" 属性名 2="属性值 2">文本</标签名>
```

上述格式中的属性名可以是 id、name、class 等，每一个属性名都有对应的属性值，而这些属性值是在定位元素时需要获取的元素信息。

2.4　使用浏览器定位页面元素

在 2.2 节中已经搭建了 Web 自动化测试环境，通过该环境可以编写测试脚本实现 Web 自动化测试。测试 Web 页面中的元素时，首先需要准确地定位页面中的元素，然后获取元素的属性值。定位页面中的元素可以通过两种方式来实现，第一种是使用浏览器（自带的开发者工具）定位元素，第二种是使用 Selenium 定位元素。本节主要讲解如何使用浏览器定位页面元素，使用 Selenium 定位元素的内容比较多，将在 2.5 节中详细讲解。浏览器的种类有很多，在本书中只讲解经常使用的 Chrome 浏览器和 Firefox 浏览器，通过这两种浏览器来定位页面中的元素。

2.4.1　使用Chrome浏览器定位页面元素

当成功安装 Chrome 浏览器时，程序会默认安装该浏览器的开发者工具，通过浏览器的开发者工具，可以对 Web 页面中的元素进行调试和分析，同时也可以定位页面中的元素。

Chrome 浏览器开发者工具的打开方式有两种，一种是通过"F12"键打开；另一种是在页面中的任意地方右击后选择"检查"选项来打开。

定位页面中某个元素的方式也有两种，一种是在页面中该元素的上方右击选择"检查"选项来定位到该元素；另一种是打开浏览器开发者工具，单击选择元素的图标 $\square$，然后单击要定位的元素。定位元素后，可在"Elements"中看到定位元素的 id、name、class 等属性信息。

下面以 TPshop（开源商城）项目为例，按照前面所讲的定位元素操作，定位该项目登录页面中的密码框元素。密码框元素信息如图 2-24 所示。

图2-24　密码框元素信息

由图 2-24 可知，在 Chrome 浏览器开发者工具的"Elements"中可以看到密码框元素的 class 属性的值为"text_cmu"，name 属性的值为"password"，id 属性的值为"password"。

2.4.2　使用Firefox浏览器定位页面元素

Firefox 浏览器开发者工具的打开方式和定位元素的方式与 Chrome 浏览器相似，此处不再重复介绍。下面以 TPshop（开源商城）项目为例，使用 Firefox 浏览器来定位登录页面中的"登录"按钮元素。

首先按下"F12"键打开 Firefox 浏览器开发者工具，此时在"登录"按钮上方右击选择"检查"选项，就可以定位到"登录"按钮，并看到该按钮的相关信息。"登录"按钮元素信息如图 2-25 所示。

图2-25　"登录"按钮元素信息

由图 2-25 可知，在 Firefox 浏览器开发者工具的"查看器"中可以看到"登录"按钮的 class 属性的值为"J-login-submit"，name 属性的值为"sbtbutton"。

2.5　使用 Selenium 定位页面元素

元素定位是自动化测试的基础，除了可以使用浏览器自带的开发者工具定位元素外，还可以使用 Selenium 提供的方法定位元素。下面将介绍单个元素和一组元素的定位。

2.5.1　单个元素的定位

在 Selenium WebDriver 中提供了 8 种元素定位的方式，分别是 id 定位、name 定位、class name 定位、tag name 定位、link text 定位、partial link text 定位、xpath 定位和 css 定位。下面将分别介绍使用这 8 种元素定位的方式对单个元素进行定位。

1. id 定位

id 定位是通过元素的 id 属性值来定位元素。由于在 HTML 页面中 id 属性值一般不会重复，所以很少有根据 id 定位多个元素的情况，通常使用 id 定位单个元素。使用 id 定位元素的前提条件是元素中必须有 id 属性名。

在程序中根据元素的 id 属性值定位元素时，可以调用 find_element_by_id( )方法，该方法的语法格式如下。

```
find_element_by_id(id)
```

find_element_by_id( )方法中的参数 id 表示元素在 HTML 页面中的 id 属性值。

2. name 定位

name 定位是通过元素的 name 属性值来定位元素。由于在 HTML 页面中，name 属性值是可以重复的，所以在使用 name 定位元素时就容易出现定位不准确的情况。如果 HTML 页面中存在多个重复的 name 属性值，可以选择 8 种元素定位方法中的其他方法来定位元素。使用 name 定位元素的前提条件是元素中必须有 name 属性名。

在程序中根据元素的 name 属性值定位元素时，可以调用 find_element_by_name( )方法，该方法的语法格式如下。

```
find_element_by_name(name)
```

find_element_by_name( )方法中的参数 name 表示元素在 HTML 页面中的 name 属性值。

3. class name 定位

class name 定位是通过元素的 class 属性值来定位元素。在 HTML 页面中，class 属性主要用于渲染页面的样式。如果使用 class name 定位元素，当一个 HTML 页面中的 class 属性值有多个时，选择其中一个即可。使用 class name 定位元素的前提条件是元素中必须有 class 属性名。

在程序中根据元素的 class 属性值定位元素时，可以调用 find_element_by_class_name( )方法，该方法的语法格式如下。

```
find_element_by_class_name(name)
```

find_element_by_class_name( )方法中的参数 name 表示元素在 HTML 页面中的 class 属性值。

4. tag name 定位

tag name 定位是通过元素的标签名来定位元素。HTML 页面由多种不同的标签组成，一个页面中的某个标签也会出现多个，如果定位到多个相同的标签名，则默认只会定位第一个标签，所以在使用 tag name 定位元素时无法精确定位，一般很少使用这个方法。但是在某些特定场合下使用 tag name 定位十分有用，例如，定位页面中的<checkbox>标签，如果页面中有多个<checkbox>标签，默认只会定位第一个<checkbox>标签。

在程序中根据元素的标签名定位元素时，可以调用 find_element_by_tag_name( )方法，该方法的语法格式如下。

```
find_element_by_tag_name(name)
```

find_element_by_tag_name( )方法中的参数 name 表示元素在 HTML 页面的标签名。

5. link text 定位

link text 定位是通过超链接的文本内容来定位元素，例如，<a>标签（超链接）中的文本内容。

在程序中根据超链接的文本内容来定位元素时，可以调用 find_element_by_link_text( )方法，该方法的语法格式如下。

```
find_element_by_link_text(text)
```

find_element_by_link_text( )方法中的参数 text 表示超链接的全部文本内容。

6. partial link text 定位

partial link text 定位是通过超链接文本中的部分或全部内容来定位元素。partial link text 定位与 link text 定位比较类似，不同的是 partial link text 定位可以使用超链接文本中的部分或全部内容来定位元素，而 link text 定位使用的是超链接文本中的全部内容来定位元素。

在程序中根据超链接的部分或全部文本内容来定位元素时，可以调用 find_element_by_partial_link_text( )方法，该方法的语法格式如下。

```
find_element_by_partial_link_text(link_text)
```

find_element_by_partial_link_text( )方法中的参数 link_text 表示超链接文本的部分或全部内容。

7. xpath 定位

xpath（XML Path Language 的简称）定位是基于元素的路径定位，在程序中根据元素的路径定位时，可以调用 find_element_by_xpath( )方法，该方法的语法格式如下。

```
find_element_by_xpath(xpath)
```

find_element_by_xpath( )方法中的参数 xpath 表示元素路径。

xpath 定位可以通过元素的绝对路径或相对路径来定位元素。元素的路径可以通过在浏览器开发者工具中该元素的任意属性上方右击选择"Copy→Copy XPath"选项来获取，通过该方式获取的元素路径为相对路径。

（1）xpath 通过绝对路径定位元素

绝对路径是从最外层元素到指定元素之间所有经过元素层级的路径。绝对路径的写法是以单斜杠开头逐级开始编写，不能跳级。例如，/html/body/div/p[1]/input，表示以/html 根节点开始，使用单斜杠来分隔元素层级，如果某个层级有多个相同的标签，就按照前后顺序确定是第几个，再写上相应数字。例如 p[1]表示当前层级的第一个<p>标签。由于绝对路径对页面结构要求比较严格，所以不建议使用。

（2）xpath 通过相对路径定位元素

相对路径可匹配任意层级的元素，不限制元素的位置。相对路径的写法是以双斜杠开头，双斜杠后面紧跟着元素名称，不确定的元素名称可以使用*代替。例如，//input 或//*。

xpath 与元素的不同属性相结合会有多种形式的写法，下面列举几种常用的写法供读者参考。常用的 xpath 定位元素写法和说明如表 2-1 所示。

表 2-1　常用的 xpath 定位元素写法和说明

xpath 定位元素写法	说明
//span/input[1]	通过索引定位，表示选取第一个与表达式//span/input 匹配的元素
//span/input[last( )]	通过索引定位，表示选取最后一个与表达式//span/input 匹配的元素
//input[@id='dl']	通过 id 属性定位，表示定位 id 属性值为 dl 的元素
//input[@name='mz']	通过 name 属性定位，表示定位 name 属性值为 mz 的元素
//input[@class='s_ipl']	通过 class 属性定位，表示定位 class 属性值为 s_ipl 的元素
//*[@id='kw']	通过通配符*定位，表示定位所有 id 属性值为 kw 的元素
//a[@name='book' or text( )='music']	通过逻辑表达式定位，表示定位 name 属性值为 book 或者文本内容为 music 的元素
/a[contains(@href='新闻')and text( )='新闻联播']	通过逻辑表达式定位，表示定位 href 属性值中包含"新闻"并且文本内容中包含"新闻联播"的元素
/html/body/input[1]	通过绝对路径定位，表示定位/html/body/input 下的第一个<input>标签

8. css 定位

css 定位通过 css 选择器工具进行定位。该方法比 xpath 定位的速度快，css 语法也十分强大，语法比 xpath 简单，但是对初学者来说，学习起来稍微有点难度。

在程序中根据 css 选择器工具进行定位时，可以调用 find_element_by_css_selector( )方法，该方法的语法格式如下。

```
find_element_by_css_selector(css_selector)
```

find_element_by_css_selector( )方法中的参数 css_selector 表示选择器，常用的选择器包括 id 选择器、class 选择器、元素选择器、属性选择器和层级选择器等，其中，层级选择器又分为父子层级选择器和隔代层级选择器，不同的选择器在语法和使用方法上也会有所差异。常用的 css 选择器语法格式和说明如表 2-2 所示。

表 2-2   常用的 css 选择器语法格式和说明

css 选择器	语法格式	说明
id 选择器	#id	根据元素 id 属性选择，例如#userA，表示选择 id 属性值为 userA 的元素
class 选择器	.class	根据元素 class 属性选择，例如.telA，表示选择 class 属性值为 telA 的所有元素
元素选择器	element	根据元素标签名选择，例如 input，表示选择标签名为<input>的所有元素
属性选择器	[属性名=属性值]	根据元素的属性名和属性值选择，例如[type="password"]，表示选择 type 属性值为 password 的元素
父子层级选择器	element1 > element2	根据父子层级选择，element2 是 element1 的直接子元素，例如 p[id='p1']>input，表示定位指定 p 元素下的直接子元素 input
隔代层级选择器	element1 element2	根据隔代层级选择，element2是element1的后代元素，例如p[id='p1'] input，表示定位指定 p 元素之后的所有 input 元素

学习了 8 种常用的元素定位方式后，下面以 TPshop（开源商城）项目为例，使用这 8 种常用的元素定位方式来定位该项目中的登录页面元素。首先在 Chapter02 程序中创建 TPshop_login.py 文件，然后在该文件中调用 find_element_by_id( )、find_element_by_name( )和 find_element_by_xpath( )方法来定位页面中的元素，具体代码如文件 2-1 所示。

【文件 2-1】   TPshop_login.py

```
1  from selenium import webdriver
2  driver = webdriver.Chrome()
3  url ="http://hmshop-test.itheima.net/Home/user/login.html"
4  driver.get(url)
5  # 通过 id 定位手机号/邮箱输入框元素
6  username = driver.find_element_by_id("username").send_keys("13012345678")
7  # 通过 name 定位密码输入框元素
8  password = driver.find_element_by_name("password").send_keys("123456")
9  # 通过 id 定位验证码输入框元素
10 driver.find_element_by_id("verify_code").send_keys("8888")
11 # 利用 xpath 定位"登录"按钮元素
12 driver.find_element_by_xpath("//*[@id='loginform']/div/div[6]/a").click()
```

上述代码中，第 1 行代码将浏览器驱动 webdriver 导入程序中。第 2 行代码用于创建 Chrome 浏览器驱动对象。第 3~4 行代码将 TPshop（开源商城）的链接地址加载到浏览器驱动对象中。第 6 行代码首先调用 find_element_by_id( )方法定位登录页面的手机号/邮箱输入框元素，该方法中的参数 username 是手机号/邮箱输入框元素的 id 属性值，然后调用 send_keys( )方法，在手机号/邮箱输入框中输入 13012345678。第 8 行代码首先调用 find_element_by_name( )方法定位登录页面的密码输入框元素，该方法中的参数 password 是密码输入框元素的 name 属性值，然后调用 send_keys( )方法，在密码输入框中输入 123456。第 10 行代码首先调用 find_element_by_id( )方法定位登录页面的验证码输入框元素，该方法中的参数 verify_code 是验证码输入框元素的 id 属性值，然后调用 send_keys( )方法，在验证码输入框中输入 8888。第 12 行代码调用 find_element_by_xpath( )方法定位登录页面的"登录"按钮元素，该方法中的参数是"登录"按钮元素 id 属性的相对路径值，然后调用 click( )方法实现单击登录操作。

需要注意的是，在定位登录页面的手机号/邮箱元素时，还可以通过调用 find_element_by_name( )、find_element_by_xpath( )或 find_element_by_css_selector( )方法来实现。读者在练习使用元素定位的方法时可以根据页面元素的属性灵活选择相应的方法。当选择元素的 id、name 或 class 属性进行定位时，要确保这些属性的值在页面中是唯一的，否则程序将出现定位不到元素的问题。

为了让读者能有良好的学习体验，在文件 2-1 中提前使用了 send_keys( )输入方法和 click( )单击方法，这两个方法将在后续章节进行详细介绍。

由于运行文件 2-1 中的代码时，程序的运行效果是一个动态的过程，用图片展示运行效果会比较烦琐，此处通过视频的方式来展示，扫描下方二维码即可观看程序的运行效果。

文件2-1的运行效果

2.5.2　一组元素的定位

当测试的页面上有多个元素需要操作时，逐一进行定位就会比较烦琐，例如需要同时选择页面中的所有复选框，这时候可以通过一组元素进行定位。在 2.5.1 节中，已介绍了 8 种单个元素的定位方法，在 Selenium WebDriver 中还提供了 8 种用于定位一组元素的方法。定位一组元素的方法与定位单个元素的方法类似，区别在于，定位一组元素时需要在方法中的 find_element 后面加上 s，即 find_elements，表示元素为复数。因此，这里不再对定义一组元素的方法进行详细介绍，仅通过表格的形式列举出来，具体如表 2-3 所示。

表 2-3　定位一组元素的方法

方法	说明
find_elements_by_id( )	表示通过元素的 id 属性值定位一组元素
find_elements_by_name( )	表示通过元素的 name 属性值定位一组元素
find_elements_by_class_name( )	表示通过元素的 class 属性值定位一组元素
find_elements_by_tag_name( )	表示通过元素的 tag name（标签名）定位一组元素
find_elements_by_link_text( )	表示通过超链接全部文本内容定位一组元素
find_elements_by_partial_link_text( )	表示通过超链接部分或全部文本内容定位一组元素
find_elements_by_xpath( )	表示通过元素路径定位一组元素
find_elements_by_css_selector( )	表示通过 css 选择器定位一组元素

下面以传智教育官网为例，定位传智教育官网首页横向的一组导航菜单链接，然后随机单击任意一个链接。首页导航菜单链接的元素信息如图 2-26 所示。

图2-26　首页导航菜单链接的元素信息

由图 2-26 可知，在传智教育官网首页的导航菜单链接元素信息中均有 class 属性，并且 class 属性值都有两个，分别是 a_default 和 a2_js，所以可以通过元素的 class 属性定位一组首页导航菜单链接元素。

首先在 Chapter02 程序中创建 find_elements.py 文件，然后在该文件中通过调用 find_elements_by_class_name( ) 方法来定位一组导航菜单链接元素，具体代码如文件 2-2 所示。

【文件 2-2】　find_elements.py

```
1  import random
2  from selenium import webdriver
3  driver = webdriver.Chrome()
4  url = "http://www.itcast.cn/"
5  driver.get(url)
6  # 获取首页头部横向的所有链接
7  elements = driver.find_elements_by_class_name("a2_js")
8  length = len(elements)
9  # 随机获取一个链接
10 Random_selection = random.randint(0, length-1)
11 elements[Random_selection].click()
```

上述代码中，第 1 行代码通过 import 将 random 模块导入程序中。第 7 行代码调用 find_elements_by_class_name( )方法定位传智教育官网首页导航菜单的所有链接元素，该方法中的参数 a2_js 表示导航菜单链接元素的 class 属性值。第 8 行代码调用 len( )函数获取导航菜单链接的个数并赋值给变量 length。第 10~11 行代码调用 randint( )方法生成随机的整数，该方法中的参数 0 和 length−1 分别表示第一个导航菜单链接和最后一个导航菜单链接。然后调用 click( )方法进行单击操作。

文件 2-2 的运行效果可扫描下方二维码查看。

文件2-2的运行效果

多学一招：find_element 定位

在元素定位时，还可以使用 find_element( )方法，该方法通过 By 来声明定位，并传入对应定位方法的定位参数。find_element( )方法的语法格式如下。

```
find_element(by=By.ID,value=None)
```

find_element( )方法中有两个参数，第一个参数 by 表示元素定位的类型，由 By 提供，默认通过 ID 属性值来定位；第二个参数 value 表示元素定位类型的属性值。使用 find_element( )方法来定位元素的示例代码如下。

```
driver.find_element(By.ID,"userA")
driver.find_element(By.NAME,"passwordA")
driver.find_element(By.CLASS_NAME,"telA")
driver.find_element(By.TAG_NAME,"input")
driver.find_element(By.LINK_TEXT,'访问 新浪 网站')
driver.find_element(By.PARTIAL_LINK_TEXT,'访问 ')
driver.find_element(By.XPATH,'//*[@id="emailA"]')
driver.find_element(By.CSS_SELECTOR,'#emailA')
```

在使用 find_element( )方法进行元素定位时，需要导入 By 类，具体如下。

```
from selenium.webdriver.common.by import By
```

通过查看 find_element_by_id( )方法的底层实现方法可知，底层是调用 find_element( )方法进行封装的，在程序中可以灵活选择任意一种元素定位的写法。find_element_by_id( )方法的底层实现方法如下。

```
def find_element_by_id(self,id_):
    """Finds an element by id.
    :Args:
    -id\_ - The id of the element to be found.
    :Usage:
        driver.find_element_by_id('foo')
    """
    return self.find_element(by=By.ID,value=id_)
```

在 Web 自动化测试中，学好元素定位是基础，读者在学习的过程中要多动手实践、多思考，反复练习才能做到熟能生巧，并能够在今后的工作中灵活应用。

2.6　获取元素的常用信息

在对 Web 项目进行自动化测试时，不仅需要定位页面中的元素，而且需要获取页面中的元素信息进行断言（在后续章节进行介绍）。通常需要获取的元素信息包括元素的尺寸、文本和属性值，获取方法由 Selenium WebDriver 提供，下面进行详细讲解。

2.6.1　获取元素尺寸

在一些电商网站（如淘宝网、京东商城等）中，通常需要在后台管理系统中上传商品的图片，以便于用户查看商品的详情，有时候需要同时上传多张商品图片。当需要测试上传的图片显示大小是否与产品设计需求一致时，可以通过获取上传的图片元素尺寸进行对比验证。此外，在测试 Web 页面时，如果需要测试某个控件的大小是否与产品设计需求中的大小一致时，也可以通过获取 Web 页面控件元素的尺寸进行判断。

在 Web 自动化测试过程中，通过 Selenium WebDriver 提供的 size 属性可获取元素尺寸，该属性的返回值是元素的宽度和高度。需要注意的是，在程序中使用 size 属性时，后边没有小括号，直接使用.size 的方式即可。

为了帮助读者更好地掌握获取元素尺寸的方法，下面以传智教育官网为例，详细介绍获取该官网首页的传智教育图标元素尺寸的步骤。首先在 Chrome 浏览器中打开传智教育官网，按"F12"快捷键，可查看传智教育图标元素的实际尺寸，传智教育官网首页如图 2-27 所示。

图2-27　传智教育官网首页

由图 2-27 可知，传智教育图标元素的实际尺寸为 180 像素（宽）×53 像素（高）。

首先在 Chapter02 程序中创建 get_size.py 文件，然后在程序中通过 size 属性来获取该图标元素的尺寸，具体代码如文件 2-3 所示。

【文件 2-3】　get_size.py

```
1  from selenium import webdriver
2  driver = webdriver.Chrome()
3  url = "http://www.itcast.cn/"
4  driver.get(url)
5  # 定位传智教育图标元素并使用 size 属性
6  element = driver.find_element_by_xpath("/html/body/div[1]/div[2]"
7                              "/div[2]/div[1]/h1/a/img").size
8  print(element)
```

上述代码中，第 6 行代码调用 find_element_by_xpath()方法定位传智教育图标元素，然后通过 size 属性获取该图标元素的实际尺寸，最后赋值给变量 element。第 8 行代码调用 print()方法，输出变量 element 的值。

运行上述示例代码，文件 2-3 的运行结果如图 2-28 所示。

在图 2-28 中，输出了{' height':53, 'width':180}，说明通

图2-28　文件2-3的运行结果

过在程序中使用 size 属性能够获取元素的尺寸。

2.6.2　获取元素文本

在实际工作中，通常测试的项目是由很多的页面组成的，在进行 Web 自动化测试时，不仅要对项目中的页面功能进行测试，而且需要特别注意项目页面之间的跳转是否正常，以及跳转的页面显示内容是否与预期结果一致。获取元素文本除了可以判断项目中链接跳转后的页面是否正常外，还可以作为断言的重要依据。

获取元素文本时可以利用 Selenium WebDriver 提供的 text 属性，通过在程序中先定位到具体的元素，然后通过 text 属性就可以获取文本信息。需要注意的是，在程序中使用 text 属性时，后边没有小括号，直接使用.text 的方式即可。

由图 2-27 所示的传智教育官网首页可知，该首页有很多的文本信息，下面首先在 Chapter02 程序中创建 get_text.py 文件，然后在程序中使用 text 属性获取传智教育官网首页"关于传智"的文本信息，具体代码如文件 2-4 所示。

【文件 2-4】　get_text.py

```
1  from selenium import webdriver
2  driver = webdriver.Chrome()
3  url = "http://www.itcast.cn/"
4  driver.get(url)
5  # 定位元素并使用 text 属性
6  element = driver.find_element_by_partial_link_text\
7      ("关于传智").text
8  print(element)
```

上述代码中，第 6~7 行代码首先调用 find_element_by_partial_link_text()方法定位"关于传智"元素，由于该元素是一个链接，也可以通过调用 driver.find_element_by_link_text("关于传智")的方式进行定位，然后通过 text 属性获取元素的文本信息，最后将获取到的文本信息赋值给变量 element。第 8 行代码通过调用 print()方法输出变量 element 的值。

运行上述示例代码，文件 2-4 的运行结果如图 2-29所示。

在图 2-29 中，输出了"关于传智"的文本内容，说明程序能够正常访问传智教育官网首页，并且能够通过text 属性获取元素文本。

图2-29　文件2-4的运行结果

2.6.3　获取元素属性值

在进行 Web 自动化测试时，可以通过获取元素属性值或判断元素是否可用等方式来判断测试用例的最终执行结果，下面对元素属性值获取、判断元素是否可用、判断元素是否可见和判断元素是否被选中进行详细介绍。

1. 元素属性值获取

在 Web 自动化测试中，可以通过获取元素的属性值进行断言。获取元素属性值的方法是 get_attributc()，该方法的语法格式如下。

```
get_attribute(name)
```

get_attribute()方法中的参数 name 表示元素的属性名，通过调用该方法可以获取元素标签内的属性信息。为了帮助读者能够更好地掌握元素属性值的获取方法，下面以传智教育黑马程序员社区页面为例，获取页面中"发帖"按钮的元素属性值。传智教育黑马程序员社区页面如图 2-30 所示。

图2-30 传智教育黑马程序员社区页面

由图 2-30 可知，"发帖"按钮元素在<a>标签中共有 4 个属性，分别是 class、onclick、href 和 title，这 4 个属性都有对应的属性值。

首先在 Chapter02 程序中创建 get_attribute.py 文件，然后在该文件中调用 get_attribute()方法，获取"发帖"按钮元素属性名为 title 的属性值，具体代码如文件 2-5 所示。

【文件 2-5】 get_attribute.py

```
1  from selenium import webdriver
2  driver = webdriver.Chrome()
3  url = "http://bbs.itheima.com/?jingjiaczpz-PC-1"
4  driver.get(url)
5  # 定位元素并调用get_attribute()方法
6  post_button = driver.find_element_by_xpath("//*[@id='portal_block_417_content']/"
7                              "div/div/a[1]").get_attribute("title")
8  print(post_button)
```

上述代码中，第 6~7 行代码首先调用 find_element_by_xpath()方法定位"发帖"按钮元素，然后调用 get_attribute()方法获取"发帖"按钮的属性值，该方法中的参数 title 表示"发帖"按钮在 HTML 页面中的属性，最后将获取到的属性值赋给变量 post_button。

如果想要获取"发帖"按钮元素的 class、onclick 或 href 属性名的值，只需要在调用 get_attribute()方法时将传递的参数改为 class、onclick 或 href 即可。

运行上述示例代码，文件 2-5 的运行结果如图 2-31 所示。

在图 2-31 中，输出了"发帖"，说明程序成功获取"发帖"按钮 title 属性的属性值。

图2-31 文件2-5的运行结果

2. 判断元素是否可用

在 Web 自动化测试中，有时候需要判断页面中的按钮是否可以正常使用，可以通过调用 is_enabled()方法来实现，该方法的语法格式如下。

```
is_enabled()
```

为了帮助读者能够更好地掌握判断元素是否可用方法的使用，下面以传智教育黑马程序员社区页面为例，判断传智教育黑马程序员社区页面中的"签到"按钮元素是否可用。如果该元素可用，返回结果为"True"，否则返回"False"。

首先在 Chapter02 程序中创建 element_available.py 文件，然后在程序中调用 is_enabled()方法判断"签到"

按钮是否可用，具体代码如文件 2-6 所示。

【文件 2-6】　element_available.py

```
1  from selenium import webdriver
2  driver = webdriver.Chrome()
3  url = "http://bbs.itheima.com/?jingjiaczpz-PC-1"
4  driver.get(url)
5  # 定位 "签到" 按钮元素
6  sign_in_button = driver.find_element_by_xpath("//*[@id='portal_block_417_content']"
7                                                 "/div/div/a[2]")
8  # 判断元素是否可用并输出结果
9  print(sign_in_button.is_enabled())
```

上述代码中，第 6~7 行代码调用 find_element_by_xpath( )方法定位页面中的 "签到" 按钮元素，该方法中的参数表示 xpath 的路径值。第 9 行代码调用 is_enabled( )方法判断页面中的 "签到" 按钮是否可用，然后通过调用 print( )方法输出判断结果。

运行文件 2-6 中的代码，运行结果如图 2-32 所示。

在图 2-32 中，程序运行后输出结果为 "True"，说明传智教育黑马程序员社区页面中的 "签到" 按钮是可用的。

图2-32　文件2-6的运行结果

3. 判断元素是否可见

在 Web 自动化测试中，也可以通过判断元素是否可见来进行断言。在程序中判断元素是否可见的方法是 is_displayed( )，该方法的语法格式如下。

```
is_displayed()
```

为了帮助读者更好地掌握判断元素是否可见方法的使用，以传智教育黑马程序员社区页面为例，判断传智教育黑马程序员社区页面左上方的黑马程序员图标是否可见。如果页面中该元素可见，则返回结果为 "True"，否则返回 "False"。

首先在 Chapter02 程序中创建 element_visible.py 文件，然后在该文件中调用 is_displayed( )方法判断黑马程序员图标是否可见，具体代码如文件 2-7 所示。

【文件 2-7】　element_visible.py

```
1  from selenium import webdriver
2  driver = webdriver.Chrome()
3  url = "http://bbs.itheima.com/?jingjiaczpz-PC-1"
4  driver.get(url)
5  # 定位黑马程序员图标元素
6  hm_log = driver.find_element_by_xpath("//*[@id='Quater_bar']/div[2]/div[1]/h2/a/img")
7  # 判断元素是否可见并输出结果
8  print(hm_log.is_displayed())
```

上述代码中，第 6 行代码调用 find_element_by_xpath( )方法定位页面中的黑马程序员图标元素，该方法中的参数表示元素 xpath 的路径值。第 8 行代码调用 is_displayed( )方法判断页面中的黑马程序员图标元素是否可见，然后通过调用 print( )方法输出判断结果。

运行文件 2-7 中的代码，运行结果如图 2-33 所示。

在图 2-33 中，程序运行后输出结果为 "True"，说明传智教育黑马程序员社区页面左上方的黑马程序员图标是可见的。

图2-33　文件2-7的运行结果

4. 判断元素是否被选中

在 Web 自动化测试中，判断元素是否被选中一般用于测试页面表单中的单选按钮和复选框。有些页面表单中的单选按钮和复选框是默认选中的，在程序中判断元素是否被选中可以调用 is_selected()方法，该方法的语法格式如下。

```
is_selected()
```

为了帮助读者更好地掌握 is_selected()方法的使用，下面以 TPshop（开源商城）项目为例，判断用户注册页面的"我已阅读并同意《用户服务协议》"复选框元素是否被选中。如果该复选框元素被选中，返回结果为"True"，否则返回"False"。TPshop 开源商城用户注册页面如图 2-34 所示。

图2-34　TPshop开源商城用户注册页面

由图 2-34 可知，"我已阅读并同意《用户服务协议》"复选框默认是被勾选状态，下面在 Chapter02 程序中创建 select_element.py 文件，然后在该文件中调用 is_selected()方法，判断"我已阅读并同意《用户服务协议》"复选框是否被勾选，具体代码如文件 2-8 所示。

【文件 2-8】　select_element.py

```
1  from selenium import webdriver
2  driver = webdriver.Chrome()
3  url = "http://hmshop-test.itheima.net/Home/user/reg.html"
4  driver.get(url)
5  # 定位复选框元素
6  check_box = driver.find_element_by_class_name("J_protocal")
7  # 判断元素是否被选中并输出结果
8  print(check_box.is_selected())
```

上述代码中，第6行代码调用 find_element_by_class_name()方法定位注册页面的"我已阅读并同意《用户服务协议》"复选框元素，该方法中的参数 J_protocal 表示元素在 HTML 页面中的 class 属性值。第8行代码调用 is_selected()方法判断注册页面的"我已阅读并同意《用户服务协议》"复选框是否被选中，然后通过调用 print()方法输出判断结果。

运行文件 2-8 中的代码，运行结果如图 2-35 所示。

在图 2-35 中，程序运行后输出结果为"True"，说明 TPshop 开源商城用户注册页面的"我已阅读并同意《用户服务协议》"复选框已经是被选中的状态。

图2-35　文件2-8的运行结果

2.7　元素的常用操作

在进行 Web 自动化测试的过程中，不仅需要定位页面的各类元素，而且需要对这些元素进行操作，这样才能够满足自动化测试在各种场景中的需要。下面将介绍输入元素内容、清空元素内容和提交表单这 3 个常用的元素操作。

1. 输入元素内容

在测试 Web 页面时，几乎都要对登录页面进行测试。当需要测试登录页面的登录功能时，首先需要定位登录页面的账号和密码输入框元素，定位好这 2 个元素后，需要进行账号和密码输入框的信息输入操作，这时候可以调用 send_keys( )方法来自动输入账号和密码信息。也就是说，当页面中遇到想要输入元素内容的情况时，可以在自动化测试的脚本代码中调用 send_keys( )方法来自动输入元素的内容，该方法的语法格式如下。

```
send_keys(*value)
```

send_keys( )方法中的参数*value 表示输入的内容。

2. 清除元素内容

在 Web 自动化测试的过程中，如果想要清空页面的输入框或搜索框中的信息，可以通过在自动化测试的脚本代码中调用 clear( )方法来实现，该方法的语法格式如下。

```
clear()
```

3. 提交表单

在自动化测试的过程中，如果想要提交页面中的 form 表单或者模拟按下"Enter"键提交表单，可以在自动化测试的脚本代码中调用 submit( )方法来实现，该方法的语法格式如下。

```
submit()
```

下面以访问必应首页为例，演示如何在必应首页的输入框中输入元素内容、清空元素内容和提交表单，必应首页如图 2-36 所示。

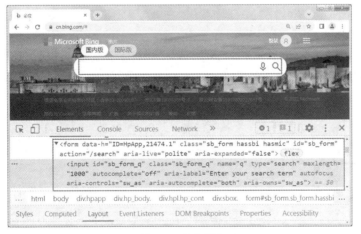

图2-36　必应首页

在图 2-36 中，输入框有 form 表单、<input>标签等基本元素信息，下面在 Chapter02 程序中创建 bing_index.py 文件，然后在该文件中分别调用 send_keys( )方法、clear( )方法和 submit( )方法，实现对输入框内容的输入、清除和提交表单操作，具体代码如文件 2-9 所示。

【文件 2-9】　bing_index.py

```
1  from selenium import webdriver
2  driver = webdriver.Chrome()
3  url = "https://cn.bing.com/"
4  driver.get(url)
5  # 定位搜索框元素并输入内容
6  input_box = driver.find_element_by_xpath("//input[@id='sb_form_q']")
7  input_box.send_keys("软件")
8  # 清空搜索框内容
9  input_box.clear()
10 input_box.send_keys("软件测试")
11 # 提交表单
12 input_box.submit()
```

上述代码中，第 6 行代码首先调用 find_element_by_xpath( )方法定位输入框元素，然后赋值给变量 input_box。第 7 行代码调用 send_keys( )方法，在输入框中输入"软件"。第 9 行代码调用 clear( )方法清空输入框中的内容，即清空第 7 行代码中输入的"软件"。第 10 行代码再次调用 send_keys( )方法，在输入框中输入"软件测试"。第 12 行代码调用 submit( )方法提交输入框中的内容。

文件 2-9 的运行效果可扫描下方二维码查看。

文件2-9的运行效果

2.8 鼠标的常用操作

在 Web 自动化测试中，有时需要通过鼠标操作才能够看到页面效果，例如页面的拖动验证、悬浮菜单等都需要用鼠标进行拖曳、悬停操作才能实现，所以需要学习鼠标的常用操作。鼠标的常用操作包括鼠标执行、鼠标单击、鼠标双击、鼠标拖曳和鼠标悬停，Selenium WebDriver 为这些鼠标操作提供了对应的方法，常用的鼠标操作方法如表 2-4 所示。

表 2-4　常用的鼠标操作方法

方法	说明
perform( )	鼠标执行，所有的鼠标操作都需要调用该方法才可以生效
click( )	鼠标单击
context_click( )	鼠标右键单击
double_click( )	鼠标双击
drag_and_drop(source, target)	鼠标拖曳，第 1 个参数 source 表示源元素，即被拖曳的元素，第 2 个参数 target 表示目标元素
move_to_element( )	鼠标悬停

下面以京东商城首页为例，演示如何实现鼠标悬停在家用电器元素上。首先在 Chapter02 程序中创建 mouse_hover.py 文件，然后在该文件中调用 move_to_element( )方法实现鼠标悬停在家用电器元素上，具体代码如文件 2-10 所示。

【文件 2-10】　mouse_hover.py

```
1  from selenium import webdriver
2  from selenium.webdriver.common.action_chains import ActionChains
3  driver = webdriver.Chrome()
4  driver.get("https://www.jd.com/")
5  # 定位家用电器元素
6  house_device = driver.find_element_by_xpath("//*[@id='J_cate']/ul/li[1]/a")
7  # 创建鼠标对象
8  action = ActionChains(driver)
9  # 调用鼠标悬停的方法
10 action.move_to_element(house_device)
11 # 调用鼠标执行的方法
12 action.perform()
```

上述代码中，第 8 行代码调用 ActionChains( )方法创建鼠标对象 ActionChains。第 10 行和第 12 行代码分别通过调用 move_to_element( )方法和 perform( )方法实现鼠标悬停在京东商城首页的家用电器元素上。

文件 2-10 的运行效果可扫描下方二维码查看。

文件2-10的运行效果

除了上述介绍的鼠标执行、鼠标单击、鼠标双击、鼠标拖曳和鼠标悬停方法外，在 ActionChains 类中还提供了 key_down( )、key_up( )、release( )等方法，分别表示模拟按下某个键、松开某个键、释放按下的鼠标，由于这 3 个方法不常用，这里不再详细讲解。读者可自行查看 ActionChains 类的源码学习鼠标的其他操作方法。

2.9　键盘的常用操作

在 Web 自动化测试的过程中，除了会对鼠标进行一些常用操作外，还会对键盘进行一些常用操作，例如复制、粘贴、全选等。键盘的这些常用操作在 Selenium WebDriver 中都有对应的方法，这些方法都封装在 Keys 类中，所以在使用这些键盘操作方法之前首先需要导入 Keys 类，具体代码如下。

```
from selenium.webdriver.common.keys import Keys
```

常用的键盘操作方法如表 2-5 所示。

表 2-5　常用的键盘操作方法

方法	说明
send_keys(Keys.CONTROL,'a')	表示全选（Ctrl+A）
send_keys(Keys.CONTROL,'c')	表示复制（Ctrl+C）

续表

方法	说明
send_keys(Keys.CONTROL,'x')	表示剪切（Ctrl+X）
send_keys(Keys.CONTROL,'v')	表示粘贴（Ctrl+V）
send_keys(Keys.BACK_SPACE)	表示删除键（Backspace）
send_keys(Keys.SPACE)	表示空格键（Space）
send_keys(Keys.TAB)	表示制表键（Tab）
send_keys(Keys.ESCAPE)	表示回退键（Esc）
send_keys(Keys.ENTER)	表示回车键（Enter）

如果读者还想了解其他的键盘操作方法，可自行查看 Keys 类的源码。

下面以京东商城首页为例，演示表 2-5 中常用的键盘操作方法，京东商城首页如图 2-37 所示。

图2-37　京东商城首页

首先在 Chapter02 程序中创建 keyboard_operation.py 文件，然后在该文件中调用常用的键盘操作方法实现删除、全选、复制等操作，具体代码如文件 2-11 所示。

【文件 2-11】　keyboard_operation.py

```
1  from selenium import webdriver
2  from selenium.webdriver.common.keys import Keys
3  driver = webdriver.Chrome()
4  driver.get("https://www.jd.com/")
5  # 定位输入框元素并输入内容
6  input_box = driver.find_element_by_xpath("//*[@id='key']")
7  input_box.send_keys("测试")
8  # 调用删除键方法
9  input_box.send_keys(Keys.BACK_SPACE)
```

```
10 input_box.send_keys("书籍")
11 # 调用全选方法
12 input_box.send_keys(Keys.CONTROL, 'a')
13 # 调用剪切方法
14 input_box.send_keys(Keys.CONTROL, 'x')
15 # 调用粘贴方法
16 input_box.send_keys(Keys.CONTROL, 'v')
17 # 调用回车键方法
18 input_box.send_keys(Keys.ENTER)
```

上述代码中，第 6～7 行代码首先调用 find_element_by_xpath()方法定位输入框元素，并赋值给变量 input_box，然后调用 send_keys()方法输入"测试"文本内容。第 9 行代码通过调用 send_keys()方法，并在该方法中传入 Keys.BACK_SPACE 参数，模拟键盘删除键操作。第 10 行代码通过调用 send_keys()方法输入"书籍"文本内容。第 12～16 行代码通过调用 send_keys()方法，并依次传入(Keys.CONTROL,'a')参数、(Keys.CONTROL,'x')参数和(Keys.CONTROL,'v')参数，分别模拟键盘上的全选操作、剪切操作和粘贴操作。第 18 行代码通过调用 send_keys()方法，并传入 Keys.ENTER 参数，模拟按下键盘上的"Enter"键操作。

文件 2-11 的运行效果可扫描下方二维码查看。

文件2-11的运行效果

2.10　浏览器的常用操作

在 Web 项目中，经常需要对浏览器进行一些常用的操作，这些操作包括浏览器的前进、后退，页面的刷新、标题与 URL 的获取，窗口的设置、退出与关闭等。下面对浏览器的常用操作进行详细讲解。

2.10.1　浏览器窗口的设置

在运行自动化测试脚本的时候，默认启动的浏览器窗口并不是全屏的。由于浏览器窗口的位置和大小会影响 Web 页面的显示效果，所以在编写脚本进行自动化测试的时候需要设置浏览器的窗口大小。为了能够使浏览器有一个良好的显示效果，通常设置浏览器窗口为最大化。在 Selenium WebDriver 中提供了一些方法来设置浏览器窗口的最大化、最小化、指定位置和指定大小。设置浏览器窗口的常用方法如表 2-6 所示。

表 2-6　设置浏览器窗口的常用方法

方法	说明
minimize_window()	将浏览器窗口设置为最小化
maximize_window()	将浏览器窗口设置为最大化
set_window_position(x,y)	将浏览器窗口移动到指定位置

续表

方法	说明
set_window_size(width,height)	将浏览器窗口设置为指定大小，第 1 个参数 width 用于设置窗口的宽度，第 2 个参数 height 用于设置窗口的高度
set_window_rect(x=None, y=None, width=None, height=None)	将浏览器窗口移动到指定位置，并将浏览器窗口设置为指定大小

下面以京东商城首页为例，演示如何使用表 2-6 中的方法来设置京东商城首页的浏览器窗口。首先在 Chapter02 程序中创建 set_window.py 文件，然后在该文件中调用设置浏览器窗口的常用方法，具体代码如文件 2-12 所示。

【文件 2-12】   set_window.py

```
1  from selenium import webdriver
2  driver = webdriver.Chrome()
3  url = 'http://www.jd.com/'
4  driver.get(url)
5  # 将浏览器窗口设置为最大化
6  driver.maximize_window()
7  # 将浏览器窗口设置为最小化
8  driver.minimize_window()
9  # 将浏览器窗口设置为指定大小
10 driver.set_window_size(300, 600)
11 # 将浏览器窗口移动到指定位置
12 driver.set_window_position(300, 200)
13 # 将浏览器窗口移动到指定位置，并设置浏览器窗口为指定大小
14 driver.set_window_rect(300, 200, 300, 600)
```

上述代码中，第 6 行代码调用 maximize_window()方法，将浏览器窗口设置为最大化。第 8 行代码调用 minimize_window()方法，将浏览器窗口设置为最小化。第 10 行代码调用 set_window_size()方法，将浏览器的窗口大小设置为宽 300 像素、高 600 像素。第 12 行代码调用 set_window_position()方法，将浏览器窗口移动到 x 坐标为 300、y 坐标为 200 的位置。第 14 行代码调用 set_window_rect()方法，将浏览器窗口移动到 x 坐标为 300、y 坐标为 200 的位置，同时将浏览器的窗口大小设置为宽 300 像素、高 600 像素。

文件 2-12 的运行效果可扫描下方二维码查看。

文件2-12的运行效果

2.10.2　浏览器的前进与后退

在使用浏览器访问网页的时候，通常会在浏览器的导航栏处单击"前进"或"后退"按钮来切换浏览的网页。如果要用代码自动实现浏览器"前进"或"后退"的操作，可以调用 Selenium WebDriver 提供的 forward() 和 back()方法。在程序中可以直接调用这两个方法，示例代码如下。

```
driver.forward()  # 浏览器前进
driver.back()     # 浏览器后退
```

下面以传智教育官网和京东商城官网页面为例，演示如何使用浏览器前进与浏览器后退的方法，在传智教育官网和京东商城官网页面之间切换访问。首先在 Chapter02 程序中创建 forward_back.py 文件，然后在该文件中依次调用 back()方法和 forward()方法，具体代码如文件 2-13 所示。

【文件2-13】　forward_back.py

```
1  from selenium import webdriver
2  driver = webdriver.Chrome()
3  first_url = 'http://www.itcast.cn/'
4  driver.get(first_url)
5  second_url = 'http://www.jd.com/'
6  driver.get(second_url)
7  driver.back()
8  print("调用后退方法，进入传智教育官网页面")
9  driver.forward()
10 print("调用前进方法，进入京东商城官网页面")
```

运行文件 2-13 中的代码，文件 2-13 的运行结果如图 2-38 所示。

在图 2-38 中，依次输出了调用后退方法和调用前进方法的文本内容，说明程序能够通过调用 back()方法和 forward()方法实现浏览器的后退和前进操作。

程序运行时，浏览器驱动首先打开传智教育官网页面，然后打开京东商城官网页面，此时浏览器中一共有 2 个窗口，当调用 back()方法时，浏览器从京东

图2-38　文件2-13的运行结果

商城官网页面切换到传智教育官网页面；当调用 forward()方法时，浏览器从传智教育官网页面切换到京东商城官网页面。

文件 2-13 的运行效果可扫描下方二维码查看。

文件2-13的运行效果

2.10.3　浏览器页面的刷新

在使用浏览器访问网页时，经常会出现网络不佳或页面加载缓慢等情况，此时可以单击浏览器上的"刷新"按钮或按下"F5"键来刷新浏览器，以更新当前访问的页面。在 Web 自动化测试的过程中，当遇到网络不佳或页面加载缓慢的情况，可以在脚本代码中调用 Selenium WebDriver 提供的 refresh()方法，实现浏览器中页面的自动刷新功能。

刷新浏览器页面的示例代码如下。

```
driver.refresh()  # 刷新浏览器页面
```

下面以百度网站为例，演示如何使用刷新浏览器页面的方法。首先在 Chapter02 程序中创建 refresh_page.py

文件，然后在该文件中调用 refresh( )方法，具体代码如文件 2–14 所示。

【文件 2-14】   refresh_page.py

```
1  from selenium import webdriver
2  driver = webdriver.Chrome()
3  url = 'https://www.baidu.com/'
4  driver.get(url)
5  driver.find_element_by_id("kw").send_keys("测试刷新页面")
6  # 刷新浏览器页面
7  driver.refresh()
```

程序运行时，浏览器驱动首先打开百度网站主页面，在输入框中输入"测试刷新页面"的文本内容，然后刷新浏览器页面，输入框中的内容会置空。

文件 2–14 的运行效果可扫描下方二维码查看。

文件2–14的运行效果

2.10.4　获取浏览器页面的标题和 URL

在进行 Web 自动化测试的过程中，需要验证页面的实际显示结果与预期结果是否一致，此种情况下，可以在脚本中调用 Selenium WebDriver 提供的 title 属性和 current_url 属性，获取当前页面的标题和 URL，判断测试页面的显示是否正确。

获取浏览器页面的标题和 URL 的示例代码如下。

```
driver.title # 获取浏览器页面的标题
driver.current_url # 获取浏览器页面的 URL
```

下面以百度网站为例，演示如何获取百度新闻页面的标题和 URL。首先在 Chapter02 程序中创建 get_title_and_url.py 文件，然后在该文件中调用 title 属性和 current_url 属性获取百度新闻页面的标题和 URL，具体代码如文件 2–15 所示。

【文件 2-15】   get_title_and_url.py

```
1  from selenium import webdriver
2  driver = webdriver.Chrome()
3  url = 'https://www.baidu.com/'
4  driver.get(url)
5  # 定位新闻链接
6  driver.find_element_by_partial_link_text("新闻").click()
7  # 获取新闻页面的标题
8  page_title = driver.title
9  print("当前页面的标题是：%s" % page_title)
10 page_url = driver.current_url
11 print("当前页面的 URL 是：%s" % page_url)
```

上述代码中，第 6 行代码调用 find_element_by_partial_link_text( )方法定位百度首页的"新闻"链接元素，然后调用 click( )方法实现"新闻"链接的单击操作。第 8～9 行代码首先调用 title 属性，获取当前页面的标题，并赋值给变量 page_title，然后调用 print( )方法输出当前页面的标题。第 10～11 行代码首先调用 current_url

属性，获取当前页面的 URL，并赋值给变量 page_url，然后调用 print() 方法输出当前页面的 URL。

运行文件 2-15 中的代码，运行结果如图 2-39
所示。

在图 2-39 中，分别输出了当前页面的标题和
URL，说明在程序中调用 title 属性和 current_url 属
性能够成功获取浏览器当前页面的标题和 URL。

图2-39　文件2-15的运行结果

2.10.5　浏览器窗口的关闭

在运行自动化测试脚本时，Selenium WebDriver 操作浏览器需要浏览器驱动来协助，当自动化测试脚本
运行之后，浏览器并不会自动关闭。如果每次执行完都不关闭浏览器，那么就可能导致自动化测试脚本运行
卡顿，甚至可能导致浏览器窗口无法弹出。出现这两种问题的原因是浏览器驱动残留的进程太多，为了避免
再出现这样的问题，可以在自动化测试脚本中添加关闭浏览器窗口的方法。

在 Selenium WebDriver 中提供了 quit() 方法和 close() 方法来关闭浏览器的窗口，示例代码如下。

```
driver.quit()  # 关闭浏览器的所有窗口
driver.close()  # 关闭浏览器的当前窗口
```

需要说明的是，quit() 方法用于退出浏览器驱动并关闭浏览器的所有窗口，而 close() 方法用于仅关闭当
前正打开的窗口，并不会关闭浏览器驱动的进程。

下面以百度网站为例，演示如何关闭百度主页面窗口与浏览器中的所有窗口。首先在 Chapter02 程序中
创建 close_browser.py 文件，然后在该文件中依次调用 close() 方法和 quit() 方法分别关闭百度主页面窗口与浏
览器中的所有窗口，具体代码如文件 2-16 所示。

【文件 2-16】　close_browser.py

```
1  from time import sleep
2  from selenium import webdriver
3  driver = webdriver.Chrome()
4  bd_url = 'https://www.baidu.com/'
5  driver.get(bd_url)
6  driver.find_element_by_partial_link_text("贴吧").click()
7  sleep(2)
8  driver.close()
9  sleep(2)
10 driver.quit()
```

程序运行时，浏览器驱动首先打开百度主页面，然后单击主页面中的"贴吧"，此时浏览器中一共有 2
个窗口，等待 2 秒后，关闭浏览器的百度主页面窗口，再等待 2 秒后，关闭浏览器的所有窗口并且退出浏览
器驱动。为了方便观察在程序中调用 close() 方法和 quit() 方法时的区别，该程序中调用了 sleep() 函数，该函
数将在后续章节中详细介绍。

文件 2-16 的运行效果可扫描下方二维码查看。

文件2-16的运行效果

2.11　本章小结

本章主要讲解了 Selenium WebDriver 的基本使用，包括 Selenium WebDriver 简介，搭建 Web 自动化测试环境，元素定位简介，使用浏览器与 Selenium 定位页面元素，获取元素的常用信息，以及元素、鼠标、键盘和浏览器的常用操作，这些内容为后续编写自动化测试脚本奠定了基础。希望读者能够熟练掌握本章的内容，为后续编写测试脚本做好准备。

2.12　本章习题

一、填空题

1. id 定位是通过元素的_____来定位元素。
2. 元素定位是通过元素信息或_____来定位元素的。
3. 在 css 定位中常用的选择器包括 id 选择器、_____、元素选择器、属性选择器和层级选择器等。
4. 将浏览器窗口设置为最大化的方法是_____。
5. 获取元素文本的方法是_____。
6. 表示单击元素的方法是_____。

二、判断题

1. partial link text 可以通过超链接文本的一部分文本内容来定位元素。（　　）
2. xpath 只能通过元素的相对路径进行定位。（　　）
3. perform( )方法表示执行所有 ActionChains 类中存储的鼠标操作行为。（　　）
4. 在使用键盘操作的方法时需要导入 Keys 类。（　　）
5. quit( )方法表示关闭当前正在访问的页面窗口。（　　）
6. 鼠标拖曳使用的是 move_to_element( )方法。（　　）

三、单选题

1. 下列选项中，不属于基本元素定位方式的是（　　）。
A. id 定位　　　　　　B. text 定位　　　　　　C. name 定位　　　　　　D. css 定位
2. 下列选项中，关于 xpath 层级与属性的描述错误的是（　　）。
A. 子元素可以使用属性　　　　　　　　B. 父元素可以使用属性
C. 只有子元素可以使用属性　　　　　　D. 父元素和子元素都可以使用属性
3. 下列选项中，css 定位元素属性选择器写法正确的是（　　）。
A. [@id="id"]　　　B. [#id="id"]　　　　C. [id="id"]　　　　D. input[@id="id"]
4. 下列选项中，属于鼠标操作的方法的是（　　）。
A. context_click( )　　　　　　　　　B. set_window_size( )
C. set_window_position( )　　　　　　D. find_element( )
5. 下列选项中，关于常用的键盘操作方法描述错误的是（　　）。
A. send_keys(Keys.ENTER)表示回车键　　B. send_keys(Keys.'a')表示全选
C. send_keys(Keys.SPACE)表示空格键　　D. send_keys(Keys.BACK_SPACE)表示删除键
6. 下列选项中，关于 xpath 定位元素的写法与说明正确的是（　　）。
A. //[class='username']表示定位 class 属性值为 username 的元素

B.　//input[id='username']表示定位 id 属性值为 username 的元素

C.　//[@name='username']表示定位 name 属性值为 username 的元素

D.　//input[@name='username']表示定位 name 属性值为 username 的元素

四、简答题

1. 请简述 link text 定位与 partial link text 定位的区别。

2. 请简述常用的元素操作方法。

第3章

Selenium WebDriver的
高级应用

学习目标

★ 掌握 Select 类的使用，能够实现下拉选择框操作。

★ 掌握弹出框操作的方式，能够处理常见的输入框、确认框和提示框。

★ 掌握截图操作的方式，能够对脚本执行出错时的窗口进行截图保存。

★ 掌握获取浏览器窗口句柄的方法，能够实现多窗口切换操作。

★ 掌握多表单切换的方式，能够定位网页中有 frame 类型标签的页面元素。

★ 掌握元素等待的方式，能够解决因页面元素未加载出来而报错的问题。

★ 掌握获取、添加、删除 Cookie 的方式，能够灵活处理 Cookie。

★ 掌握文件的上传与下载的方式，能够实现文件的上传和下载功能。

★ 掌握执行 JavaScript 脚本的方式，能够控制浏览器滚动条和处理日期控件。

拓展阅读

在第 2 章中，我们已经初步学习了 Selenium WebDriver 的基础应用，并能够为 Web 项目编写简单的测试脚本。然而在实际的测试项目中还需要对 Web 项目进行一些高级的操作，例如操作下拉选择框、弹出框、页面截图等，故需要进一步学习 Web 项目的高级操作。下面将对 Selenium WebDriver 的高级应用进行讲解。

3.1 下拉选择框操作

当我们在网页中填写地址或选择商品信息时经常会出现下拉选择框，下拉选择框中通常会显示多个选项供用户选择。那么，在 Web 自动化测试的过程中，当我们遇到测试网页中的下拉选择框时，该如何让程序自动选择下拉选择框中的选项呢？下面将对下拉选择框的操作进行详细讲解。

在 Web 自动化测试过程中，对下拉选择框中的选项进行定位与操作有两种方式，第一种是首先定位到要操作的 option 元素（下拉选择框中的选项），然后执行单击操作；第二种是使用 Selenium WebDriver 中的 Select 类定位下拉选择框中指定的选项。由于第一种方式操作起来比较烦琐，而第二种方式能更快地对下拉选择框进行操作，所以通常我们会使用第二种方式。下面将对第二种方式进行详细讲解。

在使用第二种方式定位下拉选择框中的指定选项时，首先需要在项目中导入 Select 类，具体代码如下。

```
from selenium.webdriver.support.select import Select
```

Select 类中提供了 3 种方式来定位下拉选择框中的指定选项，具体介绍如下。

1. 根据索引值定位指定选项

根据索引值定位下拉选择框中的指定选项时，需要调用 select_by_index( )方法，该方法的语法格式如下。

```
select_by_index(index)
```

select_by_index( )方法中的参数 index 表示下拉选择框中选项的索引值。

需要注意的是，下拉选择框中选项的索引值是从 0 开始递增的，如果想要选择下拉选择框中的第 2 个选项，则可以将 select_by_index( )方法中传递的索引值设置为 1，即 select_by_index(1)。

2. 根据 value 属性值定位指定选项

根据 value 属性值定位下拉选择框中的指定选项时，需要调用 select_by_value( )方法，该方法的语法格式如下。

```
select_by_value(value)
```

select_by_value( )方法中的参数 value 表示\<select>标签（该标签用于显示一个下拉选择框）中 option 元素的 value 属性值。例如，在 HTML 页面中使用\<select>标签显示一个下拉选择框的代码如下。

```
<select name="selecta" id="selectA">
  <option value="bj">北京</option>
  <option value="sh">上海</option>
  <option value="gz">广州</option>
  <option value="sz">深圳</option>
</select>
```

上述代码用于显示一个下拉选择框，该下拉选择框中的选项分别是"北京""上海""广州"和"深圳"，如果想要选择"深圳"选项，该选项对应的 option 元素的 value 属性值为"sz"，则可以调用 select_by_value("sz") 方法实现选择"深圳"选项的操作。

3. 根据文本定位指定选项

根据文本定位下拉选择框中的指定选项时，需要调用 select_by_visible_text( )方法，该方法的语法格式如下。

```
select_by_visible_text(text)
```

select_by_visible_text( )方法中的参数 text 表示\<select>标签中 option 元素的文本内容。以前面使用\<select>标签显示一个下拉选择框的代码为例，如果想要选择"北京"选项，则可以调用 select_by_visible_text("北京") 方法来实现。

接下来，以一个用户注册页面为例，演示如何使用 Select 类中提供的 3 种方式操作页面中"所在城市"的下拉选择框。用户注册页面效果如图 3-1 所示。

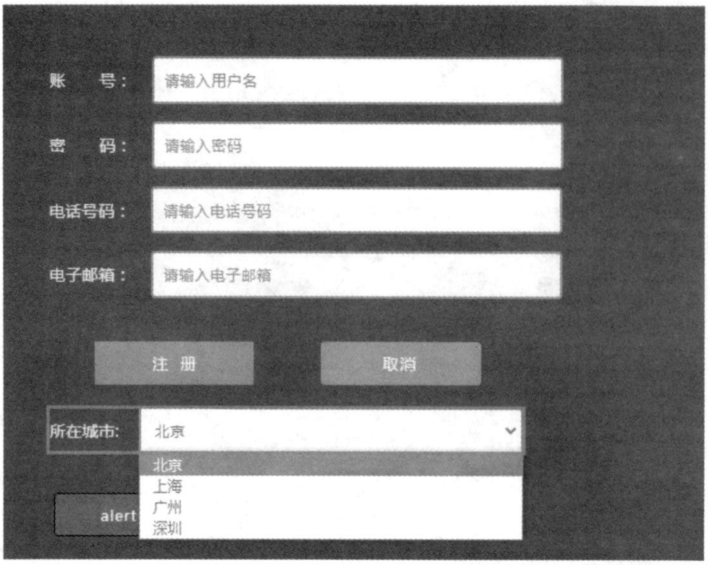

图3-1　用户注册页面

由图 3-1 可知，"所在城市"下拉选择框中共有"北京""上海""广州""深圳"4 个选项。如果想要实现定位"所在城市"下拉选择框中的"广州""上海""深圳"等选项，需要首先在 PyCharm 工具中创建一个名为 Chapter03 的程序，在该程序中创建 select_test.py 文件，在 select_test.py 文件中使用 Select 类提供的 3 种方式定位"所在城市"下拉选择框中指定的选项，具体代码如文件 3-1 所示。

【文件 3-1】　select_test.py

```
1  from time import sleep
2  from selenium import webdriver
3  from selenium.webdriver.support.select import Select
4  driver = webdriver.Chrome()
5  url = "E:/TestProject/html/register.html"
6  driver.get(url)
7  driver.maximize_window()
8  # 定位下拉选择框
9  element = driver.find_element_by_xpath("//*[@id='selectA']")
10 select = Select(element)
11 # 1.根据索引值定位"广州"选项
12 select.select_by_index(2)
13 sleep(2)
14 # 2.根据value值定位"上海"选项
15 select.select_by_value("sh")
16 sleep(2)
17 # 3.根据文本定位"深圳"选项
18 select.select_by_visible_text("深圳")
19 sleep(2)
20 driver.quit()
```

上述代码中，第 1~3 行代码将时间模块 time、浏览器驱动 webdriver 和 Select 类导入程序中。第 12 行代码调用 select_by_index( )方法定位"广州"选项，该方法中传递的参数为 2，表示选择下拉选择框中索引值为 2 的选项，即"广州"选项。第 13 行代码调用 sleep( )函数让程序休眠 2 秒后再执行后续代码。第 15 行代码调用 select_by_value( )方法定位"上海"选项,该方法中传递的参数"sh"是下拉选择框中"上海"选项对应的 option 元素的 value 属性的值。第 18 行代码调用 select_by_visible_text( )方法定位"深圳"选项,该方法中传递的参数"深圳"是下拉选择框中"深圳"选项对应的 option 元素的文本信息。第 20 行代码调用 quit( )方法退出浏览器驱动程序。

需要注意的是,文件 3-1 中调用 sleep( )函数让程序休眠 2 秒后再执行后续代码,是为了避免自动化测试脚本执行结束后,页面还未及时加载出来而出现定位不到元素的问题。

由于运行文件 3-1 中的代码时,程序的运行效果是一个动态过程,用图片展示运行效果会比较烦琐,此处通过视频的方式来展示,扫描下方二维码即可观看。

文件3-1的运行效果

3.2　弹出框操作

当我们浏览网页时,会经常看到一些弹出框,这些弹出框通常分为 3 种类型,分别是输入框(prompt)、提示框(alert)和确认框(confirm)。当页面中出现这些弹出框时,我们需要先对这些弹出框进行一些操作,才能对网页进行下一步操作或浏览网页中的其他内容。在 Web 自动化测试过程中,如果遇到网页中有弹出框的情况,可以通过 Selenium WebDriver 提供的对应方法处理这些弹出框,以便于测试网页中的其他信息。

在 Selenium WebDriver 中,输入框、提示框和确认框都是 Alert 类的对象,在处理这些弹出框时,首先需要获取 Alert 类的对象,获取该对象的语法格式如下。

```
driver.switch_to.alert
```

获取 Alert 类的对象后,需要调用 Alert 类的方法对弹出框进行操作,Alert 类的常用方法有 accept( )、dismiss( )、send_keys( ),这些方法的具体介绍如表 3-1 所示。

表 3-1　Alert 类中的常用方法

方法	说明
accept( )	接收弹出框信息,例如单击弹出框的"确认"按钮
dismiss( )	取消弹出框信息,例如单击弹出框的"取消"按钮
send_keys( )	向弹出框输入信息,该方法只对包含输入框的弹出框有效

除了表 3-1 中常用的方法外,Alert 类还有一个常用的属性 text,该属性用于获取弹出框中的文本信息。

下面以一个弹出框页面为例,演示如何对页面中弹出的输入框、提示框和确认框进行操作。首先新建一个名为 alert.txt 的文本文档,在该文本文档中编写弹出框的页面代码,然后将文本文档的名称修改为 alert.html,此时 alert.html 文件就是显示弹出框页面的文件,具体代码如文件 3-2 所示。

【文件 3-2】 alert.html

```
1  <html>
2  <head>
3  <title></title>
4  </head>
5  <body>
6  <input type="button" value="提示框" id="alerta" onclick="alert('我是提示框')">
7  <br/>
8  <input type="button" value="确认框" id="confirma"
9       onclick="confirm('我是确认框，确定要删除商品信息吗？')">
10 <br/>
11 <input type="button" value="输入框" id="prompta"
12       onclick="prompt('我是输入框，请输入用户名：')">
13 </body>
14 </html>
```

保存编写好的弹出框页面代码，然后在浏览器中打开 alert.html 文件，弹出框页面如图 3-2 所示。

图3-2 弹出框页面

在图 3-2 中，显示了 3 个按钮，分别是"提示框"按钮、"确认框"按钮和"输入框"按钮，依次单击这 3 个按钮，页面中会弹出不同的弹出框。首先单击弹出框页面中的"提示框"按钮，页面中会弹出一个提示框，如图 3-3 所示。

图3-3 提示框

在图 3-3 中，该提示框显示了一条提示信息"我是提示框"和一个"确定"按钮，单击"确定"按钮后，程序会关闭提示框。

单击弹出框页面中的"确认框"按钮，会弹出一个确认框，如图 3-4 所示。

图3-4 确认框

在图 3-4 中，该确认框中显示了需要确认的信息、"确定"按钮和"取消"按钮。单击"确定"按钮或"取消"按钮，程序都会关闭确认框。

需要注意的是，在实际开发中，当单击图 3-4 中的"确定"按钮时，程序会对商品信息进行一些删除操作。由于本案例的设计只为方便读者熟悉确认框，不需要进行确认后的复杂操作，所以在本案例中单击图 3-4 中的"确定"按钮后，程序只会执行关闭确认框的操作。

单击弹出框页面中的"输入框"按钮，会弹出一个输入框，如图 3-5 所示。

图3-5　输入框

在图 3-5 中，该输入框中显示了提示信息、输入框、"确定"按钮和"取消"按钮。单击"确定"按钮或"取消"按钮，程序都会关闭输入框。

接下来在 Chapter03 程序中创建 alert_test.py 文件，然后在该文件中调用 Alert 类中的 text 属性获取提示框、确认框和输入框中的文本信息并输出到控制台，具体代码如文件 3-3 所示。

【文件 3-3】　alert_test.py

```
1  from time import sleep
2  from selenium import webdriver
3  driver = webdriver.Chrome()
4  url = "E:/TestProject/html/alert.html"
5  driver.get(url)
6  driver.maximize_window()
7  # 定位 "提示框" 按钮并实现该按钮的单击事件
8  driver.find_element_by_id("alerta").click()
9  sleep(2)
10 alert_message = driver.switch_to.alert
11 print(alert_message.text)
12 # 调用 accept() 方法
13 alert_message.accept()
14 # 定位 "确认框" 按钮并实现该按钮的单击事件
15 driver.find_element_by_id("confirma").click()
16 sleep(2)
17 confirm_message = driver.switch_to.alert
18 print(confirm_message.text)
19 confirm_message.accept()
20 # 定位 "输入框" 按钮并实现该按钮的单击事件
21 driver.find_element_by_id("prompta").click()
22 sleep(2)
23 # 获取输入框的文字信息
24 prompt_message = driver.switch_to.alert
25 print(prompt_message.text)
26 prompt_message.accept()
27 driver.quit()
```

上述代码中，第 10、17、24 行代码分别通过 alert 属性获取提示框、确认框和输入框的对象。第 11、18、25 行代码分别通过提示框对象 alert_message、确认框对象 confirm_message 和输入框对象 prompt_message 的 text 属性获取这 3 个弹出框中的文本信息，并通过 print( ) 方法输出获取的文本信息。第 13、19、26 行代码分别调用 accept( ) 方法接收提示框、确认框和输入框的信息。

需要注意的是，本案例中只实现了弹出框中"确定"按钮的单击事件。如果想要实现弹出框中"取消"按钮的单击事件，则可以调用 dissmiss( ) 方法。

运行上述代码，文件 3-3 的运行结果如图 3-6 所示。

由图 3-6 可知，程序输出了提示框、确认框和输入框中的文本信息，说明通过 Alert 类中的 text 属性成功获取了提示框、确认框和输入框中的文本信息。

图3-6　文件3-3的运行结果

3.3 截图操作

在自动化测试的过程中，如果测试脚本执行失败，测试人员通常会去查看测试脚本运行的错误信息，分析脚本执行失败的原因。但有时候程序打印的错误信息并不十分明确，测试人员很难判断脚本执行失败的原因。在自动化测试脚本执行的过程中，如果通过截图的方式将测试过程中操作的场景以图片的形式展示出来，测试人员就能更快捷地分析出脚本执行失败的原因。

Selenium WebDriver 提供的获取截图的方法有 4 个，分别是 get_screenshot_as_file( ) 方法、save_screenshot( ) 方法、get_screenshot_as_base64( ) 方法和 get_screenshot_as_png( ) 方法，这 4 个方法的具体介绍如下。

（1）get_screenshot_as_file( ) 方法

get_screenshot_as_file( ) 方法用于获取页面截图，并将截图保存到指定的路径下，该方法的语法格式如下。

```
get_screenshot_as_file(filename)
```

get_screenshot_as_file( ) 方法中的参数 filename 是页面截图的存储路径，该存储路径为绝对路径。例如，get_screenshot_as_file("D:\\baidu.png")，程序调用该方法后，会将页面截图保存在 D 盘，该页面截图的文件名称为 baidu.png。

（2）save_screenshot( ) 方法

save_screenshot( ) 方法用于保存页面截图，该截图文件的后缀名为.png，该方法的语法格式如下。

```
save_screenshot(filename)
```

save_screenshot( ) 方法中的参数 filename 是页面截图的文件名称，该方法与 get_screenshot_as_file( ) 方法的作用相同，不同的是 save_screenshot( ) 方法将截图保存在项目的根目录中，而 get_screenshot_as_file( ) 方法将截图保存在指定的路径下。

（3）get_screenshot_as_base64( ) 方法

get_screenshot_as_base64( ) 方法用于获取页面截图的 base64 编码字符串，该方法的语法格式如下。

```
get_screenshot_as_base64()
```

（4）get_screenshot_as_png( )方法

get_screenshot_as_png( )方法用于获取页面截图的二进制数据，该方法的语法格式如下。

```
get_screenshot_as_png()
```

下面以闲云旅游网为例，演示如何调用 get_screenshot_as_file( )、save_screenshot( )、get_screenshot_as_base64( )和 get_screenshot_as_png( )等方法对页面进行截图并保存或输出。首先在 Chapter03 程序中创建 screenshot_test.py 文件，然后在该文件中实现对页面的截图，具体代码如文件 3-4 所示。

【文件 3-4】　screenshot_test.py

```
1  import time
2  from time import sleep
3  from selenium import webdriver
4  driver = webdriver.Chrome()
5  url = "http://fe-xianyun-web.itheima.net/"
6  driver.get(url)
7  driver.maximize_window()
8  # 单击"旅游攻略"链接
9  driver.find_element_by_link_text("旅游攻略").click()
10 sleep(2)
11 driver.get_screenshot_as_file("E:\\travel.png")
12 # 单击"写游记"按钮
13 driver.find_element_by_class_name("el-button").click()
14 sleep(2)
15 screenshot_first = driver.get_screenshot_as_png()
16 print('输出二进制数据:%s' % screenshot_first)
17 # 单击"国内机票"链接
18 driver.find_element_by_link_text("国内机票").click()
19 screenshot_second = driver.get_screenshot_as_base64()
20 print('输出 base64 编码字符串:%s' % screenshot_second)
21 sleep(2)
22 # 单击"登录/注册"链接
23 driver.find_element_by_partial_link_text("登录").click()
24 sleep(2)
25 # 以时间命名截图
26 image_time = time.strftime("%Y-%m-%d-%H_%M_%S", time.localtime(time.time()))
27 driver.save_screenshot(image_time + '.png')
28 driver.quit()
```

上述代码中，第 11 行代码调用 get_screenshot_as_file( )方法获取"旅游攻略"页面截图，该方法中传递的参数"E:\\travel.png"表示将截图保存在 E 盘，并且截图文件的名称为 travel.png。第 15~16 行代码首先调用 get_screenshot_as_png( )方法获取"写游记"页面截图的二进制数据，将该数据赋值给变量 screenshot_first，然后调用 print( )方法将二进制数据以格式化的形式输出，其中%s 表示格式化字符串。第 19 行代码调用 get_screenshot_as_base64( )方法获取"国内机票"页面截图的 base64 编码字符串，将获取的 base64 编码字符串赋值给变量 screenshot_second。第 26 行代码调用时间模块中的 strftime( )函数将当前时间格式化，该函数中的参数"%Y-%m-%d-%H_%M_%S"表示将时间格式设置为"年-月-日-时_分_秒"，参数 localtime(time.time( ))用于获取当前时间，最后将获取的时间赋值给变量 image_time。第 27 行代码调用 save_screenshot( )方法将"登录/注册"页面截图保存到项目的根目录中，该方法中传递的参数"image_time + '.png'"是页面截图的文件名称，其中.png 是截图文件的后缀名。

运行文件 3-4 中的代码，程序运行成功后，会在根目录与 E 盘中分别保存一张页面截图，根目录中的截图是以时间命名的，该截图的具体位置与效果如图 3-7 所示。

图3-7　根目录中截图的具体位置与效果

E 盘中保存的截图文件名称为 travel.png，截图效果如图 3-8 所示。

图3-8　E盘中保存的截图效果

控制台的输出结果如图 3-9 和图 3-10 所示。

图3-9　控制台的输出结果（1）

在图 3-9 中，输出结果是调用 get_screenshot_as_png( )方法时输出的二进制数据，由于篇幅有限，仅截取了输出结果的一部分二进制数据。

图3-10　控制台的输出结果（2）

在图 3-10 中，输出结果是调用 get_screenshot_as_base64( )方法时输出的 base64 编码字符串，由于篇幅有限，仅截取了输出结果的一部分 base64 编码字符串。

3.4　多窗口切换

在操作 Web 页面的过程中，有时单击页面中的单个链接或按钮会弹出一个新窗口，单击多个链接或多个按钮会弹出多个新窗口，多窗口切换是指在页面中弹出的多个新窗口之间切换。每个浏览器窗口都有一个唯一标识，该标识被称为句柄（handle）。多窗口切换主要依赖于浏览器窗口的句柄，通过获取浏览器窗口的句柄来区分不同的窗口，根据获取的窗口句柄实现指定窗口的切换。

Selenium WebDriver 提供了 2 个获取浏览器窗口句柄的属性，分别是 current_window_handle 和 window_handles，这 2 个属性被调用的示例代码如下。

```
# 获取当前窗口的句柄
driver.current_window_handle
# 获取所有窗口的句柄
driver.window_handles
```

Selenium WebDriver 还提供了 window( )方法，该方法用于切换浏览器窗口。window( )方法被调用的示例代码如下。

```
# 切换到指定窗口
driver.switch_to.window(handle)
```

window( )方法中传递的参数 handle 是要切换到的窗口的句柄。

下面以京东商城首页为例，演示如何获取京东商城首页窗口的句柄和浏览器中所有窗口的句柄，然后根据获取的句柄实现切换到指定窗口的功能。首先在 Chapter03 程序中创建 jd_handle.py 文件，在该文件中实现需要演示的功能，具体代码如文件 3-5 所示。

【文件 3-5】　jd_handle.py

```
1  from time import sleep
2  from selenium import webdriver
3  driver = webdriver.Chrome()
4  driver.get("https://www.jd.com/")
5  driver.maximize_window()
6  # 当前窗口的句柄
7  handle1 = driver.current_window_handle
8  print("输出当前窗口的句柄: ", handle1)
9  # 定位并单击"京东超市"链接
10 driver.find_element_by_partial_link_text("京东超市").click()
11 # 所有窗口的句柄
12 handle2 = driver.window_handles
13 print("输出所有窗口的句柄: ", handle2)
14 sleep(3)
15 # 切换到指定窗口
```

```
16 driver.switch_to.window(handle2[0])
```

上述代码中，第 7 行代码通过 current_window_handle 属性获取当前京东商城首页窗口的句柄。第 12 行代码通过 window_handles 属性获取当前浏览器中所有窗口的句柄。第 16 行代码调用 switch_to.window( )方法用于切换窗口，该方法中的参数 handle2[0]表示要切换到的京东商城首页窗口句柄。由于浏览器中先后打开的是京东商城首页窗口和京东超市窗口，handle2 中存放的是获取的所有窗口句柄，所以 handle2[0]是京东商城首页窗口的句柄。

运行文件 3-5 中的代码，控制台输出的窗口句柄信息如图 3-11 所示。

图3-11　控制台输出的窗口句柄信息

由图 3-11 可知，控制台输出了当前窗口（即京东商城首页窗口）的句柄和所有窗口的句柄信息。
文件 3-5 的运行效果可扫描下方二维码查看。

文件3-5的运行效果

3.5　多表单切换

多表单切换是指对 Web 页面中包含 frame 类型标签的页面部分进行切换。在网页中 frame 类型的标签是一种表单框架，该类型的标签作用是在当前页面的指定区域中显示另一个页面的元素。frame 类型的标签有3 种，分别是<frameset>、<frame>、<iframe>。其中，<frameset>标签可以在一个页面中设置一个或多个框架，<frame>标签是整个页面的框架，<iframe>标签是页面中内嵌的框架。需要注意的是，<frameset>标签不影响正常的元素定位。

由于 Selenium WebDriver 定位元素时只能在一个页面上定位，所以当页面中包含了<iframe>标签时 Selenium WebDriver 无法直接定位到页面上的元素。为了解决无法直接定位<iframe>标签中元素的问题，Selenium WebDriver 提供了 switch_to.frame( )方法来切换带有<iframe>标签的页面，该方法的语法格式如下。

```
switch_to.frame(frame_reference)
```

switch_to.frame( )方法中的参数 frame_reference 可以是 frame 类型的标签中 name 属性的值或 id 属性的值。
需要注意的是，在定位多表单中的元素时，首先需要调用 default_content( )方法返回到主页面，之后才能对另外一个 frame 类型的表单中的元素进行定位。

下面以一个多表单切换页面为例，演示如何在页面中切换带有<iframe>标签的页面，多表单切换页面效果如图 3-12 所示。

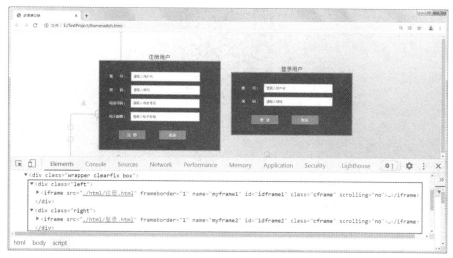

图3-12 多表单切换页面

由图 3-12 可知，页面中包含了 2 个<iframe>标签，这 2 个标签在页面中分别显示的是"注册用户"页面和"登录用户"页面。当在"注册用户"页面中完成一个注册账号的输入后，如果要在"登录用户"页面中输入登录账号，就需要调用 switch_to.frame( )来切换这 2 个表单页面。

下面通过代码实现"注册用户"页面和"登录用户"页面的切换。首先在 Chapter03 程序中创建 frame_test.py 文件，然后在该文件中调用 switch_to.frame( )方法实现多表单切换操作，具体代码如文件 3-6 所示。

【文件 3-6】 frame_test.py

```
1  from time import sleep
2  from selenium.webdriver.common.by import By
3  from selenium import webdriver
4  driver = webdriver.Chrome()
5  driver.maximize_window()
6  driver.get("E:/TestProject/frameswitch.html")
7  first_iframe = driver.find_element(By.ID, "idframe1")
8  driver.switch_to.frame(first_iframe)
9  driver.find_element(By.ID, "AuserA").send_keys("admin")
10 sleep(2)
11 driver.switch_to.default_content()
12 second_iframe = driver.find_element(By.ID, "idframe2")
13 driver.switch_to.frame(second_iframe)
14 driver.find_element(By.ID, "BuserA").send_keys("admin")
15 sleep(2)
16 driver.quit()
```

上述代码中，第 6 行代码的 get( )方法中的参数是多表单切换页面的地址，多表单切换页面是由 TestProject 文件夹（资源中已提供）中的 frameswitch.html 文件显示的。第 7 行代码调用 find_element( )方法定位注册页面中的<iframe>标签，该方法中的参数 idframe1 是<iframe>标签中的 id 属性的值。第 8 行代码调用 switch_to.frame( )方法实现从多表单切换页面切换到"注册用户"页面。第 11 行代码调用 switch_to.default_content( )方法实现从"注册用户"页面切换到多表单切换页面。

需要注意的是，如果第 11 行代码不调用 switch_to.default_content( )方法，则无法直接定位第 2 个<iframe>标签中的元素。

文件 3-6 的运行效果可扫描下方二维码查看。

文件3-6的运行效果

3.6　元素等待

在自动化测试过程中，如果出现网络速度慢或服务器处理请求缓慢导致网页无法正常显示等情况，测试程序中需要进行元素等待，否则程序会因为找不到页面元素而报错，从而无法成功测试网页。元素等待是指在定位页面元素时，如果没有找到页面元素，测试脚本会在指定时间内一直等待的过程。Selenium 提供了 3 种常见的元素等待方式，分别是显式等待、隐式等待和强制等待，下面将对这 3 种元素等待方式进行详细讲解。

3.6.1　显式等待

显式等待是指定位指定元素时，如果能定位到指定元素，则测试程序直接返回该元素，不触发等待；如果无法定位到指定元素，则需要等待一段时间后再进行定位；如果超过程序设置的最长等待时间还没有定位到指定元素，则程序会抛出超时异常（TimeoutException）。

实现显式等待需要调用的方法为 WebDriverWait( )，由于该方法存在于 WebDriverWait 类中，所以调用 WebDriverWait( )方法之前首先要在程序中导入 WebDriverWait 类，具体代码如下。

```
from selenium.webdriver.support.wait import WebDriverWait
```

WebDriverWait( )方法的语法格式如下。

```
WebDriverWait(driver, timeout, poll_frequency=POLL_FREQUENCY, ignored_exceptions=None)
```

WebDriverWait( )方法中的参数说明如下。

● driver：必选参数，表示浏览器驱动对象。

● timeout：必选参数，表示超时时间，即最长的显式等待时间，单位为秒。

● poll_frequency：可选参数，表示查找指定元素间隔的时间，单位为秒。该参数的默认值为常量 POLL_FREQUENCY，该常量值为 0.5，也就是查找指定元素的时间间隔默认为 0.5 秒。

● ignored_exceptions：可选参数，表示可忽略的异常集合。当调用 until( )方法或 until_not( )方法时，如果程序抛出的异常是这个集合中的异常，则程序不会中断，会继续等待；如果抛出的是这个集合外的异常，则程序会中断并抛出异常。在这个异常集合中默认只有 NoSuchElementException 异常。

在程序中进行显式等待时，WebDriverWait( )方法必须与 until( )方法或 until_not( )方法结合使用。until( )方法用于调用一个查找元素的匿名函数，如果该函数的返回值为 True，表示查找到元素；如果该函数的返回值为 False，表示未找到元素。当未找到元素时，程序会每隔一段时间调用一次 until( )方法来查找元素，直到查找到元素为止。until( )方法的语法格式如下。

```
until(method, message='')
```

until( )方法中的参数说明如下。

● method：必选参数，该参数是一个匿名函数，在该函数中调用了查找页面元素的方法。在规定的等待时间内，程序每隔一段时间会调用一次该匿名函数，直到该函数的返回值为 True。

● message：可选参数，表示超时后的异常信息，如果程序超时，则会抛出超时异常 TimeoutException，该参数的值会传递到 TimeoutException( )方法中。

如果想要对页面中的"登录"按钮设置显式等待，并且显式等待的超时时间为 5 秒、查找元素的间隔时间为 0.5 秒、"登录"按钮的 By.CLASS_NAME 属性值为 lg-button，那么设置"登录"按钮的示例代码如下。

```
element = WebDriverWait(driver, 5, 0.5).until(lambda p: p.find_element(
By.CLASS_NAME, "lg-button"))
```

需要注意的是，until( )方法中传递的参数是一个匿名函数，在该函数中调用了 find_element( )方法来查找"登录"按钮，如果该函数的返回值为 True，则表示查找到"登录"按钮；如果该函数的返回值为 False，则表示未找到"登录"按钮。

until_not( )方法也用于调用一个查找元素的匿名函数，如果该函数的返回值为 True，表示未找到元素；如果该函数的返回值为 False，表示查找到元素。未找到元素时，程序会每隔一段时间调用一次 until_not( )方法来查找元素，直至查找到元素为止。until_not( )方法的语法格式如下。

```
until_not(method, message='')
```

until_not( )方法中的参数与 until( )方法中的参数含义是一样的，此处不再进行介绍。

下面以为"登录"按钮设置显式等待为例，将 WebDriverWait( )方法与 until_not( )方法结合，实现"登录"按钮的显式等待，具体示例代码如下。

```
element = WebDriverWait(driver, 5, 0.5).until_not(lambda p: p.find_element(
By.CLASS_NAME, "lg-button"))
```

下面以闲云旅游网为例，演示如何对"旅游攻略"页面中的"写游记"按钮进行显式等待，"旅游攻略"页面如图 3-13 所示。

图3-13 "旅游攻略"页面

在图 3-13 中，需要定位"写游记"按钮并对该按钮进行单击操作。首先在 Chapter03 程序中创建 set_explicit_wait.py 文件，然后在该文件中调用 WebDriverWait( )方法和 until( )方法设置"写游记"按钮元素的显式等待，最后调用 click( )方法实现"写游记"按钮的单击事件，具体代码如文件 3-7 所示。

【文件 3-7】 set_explicit_wait.py

```
1  from selenium import webdriver
2  from selenium.webdriver.support.wait import WebDriverWait
3  from selenium.webdriver.common.by import By
4  driver = webdriver.Chrome()
5  url = "http://fe-xianyun-web.itheima.net/"
6  driver.get(url)
7  driver.maximize_window()
8  # 定位"旅游攻略"链接元素并单击
9  driver.find_element_by_link_text("旅游攻略").click()
10 # 使用显式等待，定位"写游记"元素
11 element = WebDriverWait(driver, 5, 0.5).until(lambda p: p.find_element(
12                                          By.CLASS_NAME,"el-button"))
```

```
13 driver.find_element(By.CLASS_NAME, "el-button").click()
14 sleep(2)
15 driver.quit()
```

上述代码中，第11～12行代码调用WebDriverWait()方法用于显式等待，该方法中一共传递了3个参数，分别是driver、5和0.5。其中，参数driver表示浏览器驱动对象，参数5表示显式等待的时间为5秒，参数0.5表示调用until()方法中的参数的间隔时间为0.5秒。

3.6.2　隐式等待

隐式等待是指定位页面元素时，如果能定位到元素，则测试程序直接返回该元素，不触发等待；如果定位不到该元素，则需要等待一段时间后再进行定位。如果超过程序设置的最长等待时间还没有定位到指定元素，则程序会抛出元素不存在的异常（NoSuchElementException）。

在程序中设置隐式等待时需要调用implicitly_wait()方法，该方法的语法格式如下。

```
implicitly_wait(timeout)
```

implicitly_wait()方法中的参数timeout表示隐式等待的最长等待时间，单位为秒。

需要注意的是，隐式等待是全局设置，即在测试代码中只要设置了一次隐式等待，则该隐式等待会作用于页面中的所有元素。

如果想要在测试代码中设置登录页面的隐式等待，并且等待的时间为10秒，则该隐式等待的示例代码如下。

```
driver.implicitly_wait(10)
```

如果程序在10秒内加载完登录页面，则会执行下一步操作，否则，会一直等到10秒后才执行下一步操作。

下面以闲云旅游网为例，演示如何对该项目首页中的所有元素进行隐式等待，闲云旅游网的首页效果如图3-14所示。

图3-14　闲云旅游网的首页效果

由图3-14可知，首页中的搜索图标Q的class属性值为"el-icon-search"。为了演示定位页面元素时使用隐式等待的效果，需要在测试脚本代码中将搜索图标元素的class属性值设置为错误的值"ell-icon-search"，这样程序会在设置的隐式等待的等待时间内一直查找搜索图标元素，直到超过设置的等待时间后，程序抛出元素不存在的异常NoSuchElementException为止。为了更容易地观察到隐式等待的效果，将隐式等待的等待时间设置为10秒。

下面通过代码实现对闲云旅游网首页中的所有元素进行隐式等待，等待时间为 10 秒。首先在 Chapter03 程序中创建 set_implicit_wait.py 文件，然后在该文件中调用 implicitly_wait( )方法对首页所有元素设置隐式等待，具体代码如文件 3-8 所示。

【文件 3-8】　set_implicit_wait.py

```
1  from selenium import webdriver
2  driver = webdriver.Chrome()
3  # 设置隐式等待为 10 秒
4  driver.implicitly_wait(10)
5  url = "http://fe-xianyun-web.itheima.net/"
6  driver.get(url)
7  driver.maximize_window()
8  city = driver.find_element_by_xpath("//*[@id='__layout']/"
9                          "div/section/div[2]/div/div[2]/input")
10 city.send_keys("广州")
11 driver.find_element_by_class_name("ell-icon-search").click()
12 driver.quit()
```

上述代码中，第 4 行代码调用 implicitly_wait( )方法设置隐式等待，该方法中传递的参数 10 表示最长等待时间为 10 秒。第 11 行代码调用 find_element_by_class_name( )方法用于定位搜索图标Q，该方法中的参数 "ell-icon-search" 为搜索图标的 class 属性值。为了演示隐式等待效果，此处传递的搜索图标的 class 属性值是错误的。

运行文件 3-8 中的代码，控制台在 10 秒后会输出元素不存在的异常信息，如图 3-15 所示。

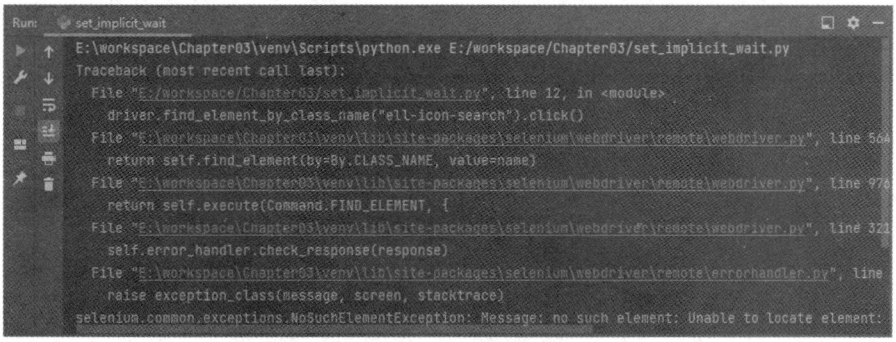

图3-15　控制台输出元素不存在的异常信息

由图 3-15 可知，控制台输出了元素不存在的异常 NoSuchElementException，此时说明在程序中设置的隐式等待起了作用。

多学一招：显式等待与隐式等待的区别

显式等待与隐式等待的区别可以概括为以下 3 点。

（1）调用的方法不同

在程序中设置显式等待时，需要调用 WebDriverWait( )方法，并且该方法要与 until( )方法和 until_not( )结合使用；设置隐式等待时，需要调用的方法为 implicitly_wait( )。

（2）作用域不同

显式等待只对页面中的指定元素有效，隐式等待对页面中的所有元素都有效。

（3）超时后抛出的异常不同

设置显式等待的程序超时后，会抛出超时异常 TimeoutException；设置隐式等待的程序超时后，会抛出元素不存在的异常 NoSuchElementException。

3.6.3　强制等待

强制等待主要是通过调用 sleep( )函数让程序休眠一段时间，时间到达后，程序再继续运行。sleep( )函数的语法格式如下。

```
sleep(seconds)
```

sleep( )函数中的参数 seconds 表示程序休眠的时间，也就是强制等待的时间，单位为秒。

如果想让程序休眠 2 秒，则可以直接在程序中调用 sleep(2)来实现，即当程序运行到代码 sleep(2)时，会暂停运行，暂停 2 秒后，再继续运行其他代码。

一般情况下，测试人员在调试脚本代码的过程中，为了便于查看到页面中的每一步操作，会使用强制等待。虽然强制等待的使用方式比较简单，但是如果强制等待的时间设置得太短，页面元素还没加载出来，程序就执行了脚本代码，此时程序仍然会报错；如果强制等待的时间设置得太长，则又会浪费程序的执行时间，影响脚本的整体运行速度，降低自动化测试的效率。因此，在自动化测试的脚本代码中应尽量少设置强制等待。

3.7　Cookie 处理

Cookie 是一个客户端技术，该技术主要将 Web 服务器生成的数据以 Cookie 的形式保存在浏览器的小文本文件中。当用户通过浏览器访问服务器中的 Web 资源时，浏览器会自动将之前保存的 Cookie 数据传递给服务器，服务器通过 Cookie 数据做出相应的操作。

Cookie 是以键值对的方式存储数据的，它只能存储少量的数据，不同的浏览器存储 Cookie 的容量也是不同的，一般不超过 4KB。Cookie 经常用于存储与用户相关的信息，例如，存储用户的登录状态、用户名和用户密码等信息。在自动化测试的过程中，Selenium WebDriver 提供了 get_cookie( )、get_cookies( )、add_cookie( )、delete_cookie( )、delete_all_cookies( )等方法对 Cookie 进行获取、添加和删除等操作，其中 get_cookie( )方法和 get_cookies( )方法可以通过获取 Cookie 信息来验证 Cookie 的正确性。

Cookie 的获取、添加和删除的具体语法格式如下。

```
# 获取指定 Cookie
get_cookie(name)
# 获取网站所有 Cookie
get_cookies()
# 添加 Cookie
add_cookie(cookie_dict)
# 删除指定 Cookie
delete_cookie(name)
# 删除所有 Cookie
delete_all_cookies()
```

上述语法格式中，get_cookie( )方法与 delete_cookie( )方法中的参数 name 表示 Cookie 的名称；add_cookie( )方法中的参数 cookie_dict 表示一个字典对象，也就是由键值对组成的一个对象。

下面以百度搜索页面为例，演示如何获取、添加和删除 Cookie。首先在 Chapter03 程序中创建 cookie_test.py 文件，然后在该文件中实现对 Cookie 的获取、添加和删除操作，具体代码如文件 3-9 所示。

【文件 3-9】　cookie_test.py

```
1  from selenium import webdriver
2  from time import sleep
```

```
3  driver = webdriver.Chrome()
4  driver.maximize_window()
5  driver.get("https://www.baidu.com/")
6  cookie1 = driver.get_cookies()
7  print("获取当前页面下的所有 Cookie 信息：", cookie1)
8  # 添加 Cookie
9  driver.add_cookie({'name': 'testname', 'value': '123456'})
10 # 获取指定 Cookie
11 print("获取指定 Cookie 信息:", driver.get_cookie('testname'))
12 # 删除指定 Cookie
13 driver.delete_cookie("testname")
14 # 删除所有 Cookie
15 driver.delete_all_cookies()
16 sleep(2)
17 driver.quit()
```

上述代码中，第 6 行代码调用 get_cookies( )方法获取百度搜索页面中的所有 Cookie 信息。第 9 行代码调用 add_cookie( )方法添加 Cookie，该方法中传递了一个数据对象，该对象中的 name 对应的值 "testname" 表示 Cookie 数据的键名，value 对应的值 "123456" 表示 Cookie 数据的键值。第 11 行代码调用 get_cookie( )方法获取 Cookie 信息，该方法中的参数 testname 表示 Cookie 信息中的键名，最后调用 print( )方法输出获取的 Cookie 信息。第 13 行代码调用 delete_cookie( )方法删除键名为 testname 的 Cookie。第 15 行代码调用 delete_all_cookies( )方法删除所有 Cookie 信息。

运行文件 3-9 中的代码，控制台中的输出结果如图 3-16 所示。

图3-16　控制台中的输出结果

从图 3-16 中可以看到，程序获取了当前页面下的所有 Cookie 信息和指定的 Cookie 信息。

3.8　文件上传与下载

有些 Web 项目会具有文件上传与下载功能，当上传文件时，上传文件的类型有图片、文档、表格等，并且有些比较大的文件是不支持上传的。在 Web 自动化测试过程中，需要专门针对文件的上传与下载功能进行测试。下面将对测试文件上传与下载功能的内容进行讲解。

1. 文件上传

当测试页面中的文件上传功能时，通常有以下两种情况。

第一种情况：如果页面中的 "上传" 按钮是由<input>标签显示，该标签中的 type 属性的值为 "file"，此种情况可以首先定位 "上传" 按钮，然后调用 send_keys( )方法将要上传的文件上传到页面中。例如，测试一个员工导入页面的上传功能，单击图 3-17 中的 "点击上传" 按钮，上传 E 盘中名为 image.png 的图片，只需要在测试的脚本代码中添加如下代码即可实现文件的上传功能。

```
element=driver.find_element_by_name("file").send_keys("E:\\image.png")
```

图3-17   员工导入页面

第二种情况：如果页面中的"上传"按钮不是由<input>标签显示，单击"上传"按钮会弹出一个打开上传文件的对话框，该对话框是 Windows 系统的一个窗口。由于自动化测试中的脚本代码无法直接对 Windows 窗口进行操作，所以需要借助第三方工具 AutoIt 来测试文件的上传功能。

AutoIt 是一款免费的编译工具，它可以协助 Selenium 完成 Web 自动化测试过程中的窗口操作部分。AutoIt 工具的工作原理是首先在该工具中编写脚本代码定位 Windows 窗口中的元素属性值，然后将脚本代码编译成可执行的文件，最后在自动化测试过程中直接调用可执行文件实现文件的上传与下载功能。通过 AutoIt 工具测试文件上传功能的具体步骤如下。

（1）安装 AutoIt 工具

首先访问 AutoIt 官方网站，在 AutoIt 工具的下载界面中单击"Download AutoIt"按钮下载 AutoIt 工具的安装包，AutoIt 工具的下载界面如图 3-18 所示。

图3-18   AutoIt工具的下载界面

由于篇幅有限，并且 AutoIt 工具的安装过程比较简单，所以这里不再详细介绍该工具的安装过程。

（2）识别 Windows 窗口中的控件

AutoIt 工具安装成功后，首先打开被测试页面，单击页面中的"上传"按钮，会弹出一个 Windows 窗口，此时需要启动 Au3Info.exe 应用程序，该程序启动成功后会弹出"(Frozen) AutoIt v3 Window Info"窗口。将鼠标指针放在"(Frozen) AutoIt v3 Window Info"窗口中的"Finder Tool"按钮上，按下鼠标左键并将"Finder Tool"按钮上的图标⊕依次拖曳到文件名输入框控件和"打开"按钮控件上，识别文件名输入框控件与"打开"按钮控件，并将识别到的控件信息显示在"(Frozen) AutoIt v3 Window Info"窗口中。Windows 窗口与"(Frozen) AutoIt v3 Window Info"窗口如图 3-19 所示。

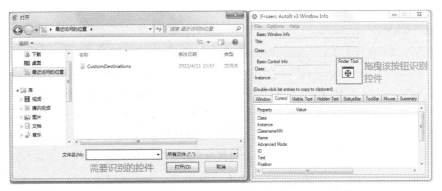

图3-19　Windows窗口与"(Frozen) AutoIt v3 Window Info"窗口

当 Windows 窗口中的控件识别成功后，在"(Frozen) AutoIt v3 Window Info"窗口的编辑框区域会显示识别到的控件信息。文件名输入框控件信息如图 3-20 所示。"打开"按钮控件信息如图 3-21 所示。

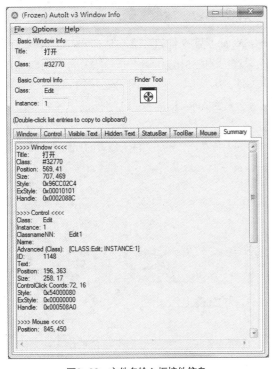

图3-20　文件名输入框控件信息

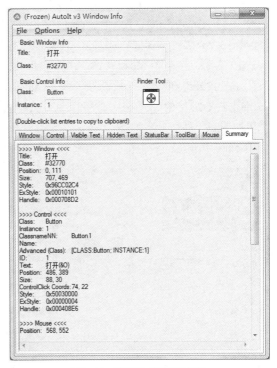

图3-21　"打开"按钮控件信息

（3）编写 AutoIt 脚本

首先打开 AutoIt 工具安装目录下的 SciTE 文件夹，在该文件夹下双击 SciTE.exe 文件，启动 SciTE 编辑器。然后根据图 3-20 和图 3-21 中识别的控件信息，在 SciTE 编辑器中编写 AutoIt 脚本，AutoIt 脚本如图 3-22 所示。

在图 3-22 中，第 1 行代码调用的 ControlFocus( )方法将焦点放在文件名输入框控件上，该方法中的第 1 个参数"打开"是图 3-20 中识别到的 Windows 窗口的 Title 属性值；第 2 个参数""是 Windows 窗口中的文本，通常设置为空；第 3 个参数"Edit1"是图 3-20 中识别到的文件名输入框控件的 ClassnameNN 属性值。第 2 行代码调用 WinWait( )方法等待 CLASS 值为 32770 的 Windows 窗口，等待时间为 5 秒。第 4 行代码调用

图3-22　AutoIt脚本

ControlSetText( )方法设置 Windows 窗口中文件名输入框的文本，该方法中的第 4 个参数是需要上传的文件路径。第 5 行代码调用 Sleep( )函数设置等待文件上传的时间为 1 秒。第 6 行代码调用 ControlClick( )方法用于单击 Windows 窗口中的"打开"按钮，该方法中的参数"打开"是图 3-21 中识别到的 Windows 窗口的 Title 属性值，参数"Button1"是图 3-21 中识别到的"打开"按钮控件的 ClassnameNN 属性值。

编写完 AutoIt 脚本后，单击保存图标 ，此时将 AutoIt 脚本文件命名为后缀名为.au3 的文件，例如 AutoitScript.au3，然后设置文件的保存路径（本书保存在 D 盘）。

（4）运行 AutoIt 脚本

在图 3-22 中，首先单击菜单栏中的"Tools"选项，然后选择"Go"选项，运行 AutoIt 脚本。

（5）将 AutoIt 脚本文件生成后缀名为.exe 的文件

首先打开 AutoIt 工具安装目录下的 Aut2Exe 文件夹，在该文件夹下启动 Aut2exe_x64.exe 应用程序，弹出"Aut2Exe v3 – AutoIt Script to EXE Converter"窗口，如图 3-23 所示。

在图 3-23 中，"Source (AutoIt.au3)"输入框中设置的是 AutoIt 脚本文件的路径。"Destination (.exe/.a3x)"部分包含了".exe"单选按钮和".a3x"单选按钮，这 2 个单选按钮的作用分别是生成后缀名为.exe 和.a3x 的文件。由于此处想要生成一个后缀名为.exe 的 AutoIt 脚本文件，所以选择了".exe"单选按钮。

单击图 3-23 中的"Convert"按钮后，会在 D 盘生成一个名为 AutoitScript.exe 的文件。

（6）测试文件的上传功能

下面以一个测试文件上传页面为例，演示如何测试文件的上传功能，测试文件上传页面如图 3-24 所示。

图3-23　"Aut2Exe v3 – AutoIt Script to EXE Converter"窗口

图3-24　测试文件上传页面

　　首先在 Chapter03 程序中创建名为 upload_file.py 的文件，然后借助 AutoIt 工具实现测试文件的上传功能，具体代码如文件 3-10 所示。

【文件 3-10】　upload_file.py

```
1  from time import sleep
2  from selenium import webdriver
3  import os
4  from selenium.webdriver import ActionChains
5  driver = webdriver.Chrome()
6  driver.maximize_window()
7  driver.get("E:/TestProject/upload.html")
8  button_element = driver.find_element_by_name("uploadFile")
9  ActionChains(driver).click(button_element).perform()
10 os.system("D:\\AutoitScript.exe")
11 sleep(2)
12 driver.quit()
```

　　上述代码中，第 3 行代码通过 import 导入 os 操作系统接口模块，该模块提供了一些方便使用操作系统相关功能的函数。第 7 行代码中的 get( )方法中的参数是测试文件上传页面的地址，测试文件上传页面是由 TestProject 文件夹（资源中已提供）中的 upload.html 文件显示的。第 10 行代码调用 os.system( )方法用于执行 D 盘中的 AutoitScript.exe 文件。

　　运行文件 3-10 中的代码后，会弹出一个 Windows 窗口，如图 3-25 所示。

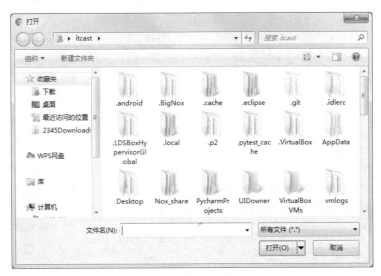

图3-25　Windows窗口

　　需要注意的是，此时不能关闭 Windows 窗口，需要再次运行 AutoIt 脚本才能实现自动上传文件的功能。文件 3-10 的运行效果可扫描下方二维码查看。

文件3-10的运行效果

2. 文件下载

由于在 Web 自动化测试的过程中，Selenium WebDriver 没有提供相应的方法来测试文件的下载功能，所以当需要测试文件的下载功能时，可以在程序中添加浏览器的配置项，例如禁止弹出窗口、设置文件下载后的路径等。

下面以访问传智健康后台管理系统为例，在 Chrome 浏览器中访问系统中的"预约设置"页面来测试下载该页面中的模板文件，"预约设置"页面如图 3-26 所示。

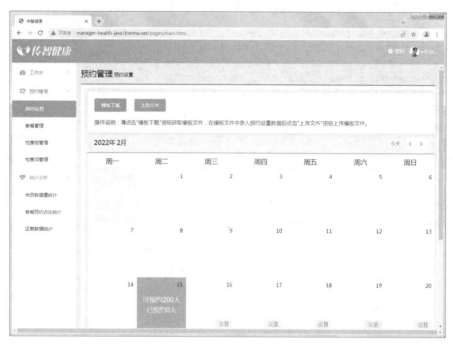

图3-26 "预约设置"页面

在图 3-26 中，当成功登录传智健康后台管理系统时，单击页面左侧的"预约管理"选项，在该选项下单击"预约设置"即可访问"预约设置"页面，在该页面中通过单击"模板下载"按钮获取模板文件。

首先在 Chapter03 程序中创建 download_file.py 文件，然后在该文件中实现测试下载传智健康后台管理系统中"预约设置"页面的模板文件，具体代码如文件 3-11 所示。

【文件 3-11】 download_file.py

```
1  from selenium import webdriver
2  from time import sleep
3  options = webdriver.ChromeOptions()
4  prefs = {'profile.default_content_settings.popups': 0,
5           'download.default_directory': 'D:\\downloadFile'}
6  options.add_experimental_option('prefs', prefs)
7  driver = webdriver.Chrome(options=options)
8  driver.get('http://manager-health-test.itheima.net/')
9  driver.find_element_by_class_name("el-button").click()
10 driver.find_element_by_link_text("预约管理").click()
11 driver.find_element_by_link_text("预约设置").click()
12 driver.switch_to.frame("right")
13 driver.find_element_by_css_selector(".el-button").click()
14 sleep(2)
15 driver.quit()
```

　　上述代码中，第 3 行代码调用 ChromeOptions( )方法用于加载用户配置，绕开登录功能，我们不通过登录直接进入"预约管理"页面。第 4～5 行代码将属性 profile.default_content_settings.popups 设置为 0，表示页面中禁止弹出窗口，将属性 download.default_directory 设置为 D:\\downloadFile，该路径是页面中文件的下载路径，从而禁止弹出窗口与文件的下载路径设置存放在 prefs 对象中。第 6 行代码调用 add_experimental_option( )方法用于将存放禁止弹出窗口与文件的下载路径设置的 prefs 对象添加到 options 对象中。第 9～11 行代码首先调用 find_element_by_class_name( )方法与 find_element_by_link_text( )方法分别定位"登录"按钮、"预约管理"选项和"预约设置"选项，然后调用 click( )方法实现这些按钮和选项的单击操作。第 12 行代码通过调用 switch_to.frame( )方法将页面切换到"预约设置"页面。由于"预约设置"页面存在一个<iframe>标签，所以需要调用 switch_to.frame( )方法进行多表单切换，否则无法对"模板下载"按钮进行定位和单击操作。第 13 行代码首先调用 find_element_by_css_selector( )方法定位"模板下载"按钮，然后调用 click( )方法实现该按钮的单击操作。

　　运行文件 3-11 中的代码后，打开计算机 D 盘的 downloadFile 文件夹，如图 3-27 所示。

图3-27　downloadFile文件夹

　　在图 3-27 中，文件 ordersetting_template.xlsx 是下载的模板文件，说明在程序中通过添加浏览器的配置项能够测试文件的下载功能。

　　文件 3-11 的运行效果可扫描下方二维码查看。

文件3-11的运行效果

3.9　执行 JavaScript 脚本

　　在测试 Web 项目的过程中，有时候需要通过控制浏览器滚动条和处理日期控件来进行测试，由于在 Selenium WebDriver 中没有提供对应的方法来处理这些操作，所以需要通过执行 JavaScript 脚本来实现，下面将对使用 JavaScript 脚本控制浏览器滚动条和处理日期控件的内容进行讲解。

3.9.1　JavaScript 脚本控制浏览器滚动条

　　在浏览网页的过程中，我们经常会遇到页面超过一屏的情况，这时候需要通过滑动滚动条来浏览或操作剩余的页面内容，如果在自动化测试中遇到此种情况，可以通过执行 JavaScript 脚本来操作浏览器的滚动条，实现自动控制浏览器滚动条的效果。

浏览器的滚动条分为纵向和横向两种，纵向滚动条可以控制浏览器中的页面进行上下滑动；横向滚动条可以控制浏览器中的页面进行左右滑动。

在 JavaScript 脚本中，可以通过 scrollTo( )方法实现页面中的横向滚动条和纵向滚动条的滑动，该方法的语法格式如下。

```
scrollTo(xpos,ypos)
```

scrollTo( )方法中的第 1 个参数 xpos 表示横向滚动条要移动到的横坐标值，第 2 个参数 ypos 表示纵向滚动条要移动到的纵坐标值。

如果想要让浏览器的横向滚动条移动到的横坐标值为 700、纵向滚动条移动到的纵坐标值为 600，则设置浏览器横向滚动条和纵向滚动条位置的示例代码如下。

```
js="window.scrollTo(700,600)"
```

下面以访问传智教育官网为例，演示如何通过 JavaScript 脚本控制浏览器的纵向滚动条和横向滚动条。首先在 Chapter03 程序中创建 js_window.py 文件，然后在该文件中实现控制浏览器的滚动条，具体代码如文件 3-12 所示。

【文件 3-12】 js_window.py

```
1  from time import sleep
2  from selenium import webdriver
3  driver = webdriver.Chrome()
4  driver.get("http://www.itcast.cn/")
5  driver.set_window_size(800, 600)
6  # 纵向滚动条滚动到底部
7  DownJs = "window.scrollTo(0,document.body.scrollHeight)"
8  driver.execute_script(DownJs)
9  sleep(3)
10 # 纵向滚动条回到初始位置
11 InitJs = "window.scrollTo(0,0)"
12 driver.execute_script(InitJs)
13 sleep(3)
14 # 横向滚动条滚动到最右侧
15 DownJs = "window.scrollTo(document.body.scrollWidth,0)"
16 driver.execute_script(DownJs)
17 sleep(3)
18 # 横向滚动条回到初始位置
19 driver.execute_script(InitJs)
20 sleep(3)
21 # 横向滚动条移动到的横坐标值为 800，纵向滚动条移动到的纵坐标值为 800
22 js = "window.scrollTo(800,800)"
23 driver.execute_script(js)
24 sleep(3)
25 driver.quit()
```

上述代码中，第 5 行代码调用 set_window_size( )方法设置浏览器窗口的大小，其中 set_window_size( )方法中的第 1 个参数 800 表示设置浏览器窗口的宽度为 800 像素，第 2 个参数 600 表示设置浏览器窗口的高度为 600 像素，设置浏览器窗口的大小是为了让浏览器显示滚动条。第 7 行代码中的 document.body.scrollHeight 是页面中所有内容的高度。第 15 行代码中的 document.body.scrollWidth 是页面中所有内容的宽度。第 22 行代码调用了 JavaScript 脚本中的 scrollTo( )方法，用于设置浏览器横向滚动条和纵向滚动条移动到的位置，该方法中的第 1 个参数 800 表示设置浏览器横向滚动条移动到的横坐标值为 800，第 2 个参数 800 表示设置浏览器纵向滚动条移动到的纵坐标值为 800。第 23 行代码调用 execute_script( )方法用于执行 JavaScript 脚本来设置浏览器滚动条的位置。

文件 3-12 中的代码中共调用了 5 次 sleep( )函数，该函数的作用是让程序等待 3 秒再执行下一步操作，以便观察滚动条的移动过程。

文件 3-12 的运行效果可扫描下方二维码查看。

文件3-12的运行效果

3.9.2　JavaScript 脚本处理日期控件

我们在订票网站上购买车票时，都需要选择出发日期，购票网站的页面上显示出发日期信息的是日期控件。日期控件包含了日期输入框和显示选择日期的部分，当通过自动化测试来选择出发日期时，只能定位到日期控件的输入框元素，不能定位显示选择日期的部分，故不能完成选择出发日期的操作。为了将出发日期输入到日期控件的输入框中，可以使用 JavaScript 脚本来实现。

假设想要在订票网站上的出发日期输入框中输入出发日期为 "2021-9-12"，输入框控件的 id 值为 train_date，则通过 JavaScript 脚本实现在出发日期输入框中输入日期信息的示例代码如下。

```
DateJS="document.getElementById('train_date').value='2021-9-12'"
driver.execute_script(DateJS)
```

下面以中国铁路 12306 官网首页为例，演示如何使用 JavaScript 脚本实现将出发日期输入到日期控件的输入框中，中国铁路 12306 的官网首页如图 3-28 所示。

图3-28　中国铁路12306的官网首页

首先在 Chapter03 程序中创建 train_date.py 文件，然后在该文件中通过 JavaScript 脚本处理日期控件，具体代码如文件 3-13 所示。

【文件 3-13】   train_date.py

```
1  from time import sleep
2  from selenium import webdriver
3  driver = webdriver.Chrome()
4  url = "https://www.12306.cn/"
5  driver.get(url)
6  driver.maximize_window()
7  driver.find_element_by_id("train_date").clear()
8  # 使用JavaScript脚本处理日期控件
9  DateJS = "document.getElementById('train_date').value='2021-10-13'"
10 driver.execute_script(DateJS)
11 sleep(2)
12 driver.quit()
```

上述代码中，第 9 行代码通过 JavaScript 脚本向日期控件的输入框中输入出发日期"2021-10-13"。第 10 行代码通过调用 execute_script( )方法执行 JavaScript 脚本。

文件 3-13 的运行效果可扫描下方二维码查看。

文件3-13的运行效果

3.10   本章小结

本章主要讲解了 Selenium WebDriver 的高级应用，包括下拉选择框操作、弹出框操作、截图操作、多窗口切换、多表单切换、元素等待、Cookie 处理、文件上传与下载和执行 JavaScript 脚本。通过本章的学习，读者能够更深刻地掌握 Selenium WebDriver 的高级应用，并能够利用 Selenium WebDriver 的高级应用测试一些相对复杂的页面元素。

3.11   本章习题

一、填空题

1. 在 Select 类中提供了 3 种方式来定位下拉选择框，分别是根据选项的索引值定位、_____、根据选项的显示文本定位。

2. 常见的弹出框类型有输入框、提示框和_____。

3. 元素等待的方式有_____、_____和强制等待。

4. 删除网站所有的 Cookie 信息时，调用的方法是_____。

5. 调用 get_cookie( )方法，表示_____。

二、判断题

1. 根据下拉选择框的索引值来定位时，第一个索引的顺序是从 1 开始。（　　　）

2. 获取弹出框的文本信息可以调用 Alert 类的属性 text。（　　　）

3. 隐式等待如果在达到最长的时长还没有定位到指定元素，则抛出 TimeoutException 的异常。（　　　）

4. 显式等待的方法封装在 WebDriverWait 类中。（　　　）

5. alert.send_keys( )方法只对包含输入框的弹出框有效。（　　　）

三、单选题

1. 下列选项中，不属于 Select 类封装下拉选择框的方法是（　　　）。

A. select_by_index(index)　　　　　　　　B. select_by_value(value)

C. select_by_visible_text(text)　　　　　　D. select_by_text(text)

2. 下列选项中，关于元素等待的描述正确的是（　　　）。

A. 设置隐式等待调用的方法是 WebDriverWait( )

B. 显式等待通常结合 until( )方法或 until_not( )方法使用

C. 显式等待抛出的异常是 NoSuchElementException

D. 强制等待 3 秒可以写成 sleep 3

3. 下列选项中，关于截图操作的方法描述错误的是（　　　）。

A. 在 driver.get_screenshot_as_file(filename)方法中，参数 filename 是图片的相对路径

B. 使用 driver.save_screenshot( )方法，截图会默认保存在项目的根目录中

C. driver.get_screenshot_as_base64( )方法表示获取当前页面的 base64 编码字符串

D. driver.get_screenshot_as_png( )方法表示获取当前页面的二进制文件数据

4. 下列选项中，关于弹出框操作的描述错误的是（　　　）。

A. 通过 text 属性能够获取弹出框的文本信息

B. 调用 accept( )方法表示接收弹出框信息

C. 调用 send_keys( )方法能够对所有的弹出框输入信息

D. 在 Selenium WebDriver 中，输入框、提示框和确认框都是 Alert 类的对象

5. 下列选项中，属于获取指定 Cookie 的方法是（　　　）。

A. add_cookie( )　　　　　　　　　　　　B. get_cookies( )

C. delete_cookie( )　　　　　　　　　　　D. get_cookie(name)

6. 下列选项中，关于文件的上传和下载说法正确的是（　　　）。

A. 通过调用元素定位方法和 send_keys( )方法不能测试文件的上传

B. 第三方工具 AutoIt 可以协助 Selenium 完成 Web 自动化测试过程中的窗口操作部分

C. Selenium WebDriver 直接提供了测试文件的下载方法

D. AutoIt 工具不能测试文件的下载

四、简答题

1. 请简述显式等待和隐式等待的区别。

2. 请简述什么是 Cookie。

第4章

App自动化测试

学习目标

★ 掌握搭建 App 自动化测试环境的方式，能够搭建 App 自动化测试环境。

★ 掌握 adb 调试工具和 uiautomatorviewer 工具的使用方式，能够获取 App 的信息并定位 App 界面中的元素。

★ 掌握常见的 App 驱动操作的使用，能够获取手机屏幕分辨率、手机屏幕截图和手机网络类型等信息。

★ 掌握手势操作的使用方式，能够实现轻敲、按下和抬起、等待、长按、移动、滑动和拖曳等操作。

★ 掌握 Toast 消息处理方式，能够获取 Toast 消息。

拓展阅读

5G 时代已经到来，它推动着移动互联网更快速地发展。如今，App（应用程序）（如微信、淘宝等）就像是人们的日常生活小助手，凭借着自身的智能性、及时性和高效的互动性等特点备受大家的喜爱。但是面对不同版本的移动设备（如手机、平板电脑等），App 在应用时会产生不同的缺陷，为了让 App 可以在更多不同版本的移动设备上正常运行，需要通过测试来保证 App 的质量，下面将对 App 自动化测试的内容进行详细讲解。

4.1 搭建 App 自动化测试环境

App 自动化测试是针对手机、平板电脑等移动设备的测试，在对 App 进行自动化测试之前，首先需要搭建 App 自动化测试的环境，包括安装 JDK 1.8、下载 Android SDK、创建 Android 模拟器、安装 Appium 与 Appium–Python–Client 库。下面将对 App 自动化测试环境的搭建进行详细讲解。

4.1.1 安装 JDK 1.8

由于本书要测试的 App 是使用 Android 系统开发的，Android 系统的应用层使用的是 Java 语言，所以在进行 App 自动化测试之前首先需要搭建 Java 环境。由于 JDK（Java Development Kit）是 Java 语言的软件开发工具包，所以以搭建 Java 环境的第一步是下载并安装 JDK 1.8（当前较稳定的版本），第二步是配置 Java 环境变量。下面将对搭建 Java 环境的具体内容进行详细讲解。

（1）下载并安装 JDK 1.8

访问 JDK 官方下载网站，进入 JDK 下载界面，找到 Java 8 并选择"Windows"选项，然后单击页面中的

"jdk-8u311-windows-x64.exe"即可下载 JDK 1.8 的安装包。JDK 下载页面如图 4-1 所示。

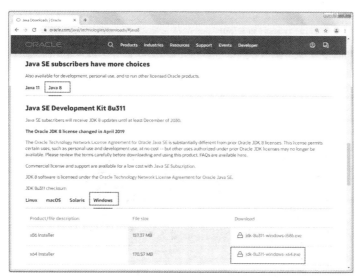

图4-1　JDK下载页面

　　下载完 jdk-8u311-windows-x64.exe 文件后，双击该文件，会进入 JDK 1.8 的安装页面。由于 JDK 1.8 的安装过程比较简单，没有任何特殊的操作，直接采取默认的安装方式并单击"下一步"即可完成，所以此处不再详细讲解 JDK 1.8 的安装过程。

　　（2）配置 Java 环境变量

　　JDK 1.8 安装完成后，需要配置 Java 的环境变量。首先选中桌面上的"计算机"图标，右键单击选择"属性"选项，会弹出一个系统窗口，在该窗口中选择"高级系统设置"，会弹出"系统属性"对话框；在"系统属性"对话框中单击"环境变量"按钮，会弹出"环境变量"对话框；在"环境变量"对话框中单击"新建"按钮，会弹出"新建系统变量"对话框，在该对话框中设置变量名为"JAVA_HOME"、变量值为 JDK 1.8 所在的安装路径，以 JDK 的安装路径是 C:\Program Files\Java\jdk1.8.0_152 为例。此时的"新建系统变量"对话框如图 4-2 所示。

　　在图 4-2 中，单击"确定"按钮，此时就配置好了 JAVA_HOME 环境变量，接着配置 CLASSPATH 环境变量。在"环境变量"对话框中单击"新建"按钮，弹出"新建系统变量"对话框，在该对话框中设置变量名为"CLASSPATH"、变量值为".;JAVA_HOME%\lib\dt.jar;%JAVA_HOME%\lib\tools.jar"。此时的"新建系统变量"对话框如图 4-3 所示。

图4-2　"新建系统变量"对话框（1）　　　　图4-3　"新建系统变量"对话框（2）

　　在图 4-3 中，单击"确定"按钮，此时就配置好了 CLASSPATH 环境变量，接着配置 Path 变量。在"环境变量"对话框中的"系统变量"下方找到变量名为"Path"的变量，单击"编辑"按钮，会弹出"编辑系统变量"对话框，在该对话框中的变量值后面添加";%JAVA_HOME%\bin;%JAVA_HOME%\jre\bin;"。"编辑系统变量"对话框如图 4-4 所示。

在图 4-4 中，单击"确定"按钮，此时就配置好了 Path 环境变量。至此，Java 的环境变量配置完成。

接下来需要验证 Java 的环境变量是否配置成功，在键盘上按下快捷键"Win+R"，会弹出"运行"对话框，在该对话框中输入"cmd"并按下"Enter"键，会弹出 cmd 命令窗口，在该窗口中输入"java –version"并按下"Enter"键，此时 cmd 命令窗口如图 4-5 所示。

图4-4   "编辑系统变量"对话框（1）

图4-5   cmd命令窗口（1）

由图 4-5 可知，运行完"java –version"命令后，cmd 命令窗口中显示了 Java 的版本信息，说明 Java 的环境变量已配置成功。

4.1.2   下载 Android SDK

当测试 Android 系统的 App 时，需要将 App 运行在 Android 模拟器或 Android 系统的其他设备上，然后测试 App 中的各项功能是否会出现缺陷（Bug）。为了便于读者使用不同版本的 Android 系统设备来测试 App，这里选择使用 Android 模拟器运行 App。由于创建 Android 模拟器时，需要使用 Android SDK，所以在创建 Android 模拟器之前，需要下载 Android SDK，不同版本的 SDK 对应不同的 Android 系统版本。

首先访问 Android 开发工具的官方下载网站，然后在该网站中单击"Android SDK 工具"，在弹出的菜单列表中单击"SDK"，页面中会显示 SDK 的相关信息，读者可根据测试需求选择对应版本的 SDK 进行下载。SDK 下载页面如图 4-6 所示。

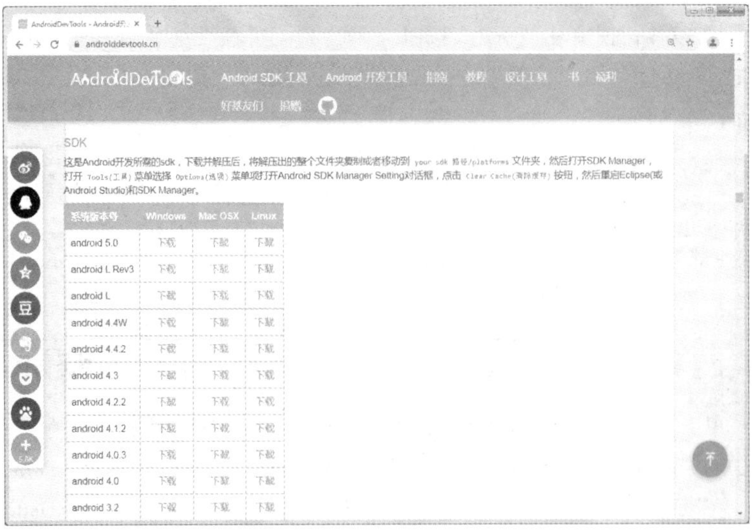

图4-6   SDK下载页面

在图 4-6 中，由于本书用的是 Windows 7 系统，所以需要下载的是 Windows 平台对应的 SDK 压缩包文件。下载完 SDK 之后，将 SDK 压缩包解压到本地文件夹中。接着还需要配置 Android 环境变量，以便于后续使用 adb 调试工具和 uiautomatorviewer 工具。配置 Android 环境变量的具体介绍如下。

首先根据 4.1.1 节中配置 Java 环境变量的步骤找到"环境变量"对话框，在该对话框中单击"新建"按钮，会弹出"新建系统变量"对话框，在该对话框中设置变量名为"ANDROID_HOME"、变量值为"E:\sdk"（SDK 所在的路径）。"新建系统变量"对话框如图 4-7 所示。

在图 4-7 中，单击"确定"按钮，即可完成 ANDROID_HOME 环境变量的配置。之后还需要将 SDK 解压后的 platform-tools 和 tools 文件夹的路径添加到系统环境变量 Path 中。在"环境变量"对话框中的"系统变量"下方找到名为"Path"的环境变量，单击"编辑"按钮，会弹出"编辑系统变量"对话框，在该对话框的变量值的后面添加";%ANDROID_HOME%\platform-tools;%ANDROID_HOME%\tools;"。"编辑系统变量"对话框如图 4-8 所示。

| 图4-7　"新建系统变量"对话框（3） | 图4-8　"编辑系统变量"对话框（2） |

在图 4-8 中，单击"确定"按钮，即可完成 Path 环境变量的配置。至此，Android 的环境变量已配置完成。

最后还需要验证 Android 的环境变量是否配置成功，在键盘上按下"Win+R"快捷键，弹出"运行"对话框，在该对话框中输入"cmd"并按下"Enter"键，会弹出 cmd 命令窗口，在该窗口中输入"adb version"，并按下"Enter"键，此时 cmd 命令窗口如图 4-9 所示。

图4-9　cmd命令窗口（2）

由图 4-9 可知，运行完"adb version"命令后，cmd 命令窗口中显示了 adb 的版本信息，说明 Android 的环境变量配置成功。

4.1.3　创建 Android 模拟器

Android 模拟器是一款能在计算机上运行并模拟 Android 手机或平板电脑设备的软件，它能够安装、使用或卸载 Android 应用程序（App）。Android 模拟器分为 Android Studio 工具（开发 Android 应用程序的工具）自带的原生模拟器和第三方模拟器两种。由于第三方模拟器的创建和启动与原生模拟器的创建和启动相比更快速且简单，所以此处选择第三方模拟器来测试 App。

目前市场上有很多第三方模拟器，如 Genymotion 模拟器、夜神模拟器、雷电模拟器等，在这些模拟器中 Genymotion 模拟器的功能更强大一些，它可以根据不同的 SDK 版本创建不同版本的 Android 模拟器。下面将对 Genymotion 模拟器的下载与创建过程进行详细讲解。

（1）下载 Genymotion 模拟器

访问 Genymotion 的官方网站，Genymotion 官方网站首页如图 4-10 所示。

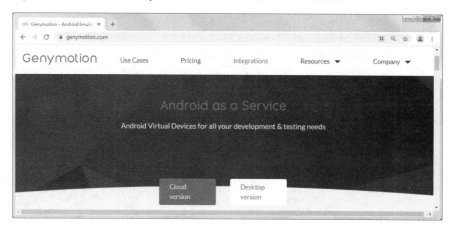

图4-10　Genymotion官方网站首页

在图 4-10 中，单击"Desktop version"按钮，进入 Genymotion 下载页面，如图 4-11 所示。

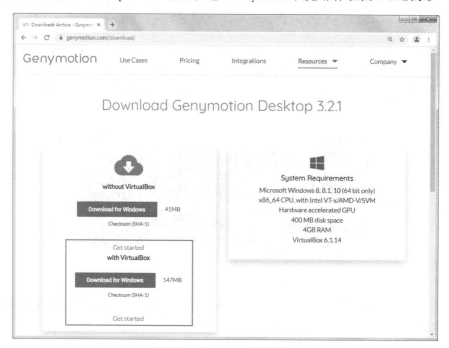

图4-11　Genymotion下载页面

在图 4-11 中，选择带有 VirtualBox 的 Windows 版本的 Genymotion 进行下载即可。

（2）安装 Genymotion 模拟器

下载好 Genymotion 安装包后，双击该安装包进行安装，在安装过程中不需要更改任何配置，直接单击"下一步"按钮，按照默认方式安装即可。Genymotion 安装完成后，会弹出"欢迎使用 Oracle VM VirtualBox 6.1.14 安装向导"对话框，如图 4-12 所示。

图4-12　"欢迎使用Oracle VM VirtualBox 6.1.14安装向导"对话框

　　在图 4-12 中，单击"下一步"按钮继续按照默认方式安装即可。由于篇幅有限，此处不再详细介绍具体安装过程。

（3）设置 Android SDK 路径

　　第一次使用 Genymotion 时，首先需要根据页面提示注册账号，然后使用成功注册的账号登录 Genymotion，进入"Genymotion"窗口，如图 4-13 所示。

图4-13　"Genymotion"窗口

　　在图 4-13 中，首先单击"Genymotion"选项，然后单击"Settings"，进入"Settings"对话框，如图 4-14 所示。

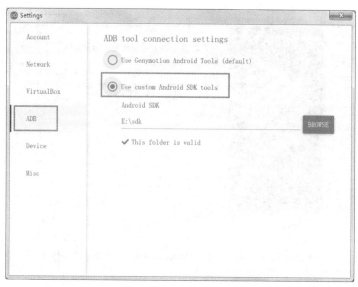

图4-14 "Settings"对话框

在图4-14中，首先单击"ADB"选项，然后选中右侧的"Use custom Android SDK tools"单选按钮，设置 Android SDK 的路径（本书的路径为 E:\sdk）。

（4）创建 Android 模拟器

"Settings"窗口中的设置完成后，回到"Genymotion"窗口中创建 Android 模拟器。单击"Genymotion"窗口中的⊕按钮，进入选择模拟器对话框，如图4-15所示。

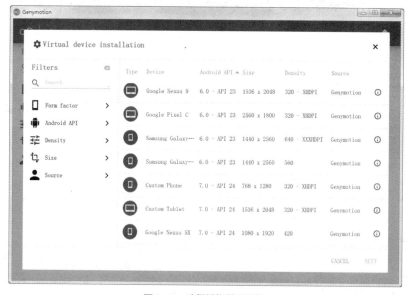

图4-15 选择模拟器对话框

在图4-15中，可以根据测试的需求选择创建不同 API 版本或屏幕尺寸的模拟器，本书以创建版本为 API 24、屏幕尺寸为 768 像素×1280 像素的模拟器为例，单击"Custom Phone"选项，然后单击"NEXT"按钮，进入模拟器安装对话框，如图4-16所示。

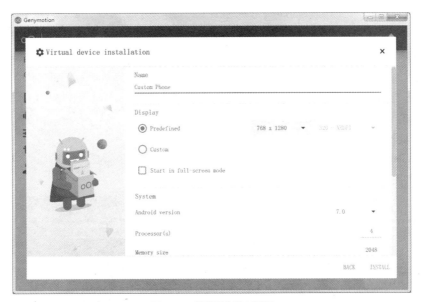

图4-16　模拟器安装对话框

在图 4-16 中，单击"INSTALL"按钮即可进行安装。

安装完成后，回到"Genymotion"窗口，在该窗口中显示了已创建好的模拟器，此时可以通过单击模拟器后面的▢按钮，在弹出的列表中选择"Start"选项来开启模拟器，如图 4-17 所示。

模拟器成功启动的界面如图 4-18 所示。

图4-17　开启模拟器

图4-18　模拟器成功启动的界面

至此，Android 模拟器创建并启动成功。

4.1.4　安装 Appium 与 Appium-Python-Client 库

　　Appium 是一个开源工具，用于测试 iOS 系统、Android 系统和 Windows 系统上安装的应用程序，除此之外，Appium 是跨平台的，可以使用一套 API 编写的测试脚本测试不同平台上的应用。Appium-Python-Client 库主要用于提供编写 Python 语言的脚本代码时需要的方法。如果使用 Appium 和 Python 语言对 App 进行自动化测试，则首先需要安装 Appium、Appium-Python-Client 库和创建 Android 模拟器（4.1.3 节已讲解）。下面将对 Appium 和 Appium-Python-Client 库的安装分别进行详细讲解。

1. 安装 Appium

　　下面以 Windows 7 系统（64 位）为例，演示如何下载与安装 Appium。首先访问 Appium 官方网站，Appium 官方网站首页如图 4-19 所示。

图4-19　Appium官方网站首页

　　在图 4-19 中，单击"Download Appium"按钮，进入 Appium 的下载页面，如图 4-20 所示。

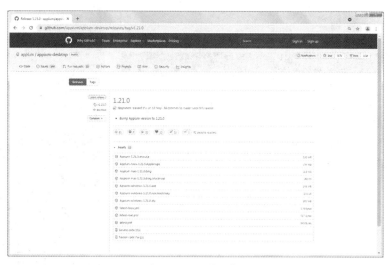

图4-20　Appium的下载页面

　　在图 4-20 中，单击"Appium-windows-1.21.0.exe"即可下载 Appium 的安装文件。

　　下载完 Appium 的安装文件 Appium-windows-1.21.0.exe 后，双击该文件，进入"安装选项"界面，如图 4-21 所示。

图4-21　"安装选项"界面

在"安装选项"界面中需要选择为当前用户还是所有用户安装 Appium 软件,此处选择"仅为我安装(itcast)"选项,接着单击"安装"按钮,进入"正在安装"界面,如图 4-22 所示。

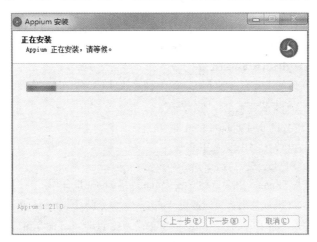

图4-22　"正在安装"界面

Appium 安装完成后,会进入"正在完成 Appium 安装向导"界面,如图 4-23 所示。

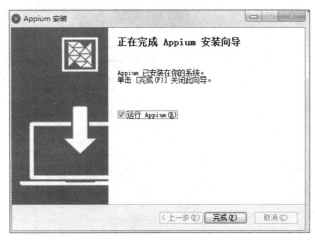

图4-23　"正在完成Appium安装向导"界面

在图 4-23 中，勾选"运行 Appium(R)"选项，单击"完成"按钮即可完成 Appium 的安装，并自动启动 Appium，启动界面如图 4-24 所示。

图4-24　Appium启动界面

在图 4-24 中，不需要更改配置，单击"启动服务器 v1.21.0"按钮即可启动 Appium。

2. 安装 Appium-Python-Client 库

Appium-Python-Client 库的安装有 2 种方式，第 1 种是通过 pip 命令进行安装，第 2 种是通过 PyCharm 工具进行安装。下面对这 2 种安装方式进行详细讲解。

（1）通过 pip 命令安装 Appium-Python-Client 库

打开 cmd 命令窗口，在该窗口中输入如下命令：

```
pip install Appium-Python-Client
```

输入以上命令后，按下"Enter"键会自动安装 Appium-Python-Client 库。

安装完 Appium-Python-Client 库后，可以通过"pip list"命令验证 Appium-Python-Client 库是否安装成功。在 cmd 命令窗口中输入"pip list"命令并按下"Enter"键，此时 cmd 命令窗口如图 4-25 所示。

图4-25　cmd命令窗口

由图 4–25 可知，执行完 "pip list" 命令后，cmd 命令窗口中输出了 Appium–Python–Client 库的名称和版本号信息，说明 Appium–Python–Client 库已经安装成功。

（2）通过 PyCharm 工具安装 Appium–Python–Client 库

首先打开 PyCharm 工具，然后在该工具的窗口中选择 "File→Settings" 选项，会弹出 "Settings" 对话框，如图 4–26 所示。

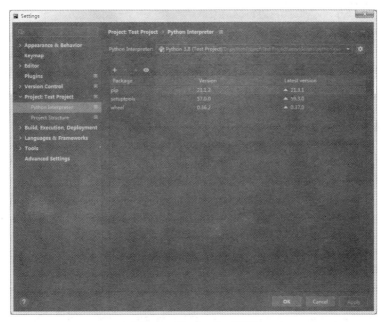

图4–26　"Settings" 对话框

在图 4–26 中，首先单击左侧的 "Python Interpreter"，然后单击右侧的➕按钮，会弹出 "Available Packages" 对话框，如图 4–27 所示。

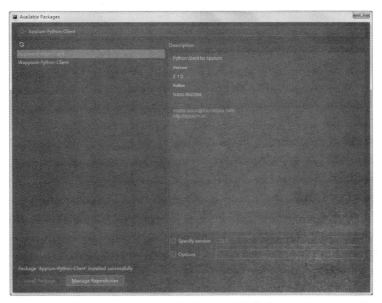

图4–27　"Available Packages" 对话框

在图 4-27 顶部的搜索框中输入"Appium-Python-Client"，然后选择搜索框下方列表中的 "Appium-Python-Client"选项，并单击"Available Packages"对话框底部的"Install Package"按钮进行安装。当"Available Packages"对话框底部出现 "Package'Appium-Python-Client'installed successfully"时，说明 Appium-Python-Client 库安装成功。

4.2　App 自动化测试常用工具

在对 App 进行自动化测试时，经常会用到 adb 调试工具和 uiautomatorviewer 工具，通过 adb 调试工具可以连接 Android 设备并可在 PC 端对 App 进行操作，通过 uiautomatorviewer 工具可以定位 App 中的元素。本节将针对 App 自动化测试中常用的 adb 调试工具和 uiautomatorviewer 工具进行详细讲解。

4.2.1　adb 调试工具

adb（Android Debug Bridge，Android 调试桥）是一个用于管理 Android 设备（如模拟器、手机等）的调试工具。当它被启动时，可以直接在 cmd 命令窗口中使用 adb 命令对 Android 设备进行操作或获取设备上安装的 App 的信息，例如，在设备上安装、卸载 App，连接某个设备，获取 App 的包名和类名等。adb 调试工具位于 SDK 安装目录下的 platform-tools 文件夹中，以本书 SDK 的安装目录为例，adb 调试工具（adb.exe）所在的位置如图 4-28 所示。

图4-28　adb调试工具所在的位置

在图 4-28 中，双击 adb.exe 文件即可启动 adb 服务器，启动该服务器后，就可以在 cmd 命令窗口中使用 adb 命令。

当进行 App 自动化测试时，经常会使用一些 adb 命令来启动或停止 adb 服务器、获取 App 的日志信息、连接或断开 Android 设备等。下面列举一些常用的 adb 命令，如表 4-1 所示。

表 4-1　常用的 adb 命令

adb 命令	说明
adb start-server	启动 adb 服务器
adb kill-server	停止 adb 服务器
adb logcat	获取日志信息
adb connect IP 地址	连接某个设备
adb disconnect IP 地址	断开某个设备的连接
adb install apk 文件路径	在手机上安装 App
adb uninstall 包名	卸载手机上的 App
adb devices	获取当前计算机已经连接的设备和对应的设备号
adb shell	进入 Android 手机内部的 Linux 系统命令行中
adb shell am start -w 包名/界面名	获取 App 启动时间
adb shell dumpsys window windows | findstr mFocusedApp	获取包名和界面名
adb shell dumpsys window windows | findstr "userdApp"	获取包名和界面名
adb push 计算机的文件路径手机的文件夹路径	将文件从计算机发送至手机
adb pull 手机的文件路径计算机的文件夹路径	将文件从手机发送至计算机
adb --help	查看 adb 帮助

在进行 App 自动化测试时，需要将 App 安装到模拟器或真机上才能够进行测试，通常有 2 种安装方式。第 1 种安装方式是通过 adb 命令进行安装，打开 cmd 命令行窗口，输入"adb install apk 文件路径"并按下"Enter"键。第 2 种安装方式是直接将需要测试的应用程序 apk 文件拖入模拟器中，或者在真机上直接下载 apk 文件进行安装。

需要注意的是，有时候将 apk 文件直接拖入模拟器会弹出一个"Error"对话框，"Error"对话框如图 4-29 所示。

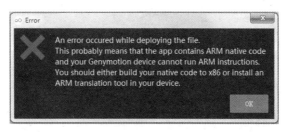

图4-29　"Error"对话框

由图 4-29 可知，需要在模拟器上安装 Genymotion ARM 插件，该插件可以在 Genymotion 官方网站中下载。将下载好的 Genymotion ARM 插件拖入模拟器中，会弹出"File installation warning"对话框，如图 4-30 所示。

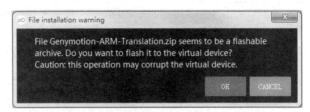

图4-30 "File installation warning"对话框

在图 4-30 中，单击"OK"按钮，会弹出"File installation result"对话框，如图 4-31 所示。

图4-31 "File installation result"对话框

在图 4-31 中，提示 Genymotion ARM 插件安装成功，单击"OK"按钮即可。此时重新启动模拟器，将 apk 文件拖入打开的模拟器界面上，可以正常安装 apk 文件对应的应用程序。

4.2.2　uiautomatorviewer 工具

uiautomatorviewer 是 Android SDK 自带的一个元素定位工具，它可以通过截屏并分析 XML 布局文件的方式来查看 App 中的界面控件信息，例如，查看 App 中界面的布局、组件、属性等信息。uiautomatorviewer 工具位于 Android sdk 目录下的 tools\bin 子目录中，以本书的 sdk 目录为例，uiautomatorviewer 工具（uiautomatorviewer.bat）所在的位置如图 4-32 所示。

图4-32　uiautomatorviewer工具所在的位置

在图 4-32 中，双击 uiautomatorviewer.bat 文件可以启动 uiautomatorviewer 工具，启动该工具后会弹出 cmd 命令窗口和"UI Automator Viewer"窗口，如图 4-33 和图 4-34 所示。

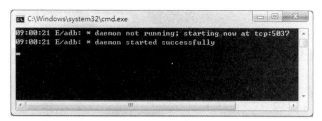

图4-33　cmd命令窗口

在启动 uiautomatorviewer 工具时，如果出现 cmd 命令窗口闪退的情况，需要查看计算机中安装的 JDK 版本是否为 1.8 版本。需要注意的是，在使用 uiautomatorviewer 工具的过程中不能关闭 cmd 命令窗口，如果关闭该窗口，则"UI Automator Viewer"窗口也会自动关闭，uiautomatorviewer 工具将不能继续使用。

由图 4-34 可知，uiautomatorviewer 工具的启动界面可以分为 4 个区域，这 4 个区域的具体介绍如下。

● 区域 1：功能按钮区。该区域一共有 4 个图标，这 4 个图标从左到右的功能依次为打开已保存的布局图片、获取详细布局信息、获取简洁布局信息、保存布局。在 App 自动化测试过程中，通常会单击该区域中的第 2 个图标，从而获取 App 界面的详细布局信息。

● 区域 2：截图区。该区域用于显示当前启动的 Android 设备屏幕显示的布局图片。

● 区域 3：布局区。该区域以 XML 树的形式显示 App 界面的控件布局。

● 区域 4：控件属性区。当用户单击界面上的某一个控件时，该区域会显示控件的属性信息。

下面使用启动的 uiautomatorviewer 工具来定位 Android 模拟器中通讯录 App 的新增联系人界面中的姓名输入框信息。

首先启动 Android 模拟器，打开模拟器中的通讯录 App，在 App 中打开新增联系人界面，如图 4-35 所示。

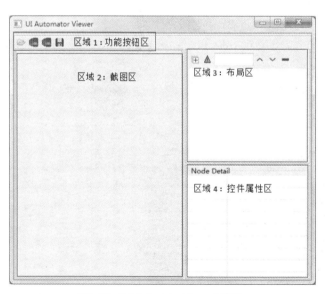

图4-34　"UI Automator Viewer"窗口

图4-35　新增联系人界面

接着单击"UI Automator Viewer"窗口功能按钮区的第 2 个图标，此时截图区会显示新增联系人界面的布局图片，如图 4-36 所示。

图4-36　新增联系人界面的布局图片

在图 4-36 中，单击"姓名"输入框，在"UI Automator Viewer"窗口右侧的布局区以 XML 树的形式显示了"姓名"输入框的布局信息，在控件属性区显示了"姓名"输入框控件的属性信息。

需要注意的是，当第一次单击"UI Automator Viewer"窗口功能按钮区的第 2 个图标 时，程序可能会弹出"Error obtaining Device Screenshot"对话框，提示找不到 Android 设备，如图 4-37 所示。

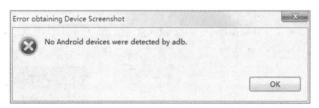

图4-37　"Error obtaining Device Screenshot"对话框

为了解决找不到 Android 设备的问题，首先需要关闭 Android 设备，然后打开"Windows 任务管理器"窗口，如图 4-38 所示。

图4-38　"Windows任务管理器"窗口中关闭adb服务器进程

在图 4-38 中，如果该窗口中未显示名称为 adb.exe *32 的进程，则不需要在该窗口中做任何操作；如果该窗口中显示了名称为 adb.exe *32 的进程，则需要选择该进程，然后单击"结束进程"按钮，关闭 adb 服务器进程。关闭 adb 服务器进程后，重新启动 Android 模拟器，在"UI Automator Viewer"窗口中就可以识别 Android 模拟器并显示模拟器屏幕上的信息。

4.3　驱动操作

在第 2 章和第 3 章中，我们学习了 Selenium WebDriver 的基本应用和高级应用，Selenium WebDriver 提供了元素定位、元素操作等相关方法用于测试 Web 应用程序，这些方法也适用于 App 自动化测试。由于 Web 应用程序基于 B/S 架构设计，而 App 应用程序基于 C/S 架构设计，所以 Web 应用程序和 App 应用程序的驱动操作会有所不同。常见的 App 自动化测试的驱动操作包括获取手机屏幕分辨率、获取手机屏幕截图、获取手机网络类型、模拟键盘操作和手机通知栏操作等，下面将对这些常见的 App 自动化测试的驱动操作进行详细讲解。

4.3.1　获取手机屏幕分辨率

手机屏幕分辨率是指屏幕上横向像素点与纵向像素点数量的乘积。当对 App 进行自动化测试时，有时需要根据 Android 设备的屏幕分辨率计算单击或滑动操作的具体坐标信息，因此需要在自动化测试时获取手机屏幕的分辨率。在获取手机屏幕分辨率时，需要调用 get_window_size( )方法，该方法的语法格式如下。

```
get_window_size(windowHandle='current')
```

get_window_size( )方法的返回值是字典类型，该返回值中有两个 key，width 和 height，分别为手机屏幕的宽度和高度，用来表示手机屏幕的分辨率。

接下来以 Genymotion 模拟器为例，演示如何通过 get_window_size( )方法获取模拟器屏幕的分辨率。首先在 PyCharm 工具中创建一个名为 Chapter04 的程序，然后在该程序中创建一个名为 display_size.py 的文件，在该文件中实现获取模拟器屏幕的分辨率，具体代码如文件 4-1 所示。

【文件 4-1】　display_size.py

```
1  from appium import webdriver
2  # 初始化 App 的配置信息
3  des_cap = dict()
4  des_cap["platformName"] = "Android"
5  des_cap["platformVersion"] = "7.0"
6  des_cap["deviceName"] = "****"
7  driver = webdriver.Remote("http://localhost:4723/wd/hub", des_cap)
8  # 输出获取的模拟器屏幕分辨率信息
9  print(driver.get_window_size())
10 driver.quit()
```

上述代码中，第 3～6 行代码用于初始化 Android 模拟器的配置信息，其中第 3 行代码定义了一个字典参数 des_cap，第 4 行代码用于设置平台的名称为 Android，第 5 行代码用于设置平台的版本号为 7.0，第 6 行代码用于设置设备（模拟器）的名称，如果只有一个 Android 设备处于启动状态，则设备名称可以设置为****。第 7 行代码调用 Remote( )方法创建驱动模块 WebDriver 的对象 driver，Remote( )方法中第 1 个参数表示配置开启本机端口号为 4723 的服务器，并接收 WebDriver 的请求，第 2 个参数 des_cap 表示 App 的配置信息。第 9 行代码首先调用 get_window_size( )方法获取模拟器屏幕的分辨率，然后调用 print( )方法输出屏幕分辨率的信息。第 10 行代码调用 quit( )方法退出驱动程序。

运行文件 4-1 中的代码，运行结果如图 4-39 所示。

图4-39　文件4-1的运行结果

由图 4-39 可知，控制台中输出了一个字典类型的数据{'width': 768, 'heigth': 1184}，其中，数据'width': 768 表示屏幕的宽度为 768 像素，数据'heigth': 1184 表示屏幕的高度为 1184 像素，这些正是获取到的 Genymotion 模拟器屏幕的分辨率信息。

4.3.2　获取手机屏幕截图

当对 App 进行自动化测试时，可能会出现执行完自动化测试脚本后 App 没有进行任何操作，同时脚本代码也没有输出任何报错信息，此时需要将操作后的关键信息截图保存，通过这些截图信息可以帮助测试人员分析测试脚本或 App 出现了什么问题。Selenium WebDriver 提供了一个获取手机屏幕截图的方法 get_screenshot_as_file()，该方法可以将手机屏幕截图保存到指定的文件夹中。get_screenshot_as_file()方法的语法格式如下。

```
get_screenshot_as_file(filename)
```

get_screenshot_as_file()方法中的参数 filename 是截图的文件路径和名称，需要注意的是，此处的文件路径必须是存在的，即提前创建好的，截图文件的后缀名为.png。

下面以 Genymotion 模拟器为例，演示如何获取并保存短信 App 中短信界面的截图。首先在 Chapter04 程序中创建 app_screenshot.py 文件，然后在该文件中调用 get_screenshot_as_file()方法，获取短信界面的截图并将该截图保存到项目根目录的 img 文件夹中，具体代码如文件 4-2 所示。

【文件 4-2】　app_screenshot.py

```
1  import time import sleep
2  from appium import webdriver
3  des_cap = dict()
4  des_cap["platformName"] = "android"
5  des_cap["platformVersion"] = "7.0"
6  des_cap["deviceName"] = "****"
7  des_cap["appPackage"] = "com.android.messaging"
8  des_cap["appActivity"] = ".ui.conversationlist.ConversationListActivity"
9  driver = webdriver.Remote("http://localhost:4723/wd/hub", des_cap)
10 sleep(2)
11 # 获取手机短信界面截图
12 driver.get_screenshot_as_file("img/message.png")
13 driver.quit()
```

上述代码中，第 7~8 行代码用于配置模拟器中短信 App 的包名和界面名。其中，App 的包名和界面名可以在 cmd 命令窗口中通过 adb shell dumpsys window windows | findstr "userdApp" 命令获取。第 12 行代码调用 get_screenshot_as_file()方法，该方法的参数 img/message.png 表示将截图命名为 message.png，并将该截图保存到项目根目录的 img 文件夹中。

运行文件 4-2 中的代码后，截图的路径与效果如图 4-40 所示。

图4-40　截图的路径与效果

4.3.3　获取手机网络类型

我们在使用 Wi-Fi 观看视频时，如果 Wi-Fi 突然断开，此时手机上就会提示 Wi-Fi 已断开，是否切换为数据流量继续播放视频的信息，这个信息只有 App 程序获取手机网络类型时才会提示。在测试脚本代码中获取手机网络类型的属性如下。

```
driver.network_connection
```

在自动化测试脚本代码中，还可以通过调用 set_network_connection( )方法设置手机的网络类型，该方法的语法格式如下。

```
driver.set_network_connection(connectionType)
```

set_network_connection( )方法中的参数 connectionType 表示网络连接的类型，默认是 int 类型的数据。例如，该值设置为 2 时，表示使用的网络是 Wi-Fi；该值设置为 4 时，表示使用的网络是数据流量；该值设置为 6 时，表示使用的网络是 Wi-Fi 或数据流量（有 Wi-Fi 时，默认使用 Wi-Fi；无 Wi-Fi 时，默认使用数据流量）。

接下来以 Genymotion 模拟器为例，演示如何获取并设置模拟器的网络类型。首先在 Chapter04 程序中创建 app_network.py 文件，然后在程序中获取并设置模拟器的网络类型，具体代码如文件 4-3 所示。

【文件 4-3】　app_network.py

```
1  from appium import webdriver
2  des_cap = dict()
3  des_cap["platformName"] = "Android"
4  des_cap["platformVersion"] = "7.0"
5  des_cap["deviceName"] = "****"
6  driver = webdriver.Remote("http://localhost:4723/wd/hub", des_cap)
7  # 获取网络类型
8  print(driver.network_connection)
```

```
 9  # 设置网络类型
10 driver.set_network_connection(4)
11 print(driver.network_connection)
12 driver.quit()
```

上述代码中，第8行代码调用print()方法输出获取的模拟器网络类型。第10行代码调用set_network_connection()方法设置模拟器的网络类型，该方法中参数4表示将模拟器使用的网络类型设置为数据流量。

运行文件4-3中的代码，运行结果如图4-41所示。

图4-41　文件4-3的运行结果

由图4-41可知，控制台分别输出了6和4，6表示模拟器默认使用的网络类型为Wi-Fi或数据流量，4表示模拟器的网络类型被设置为数据流量。

4.3.4　模拟手机键盘操作

在App自动化测试的过程中，如果想要通过脚本代码实现手机键盘的不同操作，可使用Appium提供的press_keycode()方法，根据该方法中传递的不同参数，可以模拟手机键盘的不同操作，例如模拟按下手机返回键、拨号键等操作。press_keycode()方法的语法格式如下。

```
press_keycode(keycode:int, metastate=None,flags=None)
```

press_keycode()方法中有3个参数，第1个参数keycode表示键值；第2个参数metastate表示控制按键，例如键盘上的"Alt"键、"Shift"键等，默认值为None；第3个参数flags表示按键的标识，默认值为None。

press_keycode()方法是以传入键值的形式来模拟键盘的不同操作，其常用的键值及说明如表4-2所示。

表4-2　press_keycode( )常用的键值及说明

键值	说明
press_keycode(3)	表示按下"Home"键
press_keycode(4)	表示按下返回键
press_keycode(5)	表示按下拨号键
press_keycode(6)	表示按下挂机键
press_keycode(24)	表示按下音量增加键
press_keycode(25)	表示按下音量减小键
press_keycode(27)	表示按下拍照键
press_keycode(66)	表示按下回车键
press_keycode(82)	表示按下菜单键
press_keycode(84)	表示按下搜索键

press_keycode()方法是Android系统独有的，表4-2中仅列举了一些较常用的键值，读者可以查看press_keycode()方法的API参考文档，了解其他键值所表示的键盘按键。

　　下面以 Genymotion 模拟器中的设置界面为例，演示如何模拟键盘上的返回键功能。首先在 Chapter04 程序中创建 press_keycode.py 文件，然后调用 press_keycode(4)方法模拟键盘上的返回键功能，具体代码如文件 4-4 所示。

【文件 4-4】　press_keycode.py

```
1  from time import sleep
2  from selenium.webdriver.common.by import By
3  from appium import webdriver
4  des_cap = {
5     "platformName": "android",
6     "platformVersion": "7.0",
7     "deviceName": "****",
8     "appPackage": "com.android.settings",
9     "appActivity": ".Settings"
10 }
11 driver = webdriver.Remote("http://localhost:4723/wd/hub", des_cap)
12 more_element = driver.find_element(By.XPATH, "//*[@text='更多']")
13 more_element.click()
14 sleep(2)
15 # 定位飞行模式文本
16 air_element = driver.find_element(By.ID, "android:id/switch_widget")
17 air_element.click()
18 driver.press_keycode(4)
19 sleep(2)
20 driver.quit()
```

　　运行上述代码，模拟器上的执行过程是首先打开设置应用程序中的"设置"界面，单击"更多"文本，进入"无线和网络"界面，然后单击飞行模式的 ●按钮，最后返回"设置"界面。

　　文件 4-4 的运行效果可扫描下方二维码查看。

文件4-4的运行效果

4.3.5　手机通知栏操作

　　在使用 Android 手机时，有时会突然弹出一条新闻或短信消息，这些消息都显示在手机的通知栏中，用户可以通过从手机顶部向下滑动来打开通知栏并查看通知栏中的消息。在 App 自动化测试过程中，如果想要查看手机的通知栏消息，可使用 Appium 提供的打开手机通知栏操作的方法 open_notifications( )，该方法的语法格式如下。

```
open_notifications()
```

　　需要注意的是，Appium 中没有提供关闭手机通知栏操作的方法，在使用手机时，通常是通过从下往上滑动或按下返回键关闭通知栏。

　　下面以 Genymotion 模拟器为例，演示如何通过 open_notifications( )方法打开模拟器的通知栏。首先在 Chapter04 程序中创建 open_notifications.py 文件，然后在该文件中调用 open_notifications( )方法打开模拟器的通知栏，具体代码如文件 4-5 所示。

【文件 4-5】　open_notifications.py

```
1  from time import sleep
2  from appium import webdriver
3  des_cap = dict()
4  des_cap["platformName"] = "android"
5  des_cap["platformVersion"] = "7.0"
6  des_cap["deviceName"] = "****"
7  driver = webdriver.Remote("http://localhost:4723/wd/hub", des_cap)
8  # 打开通知栏
9  driver.open_notifications()
10 # 模拟按下返回键的操作关闭通知栏
11 driver.press_keycode(4)
12 sleep(2)
13 driver.quit()
```

运行上述代码，模拟器上的执行过程是首先打开通知栏，然后再关闭通知栏。

文件 4-5 的运行效果可扫描下方二维码查看。

文件4-5的运行效果

4.4　手势操作

在日常生活中使用手机或平板电脑时，我们经常会通过手指在屏幕上进行滑动、拖曳、轻敲、长按等操作，这些操作被称为手势操作。在 App 自动化测试过程中，如果想要测试手势操作，则可以调用 Appium 提供的手势操作方法来模拟手势操作。下面将对手势操作中常用的轻敲、按下和抬起、等待、长按、移动、滑动和拖曳等操作进行详细介绍。

4.4.1　轻敲操作

轻敲操作是指模拟手指对某个元素或点按下并快速抬起的操作，实现轻敲操作时需要调用 tap() 方法，该方法的语法格式如下。

```
tap(element=None, x=None,y=None)
```

tap() 方法中的参数 element 表示被轻敲的元素对象，参数 x 表示被轻敲的点的 x 轴坐标，参数 y 表示被轻敲的点的 y 轴坐标。tap() 方法中的 3 个参数的默认值均为 None。

如果轻敲的是某个元素，则 tap() 方法中只需要传递该元素对象。假设轻敲的元素对象为 element，则实现轻敲元素的具体示例代码如下。

```
TouchAction(driver).tap(element).perform()
```

上述示例代码中的 perform() 方法用于执行 tap() 方法。

如果轻敲的是某个点，则 tap() 方法中只需要传递该点的坐标。假设轻敲的点坐标为（100，100），则实现轻敲一个点的具体示例代码如下。

```
TouchAction(driver).tap(x=100,y=100).perform()
```

需要注意的是，通过 tap( )方法实现的轻敲操作与通过 click( )方法实现的单击操作类似，这两个方法实现的操作都属于单击操作，不同的是通过 click( )方法实现的单击操作会延迟 200～300ms。

下面以 Genymotion 模拟器中的"设置"界面为例，演示如何通过 tap( )方法实现轻敲"设置"界面上的"流量使用情况"文本元素的操作。首先在 Chapter04 程序中创建 tap.py 文件，然后在该文件中调用 tap( )方法实现轻敲"设置"界面上的"流量使用情况"文本元素的操作，具体代码如文件 4-6 所示。

【文件 4-6】　tap.py

```
1  from appium import webdriver
2  from appium.webdriver.common.touch_action import TouchAction
3  des_cap = {
4  "platformName" : "android",
5  "platformVersion" : "7.0",
6  "deviceName" : "****",
7  "appPackage" : "com.android.settings",
8  "appActivity" : ".Settings"
9  }
10 driver = webdriver.Remote("http://localhost:4723/wd/hub", des_cap)
11 # 通过传入元素对象的方式调用轻敲方法
12 data_usage = driver.find_element_by_xpath("//*[@text='流量使用情况']")
13 action = TouchAction(driver)
14 action.tap(data_usage)
15 action.perform()
16 driver.quit()
```

上述代码中，第 2 行代码用于导入 TouchAction 类。第 13～15 行代码调用 TouchAction 类中的 tap( )方法和 perform( )方法实现轻敲操作。

如果想要实现轻敲"设置"界面上的点（202,985），则可以将文件 4-6 中的第 11～15 行代码替换为以下代码。

```
# 通过传入元素的坐标点的方式调用轻敲方法
TouchAction(driver).tap(x=202, y=985,).perform()
```

文件 4-6 的运行效果可扫描下方二维码查看。

文件4-6的运行效果

多学一招：打开模拟器的指针位置

通常，在刚创建的模拟器中指针位置默认是关闭的状态，在进行 App 自动化测试时，有时候需要获取界面元素的坐标值，此时可以打开模拟器的"设置"界面，在该界面滑动至底部，单击"开发者选项"文本，进入"开发者选项"界面，然后单击 ●开启指针位置，即可在模拟器顶部查看坐标值。"开发者选项"界面如图 4-42 所示。

图4-42　"开发者选项"界面

4.4.2　按下和抬起操作

下面将对手势操作中的按下操作和抬起操作进行讲解，具体介绍如下。

1. 按下操作

按下操作是模拟手指按压屏幕上某个元素或点的操作，实现按下操作时需要调用 press()方法，该方法的语法格式如下。

```
press(el=None, x=None, y=None)
```

press()方法中的参数 el 表示被按下的元素对象，参数 x 表示被按下的点的 x 轴坐标，参数 y 表示被按下的点的 y 轴坐标。press()方法中的 3 个参数的默认值均为 None。

如果按下的是某个元素，则 press()方法中只需要传递该元素对象。假设按下的元素对象为 element，则实现按下操作的具体示例代码如下。

```
TouchAction(driver).press(element).perform()
```

如果按下的是某个点，则 press()方法中只需要传递该点的坐标。假设按下的点坐标为（80,100），则实现按下操作的具体示例代码如下。

```
TouchAction(driver).press(x=80,y=100).perform()
```

2. 抬起操作

抬起操作是模拟手指离开屏幕的操作，按下操作和抬起操作可以组合成轻敲或长按操作。实现抬起操作时需要调用 release()方法，该方法的语法格式如下。

```
release()
```

如果按下坐标为（650,650）的点后，想要抬起手指结束对屏幕上该点的按压，此时可以在调用 press()方法实现按下操作后，再调用 release()方法实现抬起操作，具体示例代码如下。

```
TouchAction(driver).press(x=650, y=650).release().perform()
```

下面以 Genymotion 模拟器"设置"界面中的"显示"文本为例，演示如何通过 press()方法和 release()

方法实现对"显示"文本信息的按下操作和抬起操作。首先在 Chapter04 程序中创建 press_release.py 文件，然后在该文件中实现对"显示"文本信息的按下操作和抬起操作，具体代码如文件 4-7 所示。

【文件 4-7】　press_release.py

```
1  from time import sleep
2  from appium import webdriver
3  from appium.webdriver.common.touch_action import TouchAction
4  des_cap = {
5      "platformName": "android",
6      "platformVersion": "7.0",
7      "deviceName": "****",
8      "appPackage": "com.android.settings",
9      "appActivity": ".Settings"
10 }
11 driver = webdriver.Remote("http://localhost:4723/wd/hub", des_cap)
12 display_element = driver.find_element_by_xpath("//*[@text='显示']")
13 TouchAction(driver).press(display_element).release().perform()
14 sleep(2)
15 driver.quit()
```

上述代码中，第 13 行代码通过调用 TouchAction 类中的 press( )、release( )和 perform( )方法，实现对模拟器中的"显示"文本元素的按下操作和抬起操作，press( )方法中的参数 display_element 表示"设置"界面中的"显示"文本元素。

文件 4-7 的运行效果可扫描下方二维码查看。

文件4-7的运行效果

4.4.3　等待操作

等待操作是模拟手指在屏幕上的暂停操作，例如，按下"设置"按钮后，等待 5 秒再抬起。等待操作通常可以与按下、抬起、移动等手势操作组合使用。实现等待操作时需要调用 wait( )方法，该方法的语法格式如下。

```
wait(ms=0)
```

wait( )方法中的参数 ms 表示等待的时间，单位为毫秒（ms）。

如果想要按下坐标为（700,700）的点，然后暂停 2 秒，最后抬起手指，则可以通过调用 press( )方法实现按下操作，然后调用 wait( )方法实现等待操作，最后调用 release( )方法实现抬起操作，具体示例代码如下。

```
TouchAction(driver).press(x=700, y=700).wait(2000).release().perform()
```

下面以 Genymotion 模拟器中的"设置"界面为例，演示如何实现按下、等待和抬起坐标为（467,569）的点的操作。首先在 Chapter04 程序中创建 wait.py 文件，然后在该文件中首先调用 press( )方法实现按下操作，然后调用 wait( )方法实现等待 3 秒的操作，最后调用 release( )方法实现抬起操作。具体代码如文件 4-8 所示。

【文件 4-8】　wait.py

```
1  from time import sleep
2  from appium import webdriver
```

```
3  from appium.webdriver.common.touch_action import TouchAction
4  des_cap = {
5  "platformName" : "android",
6  "platformVersion" : "7.0",
7  "deviceName" : "****",
8  "appPackage" : "com.android.settings",
9  "appActivity" : ".Settings"
10 }
11 driver = webdriver.Remote("http://localhost:4723/wd/hub", des_cap)
12 TouchAction(driver).press(x=467, y=569).wait(3000).release().perform()
13 sleep(2)
14 driver.quit()
```

上述代码中，第 12 行代码通过调用 TouchAction 类中的 press( )、wait( )、release( ) 和 perform( ) 方法，实现对模拟器的"设置"界面中的点（467，569）实现按下操作、等待 3 秒的操作和抬起操作。

文件 4–8 的运行效果可扫描下方二维码查看。

文件4–8的运行效果

4.4.4 长按操作

长按操作是模拟手指按下元素或点后，等待一段时间的操作。例如，长按某个按钮一段时间后会弹出菜单。实现长按操作时需要调用 long_press( ) 方法，该方法的语法格式如下。

```
long_press(el=None, x=None, y=None, duration=1000)
```

long_press( ) 方法中的参数 el 表示被长按的元素对象；参数 x 表示被长按的点的 x 轴坐标；参数 y 表示被长按的点的 y 轴坐标；参数 duration 表示长按时间，单位为毫秒（ms），默认为 1000ms。

如果长按的是某个元素，则 long_press( ) 方法中传递该元素对象和长按时间即可。假设长按的元素对象为 element，长按时间为 2 秒，则实现长按该元素的具体示例代码如下。

```
TouchAction(driver).long_press(element, duration=2000).perform()
```

如果长按的是某个点，则 long_press( ) 方法中传递该点的坐标和长按时间即可。假设长按的点坐标为（100,100），则实现长按该点的具体示例代码如下。

```
TouchAction(driver).long_press(x=100, y=100, duration=2000).perform()
```

下面以 Genymotion 模拟器中"设置"界面右上角的搜索图标（🔍）为例，演示如何通过 long_press( ) 方法实现对该图标的长按操作。首先在 Chapter04 程序中创建 long_press.py 文件，然后在该文件中实现对搜索图标的长按操作。具体代码如文件 4–9 所示。

【文件 4-9】 long_press.py

```
1  from time import sleep
2  from appium import webdriver
3  from appium.webdriver.common.touch_action import TouchAction
4  des_cap = {
5  "platformName" : "android",
6  "platformVersion" : "7.0",
7  "deviceName" : "****",
```

```
8    "appPackage" : "com.android.settings",
9    "appActivity" : ".Settings"
10   }
11   driver = webdriver.Remote("http://localhost:4723/wd/hub", des_cap)
12   search_element = driver.find_element_by_id("com.android.settings:id/search")
13   TouchAction(driver).long_press(search_element, duration=2000).perform()
14   sleep(2)
15   driver.quit()
```

上述代码中，第 13 行代码通过调用 TouchAction 类中的 long_press( )方法和 perform( )方法，实现对"设置"界面搜索图标的长按操作。long_press( )方法中的参数 search_element 表示搜索图标元素，参数 duration=2000 表示长按时间为 2 秒。

运行文件 4-9 中的代码，运行结果如图 4-43 所示。

图4-43　文件4-9的运行结果

在图 4-43 中，长按模拟器中"设置"界面的搜索图标 2 秒后，该界面会自动弹出"搜索设置"文字。

4.4.5　移动操作

移动操作是手指在屏幕上进行移动的操作，例如，手势解锁手机屏幕时，需要手指在屏幕上进行按下、移动和抬起操作。实现移动操作时需要调用 move_to( )方法，该方法的语法格式如下。

```
move_to(el=None, x=None, y=None)
```

move_to( )方法中的参数 el 表示被移动的元素对象，参数 x 表示被移动的点的 x 轴坐标，参数 y 表示被移动的点的 y 轴坐标。

如果移动的是某个元素，则 move_to( )方法中传递该元素对象即可。假设移动的元素对象为 element，则实现移动元素的具体示例代码如下。

```
TouchAction(driver).move_to(element).perform()
```

如果移动的是某个点，则 move_to( )方法中传递该点的坐标即可。假设移动的点的坐标为（150,150），则实现移动该点的具体示例代码如下。

```
TouchAction(driver).move_to(x=150, y=150).perform()
```

下面以 Genymotion 模拟器中手势解锁界面为例，演示如何通过按下操作、抬起操作和移动操作实现手势解锁的功能，手势解锁界面如图 4-44 所示。

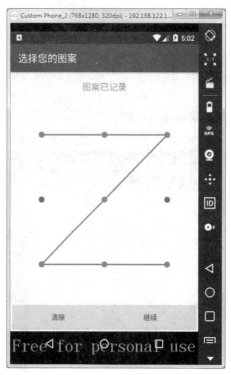

图4-44　手势解锁界面

如果想要在程序中实现图 4-44 中的手势效果，首先需要在 Chapter04 程序中创建 move.py 文件，然后在该文件中通过调用 press( )方法实现手指按下的操作，再通过调用 move_to( )方法实现手指从一个点移动到另一个点的操作，直至手指的轨迹形成"Z"形图案，最后通过调用 release( )方法和 perform( )方法实现抬起手指的操作。实现图 4-44 中效果的具体代码如文件 4-10 所示。

【文件 4-10】　move.py

```
1  from time import sleep
2  from appium import webdriver
3  from appium.webdriver.common.touch_action import TouchAction
4  des_cap = {
5  "platformName" : "android",
6  "platformVersion" : "7.0",
7  "deviceName" : "*****",
8  "appPackage" : "com.android.settings",
9  "appActivity" : ".Settings"
10 }
11 driver = webdriver.Remote("http://localhost:4723/wd/hub", des_cap)
12 screen_lock = driver.find_element_by_xpath("//*[@text='屏幕锁定']").click()
13 sleep(2)
14 pattern = driver.find_element_by_xpath("//*[@text='图案']").click()
15 sleep(2)
```

```
16 TouchAction(driver).press(x=175, y=470).wait(500).move_to(x=385, y=470)\
17    .wait(500).move_to(x=590, y=470).wait(500).move_to(x=385, y=680)\
18    .wait(500).move_to(x=175, y=890)\
19    .wait(500).move_to(x=380, y=890).wait(500).move_to(x=590, y=890).\
20    release().perform()
21 sleep(5)
22 driver.quit()
```

上述代码中，第 16～20 行代码通过调用 TouchAction 类中的 press( )、wait( )、move_to( )、release( )和 perform( ) 方法实现了手指按下、移动和抬起的操作。其中，press( )方法中的参数 x 表示手指按下的点的 x 轴坐标，参数 y 表示手指按下的点的 y 轴坐标；move_to( )方法中的参数 x 表示手指移动到的点的 x 轴坐标，参数 y 表示手指移动到的点的 y 轴坐标；wait( )方法用于实现手指按下或移动过程中需要等待的操作；release( )方法用于实现手指抬起操作。

文件 4-10 的运行效果可扫描下方二维码查看。

文件4-10的运行效果

4.4.6 滑动和拖曳操作

由于滑动操作与拖曳操作是比较相似的手势操作，所以本节将这两个操作放在一起进行讲解。

1. 滑动操作

Appium 提供了 2 个方法实现滑动操作，分别是 swipe( )方法和 scroll( )方法，其中 scroll( )方法实现的滑动操作也可以称为滚动操作。下面将对使用这 2 个方法实现滑动操作进行详细介绍。

（1）通过 swipe( )方法实现滑动操作

通过 swipe( )方法实现的滑动操作是指手指触摸屏幕后从一个坐标位置滑动到另一个坐标位置的操作，该操作可以设置滑动持续时间，并且具有一定的惯性。通过 swipe( )方法实现的滑动操作是以坐标为操作目标进行移动的，并且只能是屏幕上两个点之间的操作。swipe( )方法的语法格式如下。

```
swipe(start_x,start_y,end_x,end_y,duration=None)
```

swipe( )方法中的参数 start_x 表示滑动操作起始位置的 x 轴坐标，start_y 表示滑动操作起始位置的 y 轴坐标；end_x 表示滑动操作结束位置的 x 轴坐标，end_y 表示滑动操作结束位置的 y 轴坐标；参数 duration 表示滑动操作持续的时间，单位为毫秒（ms），默认值为 None，该参数可以降低滑动操作的速度和惯性。惯性是指上拉或下滑操作的过程中，滑动结束后页面还会自动滑动一段距离。

如果想要模拟手指从坐标为（100, 2000）的点滑动到坐标为（100, 100）的点，滑动操作的持续时间为 5 秒，则可以调用 swipe( )方法来实现这个滑动操作，具体示例代码如下。

```
driver.swipe(100, 2000, 100, 100, 5000)
```

需要注意的是，当滑动操作的距离相同时，持续时间越长，惯性越小；当滑动操作的持续时间相同时，滑动操作的距离越大，惯性越大。

下面以 Genymotion 模拟器中的"设置"界面为例，演示如何通过 swipe( )方法实现在"设置"界面上的滑动操作。首先在 Chapter04 程序中创建 swipe.py 文件，然后在该文件中实现在"设置"界面上的滑动操作，其中滑动的起始位置坐标为（280, 1181），结束位置坐标为（293, 1001），滑动操作的持续时间为 2 秒，具体代码如文件 4-11 所示。

【文件 4-11】　swipe.py

```
1  from appium import webdriver
2  des_cap = {
3      "platformName": "android",
4      "platformVersion": "7.0",
5      "deviceName": "****",
6      "appPackage": "com.android.settings",
7      "appActivity":  ".Settings"
8  }
9  driver = webdriver.Remote("http://localhost:4723/wd/hub", des_cap)
10 # 调用 swipe()方法实现滑动操作
11 driver.swipe(280, 1181, 293, 1001, duration=2000)
12 driver.quit()
```

运行上述代码，模拟器上的执行过程是首先打开设置应用程序中的"设置"界面，然后按照 swipe()方法中传递的坐标滑动到指定位置。

文件 4-11 的运行效果可扫描下方二维码查看。

文件4-11的运行效果

（2）通过 scroll()方法实现滑动操作

通过 scroll()方法实现的滑动操作是指手指触摸屏幕后从一个元素滑动到另外一个元素，直到页面自动停止的操作，该操作无法设置滑动的持续时间，但是具有一定的惯性。scroll()方法的语法格式如下。

```
scroll(source_element,target_element)
```

scroll()方法中的参数 source_element 表示被滑动的元素对象，参数 target_element 表示目标元素对象。

下面以 Genymotion 模拟器中的"设置"界面为例，演示如何通过 scroll()方法实现滑动操作。首先在 Chapter04 程序中创建 scroll.py 文件，然后在该文件中实现滑动操作，滑动操作中的被滑动元素为"显示"文本，目标元素为"更多"文本，具体代码如文件 4-12 所示。

【文件 4-12】　scroll.py

```
1  from time import sleep
2  from appium import webdriver
3  des_cap = {
4      "platformName": "android",
5      "platformVersion": "7.0",
6      "deviceName": "****",
7      "appPackage": "com.android.settings",
8      "appActivity": ".Settings"
9  }
10 driver = webdriver.Remote("http://localhost:4723/wd/hub", des_cap)
11 display_element = driver.find_element_by_xpath("//*[@text='显示']")
12 more_element = driver.find_element_by_xpath("//*[@text='更多']")
13 # 调用 scroll()方法实现滑动操作
14 driver.scroll(display_element, more_element)
```

```
15 sleep(2)
16 driver.quit()
```

运行上述代码，模拟器上的执行过程是首先打开设置应用程序中的"设置"界面，然后将 scroll()方法中传递的被滑动元素"显示"文本向上滑动到目标元素"更多"文本的位置。

文件 4–12 的运行效果可扫描下方二维码查看。

文件4–12的运行效果

2. 拖曳操作

拖曳操作是指将一个元素拖动到另外一个元素的位置，也可以将一个元素拖动到另外一个元素中。拖曳操作是以控件作为操作目标进行移动的，例如，在手机桌面上，将某个 App 从当前位置拖曳到另一个位置。拖曳操作可以通过 drag_and_drop()方法来实现，该方法的语法格式如下。

```
drag_and_drop(source_element, target_element)
```

drag_and_drop()方法中的参数 source_element 表示被拖曳的元素对象，参数 target_element 表示目标元素对象。虽然 drag_and_drop()方法与 scroll()方法传递的参数都是元素对象，但是拖曳操作没有惯性。

需要注意的是，在调用 swipe()方法实现滑动操作时，如果滑动的持续时间足够长，则滑动效果会与 drag_and_drop()方法实现的拖曳效果一样。

下面以 Genymotion 模拟器中的"设置"界面为例，演示如何通过 drag_and_drop()方法实现拖曳操作。首先在 Chapter04 程序中创建 drag.py 文件，然后在该文件中实现拖曳操作，拖曳操作中的被拖曳元素为"显示"文本，目标元素为"流量使用情况"文本，具体代码如文件 4–13 所示。

【文件 4-13】　drag.py

```
1  from time import sleep
2  from appium import webdriver
3  from selenium.webdriver.common.by import By
4  des_cap = {
5     "platformName" : "android",
6     "platformVersion" : "7.0",
7     "deviceName" : "****",
8     "appPackage" : "com.android.settings",
9     "appActivity" : ".Settings"
10 }
11 driver = webdriver.Remote("http://localhost:4723/wd/hub", des_cap)
12 display_element = driver.find_element(By.XPATH, "//*[@text='显示']")
13 data_element = driver.find_element(By.XPATH, "//*[@text='流量使用情况']")
14 # 调用 drag_and_drop()方法实现拖曳操作
15 driver.drag_and_drop(display_element, data_element)
16 sleep(3)
17 driver.quit()
```

运行上述代码，模拟器上的执行过程是首先打开设置应用程序中的"设置"界面，然后将 drag_and_drop()方法中传递的被拖曳元素"显示"文本拖曳到目标元素"流量使用情况"文本的位置。

文件 4–13 的运行效果可扫描下方二维码查看。

文件4-13的运行效果

4.5　Toast 消息处理

当在某个 App 中登录账号时，登录成功后，App 的登录界面会弹出一个消息提示框，提示用户登录成功的消息，如图 4-45 所示。

图 4-45 所示的消息提示框是通过 Android 系统中的 Toast 类实现的，Toast 类在 Android 系统中可以实现一种简易的消息提示框，该提示框被称为 Toast 消息提示框，提示框中的文本信息被称为 Toast 消息。Toast 消息提示框是无法被用户单击的，并且显示时间为 3 秒左右，超过这段时间，消息提示框会自动消失。

图4-45　消息提示框

由于 Toast 消息提示框是由 Android 系统弹出的，无法被用户单击，所以在 App 自动化测试过程中无法定位到 Toast 消息提示框。为了定位 Toast 消息提示框并获取到提示框中的 Toast 消息，需要在测试脚本的初始化配置项中增加配置项 automationName，该配置项的值设置为 Uiautomator2，具体配置信息如下。

```
des_cap{
......
'automationName'='Uiautomator2'
}
```

添加完配置项 automationName 之后，接着使用 XPath 定位方式定位 Toast 消息提示框，然后调用 Toast 消息提示框元素的 text 属性获取提示框中的 Toast 消息，获取 Toast 消息的具体示例代码如下。

```
1  def get_toast(driver, message, timeout=3):
2      xpath = "//*[contains(@text, '"+message + "')]"
3      wait = WebDriverWait(driver, timeout, 1)
4      element = wait.until(lambda x: x.find_element(By.XPATH, xpath))
5      return element.text
```

上述示例代码中，第 1 行代码定义了一个 get_toast( ) 方法用于获取 Toast 消息提示框中的 Toast 消息，该方法一共传递了 3 个参数，第 1 个参数 driver 是获取元素需要的驱动对象；第 2 个参数 message 是 xpath 中需要传递的文本信息；第 3 个参数 timeout=3 表示元素等待的时间为 3 秒，因为 Toast 消息提示框显示 3 秒左右后会自动消失，所以将元素等待的时间设置为 3 秒。第 2 行代码表示元素定位的 xpath 表达式，该表达式表示属性 text 中包含有传递的文本信息 message 的元素。第 3 行代码调用 WebDriverWait( ) 方法设置 Toast 消息提示框元素的显示等待，WebDriverWait( ) 方法中的参数 driver 表示驱动对象，参数 timeout 表示元素等待的时间，参数 1 表示检测元素间隔时间为 1 秒。第 4 行代码调用 until( ) 方法定位元素，并获取元素对象 element。第 5 行代码通过调用元素对象 element 的 text 属性获取 Toast 消息提示框中的 Toast 消息。

接下来以获取图 4-46 中的 Toast 消息为例，演示如何定位"手机状态"界面上的 Toast 消息提示框并获取提示框中的 Toast 消息。单击版本号提示的 Toast 消息如图 4-46 所示。

图4-46　单击版本号提示的Toast消息

弹出图 4-46 所示的 Toast 消息的操作步骤如下。

① 启动 Genymotion 模拟器，模拟器的 API 版本为 24。

② 在模拟器上找到设置 App，并打开该 App 进入到"设置"界面。

③ 在"设置"界面中手指触摸屏幕向上滑动 3 次，就可以看到"关于手机"的文本信息。

④ 单击"关于手机"进入"手机状态"界面，在该界面中手指触摸屏幕向上滑动 1 次，就可以看到版本号信息。

⑤ 单击版本号信息，会弹出图 4-46 所示的 Toast 消息。

下面通过 App 自动化测试的脚本代码获取图 4-46 中的 Toast 消息，具体实现步骤如下。

（1）创建工具文件 utils.py

在获取 Toast 消息的过程中，需要创建元素定位方法、滑屏操作方法和获取 Toast 消息方法，由于这些方法中的代码比较多，所以将这些方法统一封装在工具文件 utils.py 中，当用到对应方法时，可以从工具文件 utils.py 中调用，这样可以提高程序代码的可读性和可维护性。首先在 Chapter04 程序中创建 toast 文件夹，然后在该文件夹中创建 utils.py 文件，在该文件中创建元素的定位方法、滑屏操作方法和获取 Toast 消息的方法，具体代码如文件 4-14 所示。

【文件 4-14】　utils.py

```
1  from time import sleep
2  from selenium.webdriver.support.wait import WebDriverWait
3  from selenium.webdriver.common.by import By
4  # element 表示元素定位的值
5  def get_element(driver, element):
6      wait = WebDriverWait(driver, 10, 1)
7      element = wait.until(lambda x: x.find_element(element[0], element[1]))
8      return element
9  # 封装滑屏操作方法，fx 表示方向，count=1 表示滑屏的次数为 1
```

```
10 def execute_swipe(driver, fx, count=1):
11     # 获取手机屏幕的宽度
12     w = driver.get_window_size()["width"]
13     # 获取手机屏幕的高度
14     h = driver.get_window_size()["height"]
15        # 往上滑
16     if fx == "top":
17         # 起始点和终止点的坐标
18         zb = (w/2, h*0.9, w/2, h*0.1)
19         # 往下滑
20     elif fx == "down":
21         zb = (w/2, h*0.1, w/2, h*0.9)
22         # 往左滑
23     elif fx == 'left':
24         zb = (w*0.9, h/2, w*0.1, h/2)
25     else:
26         # 往右滑
27         zb = (w*0.1, h/2, w*0.9, h/2)
28         # 添加循环，滑动的次数
29     for i in range(count):
30         driver.swipe(*zb, duration=1200)
31         sleep(1)
32 # 定义获取 toast 消息的方法
33 def get_toast(driver, message, timeout=3):
34     xpath = "//*[contains(@text, '"+message + "')]"
35     wait = WebDriverWait(driver, timeout, 1)
36     element = wait.until(lambda x: x.find_element(By.XPATH, xpath))
37     return element.text
```

　　需要注意的是，由于滑屏操作包含上、下、左、右 4 个方向，所以在 utils.py 文件中创建了封装滑屏操作的 execute_swipe()方法，在该方法中实现了上、下、左、右 4 个方向的滑屏操作。

　　（2）获取 Toast 消息

　　在 Chapter04 的 toast 文件夹中创建一个 toast.py 文件，在该文件中编写测试脚本的初始化配置项、实现滑屏操作、实现"关于手机"信息与版本号信息的单击事件、获取 Toast 消息并输出到控制台中。toast.py 的具体代码如文件 4-15 所示。

【文件 4-15】 toast.py

```
1  from time import sleep
2  from appium import webdriver
3  from selenium.webdriver.common.by import By
4  from utils import get_element, execute_swipe, get_toast
5  des_cap = {
6      "platformName": "android",
7      "platformVersion": "7.0",
8      "deviceName": "****",
9      "appPackage": "com.android.settings",
10     "appActivity": ".Settings",
11     "automationName": 'Uiautomator2'
12 }
13 driver = webdriver.Remote("http://localhost:4723/wd/hub", des_cap)
14 # 往上滑 3 次
15 execute_swipe(driver, 'top', count=3)
16 # 单击"关于手机"
```

```
17 about_btn = By.XPATH, "//*[@text='关于手机']"
18 get_element(driver, about_btn).click()
19 sleep(1)
20 # 往上滑 1 次
21 execute_swipe(driver, 'top')
22 # 单击版本号
23 version_btn = By.XPATH, "//*[@text='版本号']"
24 get_element(driver, version_btn).click()
25 sleep(1)
26 print(get_toast(driver, "开发者"))
27 driver.quit()
```

运行上述代码，可以看到模拟器首先打开设置 App 进入"设置"界面，在"设置"界面中向上滑动 3 次后，单击界面中的"关于手机"的文本信息，进入到"手机状态"界面。在"手机状态"界面中向上滑动 1 次后，单击界面中的版本号信息，界面上会弹出图 4-46 所示的 Toast 消息，然后程序会在控制台输出"您已处于开发者模式，无须进行此操作。"

文件 4-15 的运行效果可扫描下方二维码查看。

文件4-15的运行效果

运行文件 4-15 中的代码后，控制台的输出信息如图 4-47 所示。

图4-47　控制台的输出信息

由图 4-47 可知，控制台输出的信息为"您已处于开发者模式，无须进行此操作"，该信息与图 4-46 中显示的 Toast 消息是一样的，说明成功获取到了"手机状态"界面上弹出的 Toast 消息。

4.6　本章小结

本章主要讲解了 App 自动化测试，包括 App 自动化测试环境的搭建、App 自动化测试常用工具、驱动操作、手势操作和 Toast 消息处理。通过本章的学习，读者能够独立搭建 App 自动化测试环境，掌握如何使用 adb 命令获取 App 的包名和界面名、如何使用 uiautomatorviewer 工具定位 App 界面元素，同时能够掌握如何使用驱动操作、手势操作和 Toast 消息处理。

4.7　本章习题

一、填空题

1. 使用 adb 的_____命令来启动服务器。

2. adb logcat 命令表示_____。

3. uiautomatorviewer 是 Android SDK 自带的一个_____工具。

4. 在驱动操作中，可以使用_____方法获取手机屏幕分辨率。

5. 模拟手机键盘操作的方法中 press_keycode(4)表示_____。

二、判断题

1. uiautomatorviewer 工具位于 Android SDK 的 platform-tools 目录下。（　　　）

2. 如果需要获取当前计算机已经连接的设备和对应的设备号，可以使用 adb devices 命令。（　　　）

3. press_keycode()方法是以传入键值的形式来模拟手机键盘操作。（　　　）

4. 调用 swipe()滑动操作的方法时具有一定的惯性。（　　　）

5. 在调用 swipe()方法时，如果滑动的时间足够长，效果与 drag_and_drop()拖曳操作的方法一样。（　　　）

6. 调用 drag_and_drop()方法实现滑动操作时，需要在程序中导入 TouchAction 模块。（　　　）

三、单选题

1. 下列选项中，属于手机通知栏操作方法的是（　　　）。

A. driver.notifications( )　　　　　　　　　B. driver.open_notifications( )

C. driver.get_notifications( )　　　　　　　D. driver.send_notifications()

2. 下列选项中，关于 Toast 消息处理的说法错误的是（　　　）。

A. Toast 是 App 中常见的一种弹窗　　　　　B. Toast 弹窗一般显示的时间不会很长

C. Toast 弹窗有"确认"或"取消"按钮　　　D. 通过自动化测试可以获取 Toast 弹窗中的文字

3. 下列选项中，关于 TouchAction(driver).tap(x=None,y=None).perform( )方法的说明正确的是（　　　）。

A. 该方法用于实现滑动操作　　　　　　　　B. 该方法用于实现抬起操作

C. 该方法用于实现移动操作　　　　　　　　D. 该方法用于实现轻敲操作

4. 下列选项中，关于 adb 命令的说明错误的是（　　　）。

A. adb shell dumpsys | findstr mFocusedApp 表示获取 App 的包名和界面名

B. adb install 文件路径表示安装 apk 文件

C. adb connect IP 地址表示连接某个设备

D. adb shell 表示进入安卓手机内部的 Linux 系统命令行中

5. 下列选项中，属于手机屏幕截图方法的是（　　　）。

A. driver.get_screen(filename)　　　　　　B. driver.get_screenshot(filename)

C. driver.get_screenshot_as_file(filename)　D. driver.screen_as_file(filename)

6. 下列选项中，属于获取手机网络属性的是（　　　）。

A. driver.get_network_connection　　　　　B. driver.network_connection

C. driver.set_network_connection　　　　　D. driver.network

四、简答题

1. 请简述 scroll()方法和 swipe()方法的区别。

2. 请编写一个自动化测试脚本，实现"设置"界面（设置 App 中的界面）上的滑动操作，滑动的起始位置坐标为（280,1181），结束位置坐标为（293,1001）。

第 5 章

单元测试框架

学习目标

★ 了解 unittest 框架的简介，能够说出 unittest 框架的作用。

★ 了解 unittest 框架的核心要素，能够说出 unittest 框架的 5 个核心要素。

★ 掌握 unittest 框架的使用方式，能够编写 unittest 示例。

★ 掌握 unittest 框架中常用的断言方法，能够判断测试用例是否通过。

★ 掌握 HTMLTestRunner 插件的使用方式，能够生成 HTML 测试报告。

★ 了解 pytest 框架的简介，能够说出 pytest 框架的特点。

★ 掌握 pytest 框架的安装方式，能够使用 pip 命令安装 pytest 框架。

★ 掌握 pytest 框架的使用方式，能够编写 pytest 示例。

★ 掌握 pytest 中常用的断言表达式，能够判断测试用例是否通过。

★ 掌握 Fixture 的使用方式，能够灵活使用 Fixture 中 4 个级别对应的方法。

★ 掌握 pytest 中配置文件的使用方式，能够设置配置文件中的常用配置项。

★ 掌握 pytest-ordering 插件的使用方式，能够控制测试用例的执行顺序。

★ 掌握跳过测试用例的方式，能够在测试程序中跳过指定的测试用例。

★ 掌握 pytest-rerunfailures 插件的使用方式，能够对测试用例进行失败重试。

★ 掌握 pytest 参数化的使用方式，能够减少测试程序中的冗余代码。

★ 掌握 pytest-html 插件与 allure-pytest 插件的使用方式，能够生成测试报告。

拓展阅读

前面我们已学习了自动化测试的脚本的编写，如果想要对 Web 项目中最小的功能模块进行验证，并且可以灵活管理与运行测试用例、添加断言、输出测试报告，就需要使用单元测试框架来完成这些测试。经常与 Selenium 结合使用的单元测试框架有 unittest 和 pytest，下面将对这两个单元测试框架进行详细讲解。

5.1 unittest 框架

当测试人员想要对 Web 项目中的某个小功能模块进行测试（单元测试），并且不想在 PyCharm 开发工具中安装第三方的单元测试框架时，可以使用 Python 标准库中自带的单元测试框架 unittest 来测试。本节将对

unittest 框架进行详细讲解。

5.1.1　unittest 框架简介

unittest 是 Python 标准库中自带的一个单元测试框架，该框架主要用于管理 Web 自动化测试程序中的测试用例，该框架中不仅提供了丰富的断言方法，便于判断每条测试用例的执行结果是否成功，而且可以生成测试报告，便于测试人员查看测试结果，另外还可以同时执行不同文件中的多条测试用例。由于 unittest 框架是 Python 标准库中自带的单元测试框架，所以创建完 Web 自动化测试程序后，程序的单元测试框架默认使用的是 unittest 框架，该框架不用手动安装，可以直接使用。

5.1.2　unittest 的核心要素

unittest 中有 5 个核心要素，分别是 TestCase、TestSuite、TextTestRunner、Text TestResult、Fixture，关于这 5 个核心要素的相关说明如下。

1. TestCase

TestCase 表示测试用例，测试用例是 unittest 框架中执行测试的最小单元，它通过 unittest 框架提供的断言方法来验证一组特定的输入操作或输入后得到的具体响应结果是否是正确的。在自动化测试程序中可以创建一个类继承 TestCase 类，此时该类中定义的每个测试方法都是一个测试用例，这些测试方法必须以 test 开头。

接下来，创建一个测试类，在该测试类中定义一个测试方法来测试一个函数是否为求和函数。首先在 PyCharm 工具中创建名为 Chapter05 的程序，在该程序中创建 mytest.py 文件，在该文件中定义一个求和函数 my_sum( )，如果想要对该函数进行测试，此时需要在 mytest.py 文件中创建一个类继承 TestCase 类，然后在该类中创建测试方法测试函数 my_sum( )是否是求和函数。mytest.py 中的具体代码如文件 5-1 所示。

【文件 5-1】　mytest.py

```
1  import unittest
2  def my_sum(a, b):
3      return a + b
4  class MyTest(unittest.TestCase):
5      def test_01(self):
6          print(my_sum(4, 6))
```

上述代码中，第 2~3 行代码定义了一个求和函数 my_sum( )，该函数的返回值是参数 a 与 b 的和。第 4 行代码定义了一个名为 MyTest 的类，该类继承了 TestCase 类。第 5~6 行代码定义了一个 test_01( )方法，该方法就是一个测试用例，用于测试 my_sum( )函数是否为求和函数。

2. TestSuite

TestSuite 表示测试套件，一个测试套件中可以包含多条测试用例。测试套件的作用是将不同文件中的测试用例放在一个测试套件的对象中，这样执行一个测试套件就可以执行测试套件中存放的所有测试用例。在自动化测试程序中，可以首先创建测试套件的对象，然后调用 addTest( )方法将每条测试用例添加到测试套件的对象中。

如果想要通过测试套件测试一个文件中的所有测试用例，则需要将这些测试用例添加到测试套件对象中。以测试 mytest.py 文件中的所有测试用例为例，实现通过测试套件测试文件中的所有测试用例。为了演示 TestSuite 对象可以存放多条测试用例，在 mytest.py 文件的 MyTest 类中添加一个测试用例 test_02( )，具体代码如下。

```
def test_02(self):
    print(my_sum(2, 3))
```

在 Chapter05 程序中创建一个名为 testsuite.py 的文件，在该文件中创建 TestSuite 类的对象，然后通过该对象的 addTest( )方法将 mytest.py 文件中的所有测试用例添加到 TestSuite 类的对象中。testsuite.py 中的具体代码如文件 5-2 所示。

【文件 5-2】　testsuite.py

```
1  import unittest
2  from mytest import MyTest
3  suite = unittest.TestSuite()
4  suite.addTest(MyTest("test_01"))
5  suite.addTest(MyTest("test_02"))
```

上述代码中，第 3 行代码调用 TestSuite( )方法创建 TestSuite 类的对象 suite。第 4~5 行代码分别调用 addTest( )方法将 MyTest 类中的测试用例 test_01( )和 test_02( )添加到 TestSuite 类的对象 suite 中。

3. TextTestRunner

TextTestRunner 表示测试执行器，用于执行测试用例或测试套件并返回测试结果。TextTestRunner 类是运行测试用例的驱动类，该类中提供了 run( )方法来运行测试用例或测试套件。

使用 TextTestRunner 类中的 run( )方法来执行测试套件 suite 的示例代码如下。

```
# 创建 TextTestRunner 类的对象
runner = unittest.TextTestRunner()
# 调用 run()方法执行测试套件 suite
runner.run(suite)
```

4. TextTestResult

TextTestResult 表示测试结果，也称为测试报告，它用于展示所有测试用例执行成功或失败的结果信息。在测试程序中执行完测试用例或测试套件后，会将测试结果输出到控制台中。由于 unittest 框架中的测试结果显示的样式不美观，并且可读性较差，所以通常会使用第三方插件 HTMLTestRunner 来展示测试用例的运行结果。

5. Fixture

Fixture 表示测试固件，用于对测试环境进行初始化和销毁。测试固件可以理解为在测试之前或之后需要做的一些操作。例如，测试代码执行之前，可能需要打开浏览器、创建数据库连接等；测试结束之后，可能需要清理测试环境、关闭数据库连接等。

Fixture 的控制级别分为方法级别、类级别和模块级别，这些控制级别的具体介绍如下。

（1）方法级别

Fixture 的方法级别是指在测试类中定义 setUp( )方法与 tearDown( )方法，这两个方法在每个测试用例被执行前后都会被调用，这两个方法的具体介绍如下。

● setUp( )方法：在测试用例执行前会自动被调用，该方法主要用于处理测试用例执行前需要对测试环境做的一些初始化操作。

● tearDown( )方法：在测试用例执行后会自动被调用，该方法主要用于处理测试用例执行后需要对测试环境做的一些销毁操作。

如果一个测试类中定义了多个测试用例，该类中还定义了 setUp( )方法和 tearDown( )方法，那么程序每运行一次测试用例就会调用一次 setUp( )方法和 tearDown( )方法。

（2）类级别

Fixture 的类级别是指在测试类中定义 setUpClass( )方法和 tearDownClass( )方法，这两个方法都需要添加装饰器@classmethod，且在测试类被运行前后都会被调用，这两个方法的具体介绍如下。

● setUpClass( )方法：在测试类运行前会自动被调用，该方法主要用于处理测试类运行前需要对测试环境做的一些初始化操作。

- tearDownClass( )方法：在测试类运行后会自动被调用，该方法主要用于处理测试类运行后需要对测试环境做的一些销毁操作。

每运行一次测试类，程序就会调用一次 setUpClass( )方法和 tearDownClass( )方法。

（3）模块级别

Fixture 的模块级别是指在模块中定义 setUpModule( )方法和 tearDownModule( )方法，这两个方法在模块被运行前后都会被调用，这两个方法的具体介绍如下。

- setUpModule( )方法：在模块运行前会自动被调用，该方法主要用于处理模块运行前需要对测试环境做的一些初始化操作。

- tearDownModule( )方法：在模块运行后会自动被调用，该方法主要用于处理模块运行后需要对测试环境做的一些销毁操作。

每运行一次模块，程序就会调用一次 setUpModule( )方法和 tearDownModule( )方法。

多学一招: TestLoader 类

TestLoader 类用于加载 TestCase 到 TestSuite 类的对象中，也就是说将想要运行的测试用例封装到测试套件中。加载测试用例时需要调用 TestLoader 类的 discover( )方法，该方法用于自动搜索指定目录下指定开头的.py 文件，并将这些文件中查找到的测试用例封装到测试套件中。discover( )方法的语法格式如下。

```
discover(start_dir, pattern='test*.py')
```

discover( )方法的参数 start_dir 表示要搜索的目录，参数 pattern 的值是一个通配符，也就是搜索以"*"前面的字母为开头的.py 文件。discover( )方法的返回值是 TestSuite 类的对象。

如果想要将一个模块中的所有测试用例都封装到 TestSuite 类的对象中，使用 TestSuite 类的 addTest( )方法添加测试用例会比较烦琐，代码量也会增多，此时可以使用 TestLoader 类的 discover( )方法将一个模块中的所有测试用例封装到 TestSuite 类的对象中。

假设使用 TestLoader 类将 mytest.py 文件中所有测试用例都封装到 TestSuite 类的对象中，具体示例代码如下。

```
suite=unittest.TestLoader().discover(".", "my*.py")
```

discover( )方法中的参数"."表示程序的当前目录，参数"my*.py"表示要搜索文件名称以"my"开头的.py 文件。

需要注意的是，TestSuite 类调用 addTest( )方法可以将测试类或指定的测试用例封装到测试套件中，TestLoader 类可以将指定目录下指定开头的.py 文件中的所有测试用例一次性封装到测试套件中，但是不能封装指定的某个测试用例。

5.1.3　unittest 示例

在使用 unittest 编写测试用例时，通常需要 3 个基本要素，首先测试类需要继承 TestCase 类，然后在测试类中至少有一条可执行的测试用例，最后测试用例的名称必须以"test"开头。

下面根据 unittest 编写测试用例的 3 个基本要素来编写一个简单的测试用例，该测试用例用于检测定义的函数是否为求和函数。首先在 Chapter05 程序中创建 test_sum.py 文件，然后在该文件中通过 unittest 框架测试定义的函数 my_sum( )是否为求和函数。test_sum.py 中的具体代码如文件 5-3 所示。

【文件 5-3】　test_sum.py

```
1  import unittest
2  def my_sum(a, b):
3      return a + b
```

```
4  class MyTest(unittest.TestCase):
5     def test_sum(self):
6        s = my_sum(4, 6)
7        self.assertEqual(s, 10)
```

上述代码中，第 2~3 行代码定义了一个求和函数 my_sum()，该函数的返回值是两个数的和。第 4~7 行代码创建了一个 MyTest 类继承 TestCase 类，该类就是一个测试类。第 5~7 行代码定义了一个 test_sum()方法，该方法用于测试 my_sum()函数是否为求和函数。test_sum()方法就是一个测试用例。第 6 行代码调用 my_sum()函数求 4 与 6 的和，并将得出的和赋值给变量 s。第 7 行代码调用 assertEqual()方法（一种断言方法，将在 5.1.4 节讲解）判断变量 s 的值是否为 10，如果为 10，则说明函数 my_sum()为求和函数，否则函数 my_sum()不是求和函数。assertEqual()方法中的参数 s 是 my_sum()函数被调用后的返回值，参数 10 是程序的预期值。

运行文件 5-3 中的代码，运行结果如图 5-1 所示。

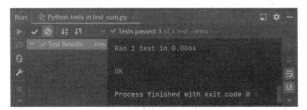

图5-1 文件5-3的运行结果

由图 5-1 可知，控制台中输出了 "Ran 1 test in 0.006s" 与 "OK"。其中，"Ran 1 test in 0.006s" 表示运行了一个测试用例，运行时间为 0.006 秒，"OK" 表示测试用例运行成功，此时说明函数 my_sum()是求和函数。

5.1.4 unittest 断言

在自动化测试脚本执行时，一般都是无人值守的状态，当执行完测试脚本后，并不知道执行结果是否符合预期的结果，此时需要在测试脚本中添加断言，断言是让程序判断测试执行的结果是否符合预期结果的过程。

unittest 中提供了很多断言方法，复杂的断言方法在自动化测试中几乎用不到，所以读者掌握几种常用的断言方法即可。unittest 中常用的断言方法如表 5-1 所示。

表 5-1 unittest 中常用的断言方法

方法	说明
assertTrue(expr)	验证 expr 是否为 True
assertFalse(expr)	验证 expr 是否为 False
assertEqual(first,second)	验证 first 是否等于 second
assertNotEqual(first,second)	验证 first 是否不等于 second
assertIsNone(obj)	验证 obj 是否为 None
assertIsNotNone(obj)	验证 obj 是否不为 None
assertIn(member,container)	验证 container 中是否包含 member
assertNotIn(member,container)	验证 container 中是否不包含 member

表 5-1 中的断言方法已经在 unittest.TestCase 类中定义了，由于在自定义测试类时会继承 TestCase 类，所以在测试方法中可以直接通过 self 调用这些断言方法。

如果在测试用例中调用断言方法后，程序的执行结果与预期结果一致，则测试用例执行通过，否则测试用例执行失败。

5.1.5 生成 HTML 测试报告

测试报告是测试程序执行后输出的一些信息，这些信息包括测试用例执行的时间、测试用例通过或失败的个数、测试结果等。当使用 unittest 编写测试用例时，执行完测试用例后，生成的测试报告会以文本的形式输出到控制台，这种形式的测试报告可读性较差，也不够美观，所以通常会使用第三方插件 HTMLTestRunner 来显示测试报告。

HTMLTestRunner 是 unittest 框架中 TextTestRunner 类衍生出来的一个扩展插件，它可以将测试用例执行后的结果以 HTML 页面的形式展示，也就是生成 HTML 测试报告。接下来对 HTMLTestRunner 的下载与生成 HTML 测试报告进行讲解。

1. HTMLTestRunner 的下载

首先根据 HTMLTestRunner 的官方下载地址，打开 HTMLTestRunner 的下载页面，如图 5-2 所示。

图5-2　HTMLTestRunner的下载页面

在图 5-2 中，将鼠标指针放在 HTMLTestRunner.py 文本上，右键单击选择"链接另存为"选项，即可下载 HTMLTestRunner.py 文件并将其保存到本地。

2. 生成 HTML 测试报告

接下来以 testsuite.py 文件（5.1.2 节中创建的文件 5-2）中的代码为例，使用 HTMLTestRunner 生成 HTML 测试报告，具体步骤如下。

（1）将 HTMLTestRunner.py 文件放入 Chapter05 程序中

将 HTMLTestRunner.py 文件放入 Chapter05 程序中，此时在该程序中就可以使用 HTMLTestRunner 插件。HTMLTestRunner.py 文件的位置如图 5-3 所示。

由于 HTMLTestRunner 是基于 Python 2 开发的插件，而当前使用的是 Python 3，Python 3 的语法在 Python 2 的基础上发生了变更，如果想要让 HTMLTestRunner 兼容 Python 3，就需要在 HTMLTestRunner.py 文件中做一些语法修订，修订的具体内容如表 5-2 所示。

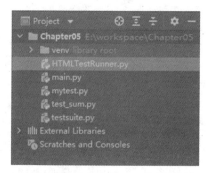

图5-3　HTMLTestRunner.py文件的位置

表 5-2 HTMLTestRunner.py 文件中的部分语法修订

代码位置	原内容	替换内容
第 94 行	import StringIO	import io
第 539 行	self.outputBuffer = StringIO.StringIO( )	self.outputBuffer= io.StringIO( )
第 631 行	print >>sys.stderr, '\nTime Elapsed: %s' % (self.stopTime−self.startTime)	print(sys.stderr, '\nTimeElapsed: % s' % (self.stopTime − self.startTime))
第 642 行	if not rmap.has_key(cls):	if not cls in rmap:
第 766 行	uo = o.decode('latin−1')	uo = o
第 768 行	uo = o	uo = o.decode('utf−8')
第 772 行	ue = es.decode('latin−1')	ue = e
第 774 行	ue = e	ue = e.decode('utf−8')

（2）使用 HTMLTestRunner 生成 HTML 测试报告

首先在 testsuite.py 文件中导入 HTMLTestRunner 类，具体代码如下。

```
from HTMLTestRunner import HTMLTestRunner
```

然后实例化 HTMLTestRunner 类，并调用 run( )方法执行测试套件，testsuite.py 中的具体代码如文件 5–4 所示。

【文件 5-4】 testsuite.py

```
1  import unittest
2  from HTMLTestRunner import HTMLTestRunner
3  suite = unittest.TestLoader().discover(".", "my*.py")
4  file = open("report.html", "wb")
5  runner = HTMLTestRunner(stream=file, title="我的第一个 HTML 测试报告")
6  runner.run(suite)
7  file.close()
```

上述代码中，第 4 行代码调用 open( )方法打开 report.html 文件并返回文件流，该方法中的参数 "report.html" 是测试报告文件的名称，该名称可以自己定义，该文件的扩展名必须为.html；参数 "wb" 表示以二进制的方式向 report.html 文件中写入测试报告信息。第 5 行代码调用 HTMLTestRunner( )方法实例化 HTMLTestRunner 类，该方法中传递的参数 stream 是要写入测试报告的文件流，参数 title 是 HTML 测试报告的标题。

运行文件 5–4 中的代码，运行成功后，在 Chapter05 程序的目录下会自动生成一个 report.html 文件，该文件中存放的是程序执行后的测试报告信息。通过浏览器访问 report.html 文件，浏览器中会显示程序生成的 HTML 测试报告，如图 5–4 所示。

在图 5–4 中，Start Time 表示程序开始执行的日期和时间；Duration 表示程序从开始到结束使用的时间；Status 表示测试用例执行通过的状态与数量。图 5–4 的表格中显示了详细的测试报告信息，表格的第 1 列 Test Group/Test case 表示程序执行的测试用例或测试组，第 2 列 Count 表示执行的测试用例数量，第 3 列 Pass 表示测试用例通过的数量，第 4 列 Fail 表示测试用例未通过的数量，第 5 列 Error 表示测试用例出错的数量，第 6 列 View 表示可以以视图方式查看测试报告的详细信息。

图5-4 程序生成的HTML测试报告

5.2 pytest 框架

pytest 框架是测试 Web 项目常用的一种单元测试框架，与 unittest 框架功能类似，但是比 unittest 框架的使用更加简洁和高效。本节将针对单元测试框架 pytest 进行讲解。

5.2.1 pytest 框架简介

pytest 是一个非常成熟且功能全面的 Python 单元测试框架，该框架与 unittest 框架类似，也用于管理 Web 自动化测试程序中的测试用例，该框架提供了丰富的断言表达式，便于判断每条测试用例的执行结果是否成功，而且也可以生成测试报告。除此之外，pytest 框架还能够与主流的自动化测试工具 Selenium、Appium 和 requests 等结合使用，实现 Web、App 和接口自动化测试。

pytest 框架有以下几个特点：

① 入门简单、文档丰富；

② 支持简单的单元测试和复杂的功能测试；

③ 支持参数化；

④ 执行测试过程中可以将某些测试跳过，或者标记某些预期失败的测试用例；

⑤ 支持重复执行失败的测试用例；

⑥ 支持运行由 unittest 编写的测试用例；

⑦ 支持较多的第三方插件，例如使用 pytest-html 插件生成 HTML 格式的测试报告、使用 pytest-rerunfailures 插件重新运行失败的测试用例等；

⑧ 支持持续集成工具。

5.2.2 pytest 框架的安装方式

由于 pytest 框架不是 Python 3.0 以上版本中的默认单元测试框架，所以在使用 pytest 框架之前需要先安装。安装 pytest 框架有两种方式，一种是通过 PyCharm 工具安装，另一种是通过 cmd 命令安装。接下来对这两种安装方式进行介绍。

（1）通过 PyCharm 工具安装 pytest 框架

首先在 PyCharm 工具中的菜单栏中选择 "File→Settings" 选项，此时会弹出 "Settings" 对话框，如图 5-5 所示。

图5-5 "Settings" 对话框

在图 5-5 中，选择 "Python Interpreter" 选项，并单击右栏的加号按钮（➕），弹出 "Available Packages" 对话框，如图 5-6 所示。

图5-6 "Available Packages" 对话框

在图 5-6 顶部的搜索框中输入"pytest"，会显示当前最新的 pytest 框架版本信息，单击"Available Packages" 对话框左下角的 "Install Package" 按钮，即可开始安装 pytest 框架，安装完成后，会在 "Install Package" 按钮上方显示安装成功的提示信息 "Package 'pytest' installed successfully"。

（2）通过 cmd 命令安装 pytest 框架

打开 cmd 命令窗口，在该窗口中输入安装 pytest 框架的命令，具体命令如下。

```
pip install pytest
```

输入上述安装命令后，按下 "Enter" 键，cmd 命令窗口中会输出安装 pytest 框架的信息，如图 5-7 所示。

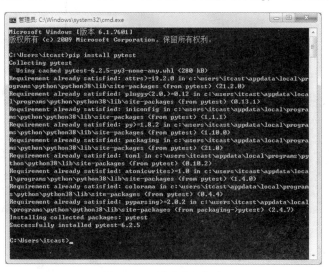

图5-7 cmd命令窗口（1）

为了验证 pytest 框架是否安装成功，可以在 cmd 命令窗口中输入查看 pytest 框架版本的命令。如果在 cmd 命令窗口中输入查看 pytest 框架版本的命令后，窗口中输出了 pytest 框架的版本号信息，则说明 pytest 框架安装成功，否则 pytest 框架安装失败。查看 pytest 框架版本的命令如下。

```
pytest --version
```

在 cmd 命令窗口中输入上述命令后，按下 "Enter" 键，cmd 命令窗口如图 5-8 所示。

图5-8　cmd命令窗口（2）

由图 5-8 可知，cmd 命令窗口中输出了 pytest 框架的版本号信息为 6.2.5，说明 pytest 框架已经安装成功。

5.2.3　pytest 示例

当使用 pytest 框架编写测试用例时，测试类名称必须以 Test 开头，测试方法或函数的名称要以 test 开头。接下来使用 pytest 框架编写一个简单的测试用例，该测试用例用于检测定义的函数是否为求和函数。首先在 Chapter05 程序中创建 test_add.py 文件，然后在该文件中通过 pytest 框架测试定义的函数 add() 是否为求和函数。test_add.py 中的具体代码如文件 5-5 所示。

【文件 5-5】　test_add.py

```
1  def add(a, b):
2      return a + b
3  class TestAdd:
4      def test_add(self):
5          result = add(4, 5)
6          print(result)
```

上述代码中，第 1~2 行代码定义了一个求和函数 add()，该函数用于求函数中传递的参数 a 与参数 b 的和。第 3~6 行代码定义了一个测试类 TestAdd，其中第 4~6 行代码定义了一个 test_add() 方法用于测试函数 add() 是否为求和函数。第 6 行代码调用 print() 方法将 add() 函数的求和结果 result 输出到控制台。

运行文件 5-5 中的代码，运行结果如图 5-9 所示。

图5-9　文件5-5的运行结果

由图 5-9 可知，文件 5-5 运行后输出的结果为 9，add() 函数中传递的参数 4 与 5 的和也为 9，说明 add() 函数是求和函数。

多学一招：运行 pytest 测试用例的常用方式

运行 pytest 测试用例的常用方式有两种，具体介绍如下。

（1）在 PyCharm 开发工具中运行测试用例

在 PyCharm 开发工具中将鼠标指针放在测试类名或方法名或空行（最后一行代码下方添加的空行）的位置，鼠标右键单击选择"Run 'Python tests for 测试类名或方法名'"选项即可执行测试类或测试方法。由于在 Python 中默认使用的单元测试框架是 unittest，所以鼠标右键单击后可能没有出现选项"Run 'Python tests for 测试类名或方法名'"，此时需要设置 PyCharm 工具中的单元测试框架为 pytest，具体介绍如下。

首先，单击 PyCharm 工具右上角包含测试文件的下拉选择框按钮，会弹出下拉选择框，如图 5-10 所示。

单击图 5-10 中的"Edit Configurations"选项，会弹出"Run/Debug Configurations"对话框，如图 5-11 所示。

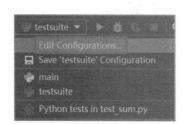

图5-10　下拉选择框

图5-11　"Run/Debug Configurations"对话框

在图 5-11 中，查看左侧 Python 下方是否有当前要运行的测试文件名称，如果有，则需要选中该文件名称，单击 Python 上方的减号按钮（▬▬）删除该文件名称，如果没有，则不需要做任何操作。

然后，在 PyCharm 工具的菜单栏中选择"File→Settings"选项，此时会弹出"Settings"对话框，如图 5-12 所示。

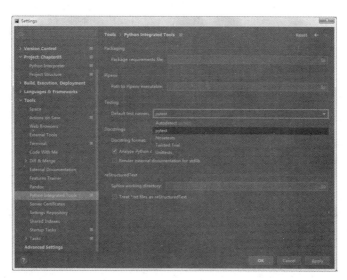

图5-12　"Settings"对话框

单击图 5-12 中左侧的"Tools→Python Integrated Tools"选项，然后在"Settings"对话框右侧将"Default test runner"输入框中的框架设置为"pytest"，最后单击"Settings"对话框底部的"OK"按钮即可完成在 PyCharm 工具中设置 pytest 框架的运行环境。

（2）使用 pytest 命令运行测试用例

使用 pytest 命令运行测试文件，常用命令的语法格式如下。

```
pytest -s -v 测试文件名称
```

上述语法格式中，-s 用于输出测试用例执行的结果信息；-v 用于输出执行的测试类名称和测试方法名称。

如果想通过 pytest 命令运行文件 5-5 中的测试用例，则首先需要单击 PyCharm 工具底部的"Terminal"选项卡，然后在命令终端"Terminal"窗口中输入运行测试用例的命令，并按下"Enter"键即可运行文件 5-5 中的测试用例。运行测试用例后，"Terminal"窗口如图 5-13 所示。

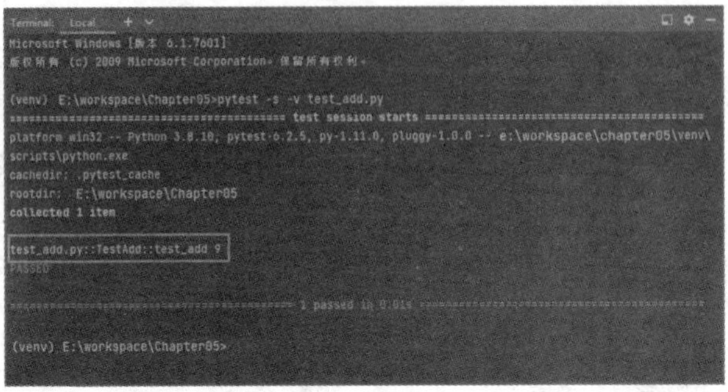

图5-13　"Terminal"窗口

由图 5-13 可知，运行的测试文件名称为 test_add.py，测试类名称为 TestAdd，测试方法名称为 test_add，测试结果为 9。

5.2.4　pytest 断言

pytest 断言与 unittest 断言的作用是一样的，都是让程序去判断程序运行的结果是否符合预期结果。pytest 框架中没有提供断言方法，而是直接使用 Python 中的 assert 关键字与表达式结合进行断言，断言的语法格式如下。

```
assert 表达式
```

上述语法格式中，如果表达式的返回值为 True，则断言成功；否则，断言失败，程序抛出异常。

unittest 中常用的 8 个断言方法在 pytest 中可以用 assert 关键字与表达式结合来实现，pytest 中常用的断言表达式如表 5-3 所示。

表5-3　pytest 中常用的断言表达式

断言表达式	说明
assert a in b	判断 b 是否包含 a
assert a not in b	判断 b 是否不包含 a
assert a > b	判断 a 是否大于 b
assert a < b	判断 a 是否小于 b
assert a == b	判断 a 是否等于 b
assert a != b	判断 a 是否不等于 b
assert a >= b	判断 a 是否大于等于 b
assert a <= b	判断 a 是否小于等于 b
assert a	判断 a 是否为真
assert not a	判断 a 是否为假

需要注意的是，表 5-3 中断言表达式的变量 a 和变量 b 的类型可以是数字、布尔型、字符串、元组、字典、列表和对象等，读者可根据实际情况，使用对应的数据类型。

接下来以 5.2.3 节中的案例为例，演示如何使用 pytest 中的断言表达式判断函数 add(4,5)返回的结果是否为 9。修改 test_add.py 文件（文件 5-5）中的代码，修改后 test_add.py 文件中的具体代码如文件 5-6 所示。

【文件 5-6】 test_add.py（改）

```
1  def add(a, b):
2      return a + b
3  class TestAdd:
4      def test_add(self):
5          result = add(4, 5)
6          assert result == 9
```

上述代码中，第 6 行代码通过 assert 断言 result 的值是否为 9。

运行文件 5-6 中的代码，运行结果如图 5-14 所示。

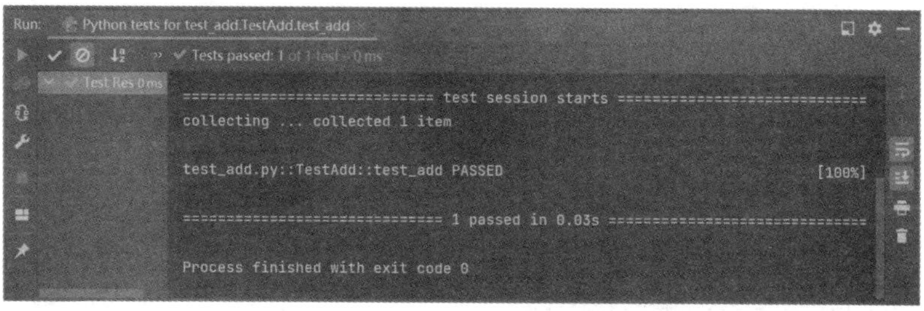

图5-14 文件5-6的运行结果

由图 5-14 可知，控制台输出了 "test_add.py::TestAdd::test_add PASSED"，说明测试用例执行通过，断言 result 的值为 9 成功。

如果断言 add()函数的返回值不为 9，则程序的运行结果会是什么呢？接下来将文件 5-6 中的第 6 行代码修改为 "assert result != 9"，再次运行 test_add.py 文件中的代码，运行结果如图 5-15 所示。

图5-15 修改文件5-6后的运行结果

由图 5-15 可知，控制台输出了 "test_add.py::TestAdd::test_add FAILED" 与 "test_add.py:6: AssertionError"，说明测试用例执行未通过，断言 result 的值不为 9 失败。

5.2.5　Fixture

pytest 框架中的 Fixture 与 unittest 框架中的 Fixture 比较类似，都表示测试固件，用于对测试环境的初始化和销毁。与 unittest 框架中的 Fixture 相比，pytest 框架中的 Fixture 功能更加灵活易用、简单便捷，并且支持参数设置，有利于运行多条测试用例。

在 pytest 框架中使用 Fixture 管理测试用例有 2 种方式，第 1 种是以模块或函数的模式管理测试用例，第 2 种是以类或方法的模式管理测试用例，这 2 种模式可以独立运行，也可以进行交互。

Fixture 基于测试用例运行层的固件部分可以分为 4 个级别，具体介绍如下。

（1）模块级别

Fixture 的模块级别是指在模块中定义 setup_module() 方法和 teardown_module() 方法，这 2 个方法分别在模块运行前和运行后被调用，在整个模块运行中只执行一次，作用于模块中的测试用例。

（2）函数级别

Fixture 的函数级别是指在模块中定义 setup_function() 方法和 teardown_function() 方法，这 2 个方法分别在函数运行前和运行后被调用，作用于测试函数（定义于类外面的测试用例）。模块中有几个测试函数就执行几次函数级别的方法。

（3）类级别

Fixture 的类级别是指在模块或类中定义 setup_class() 方法和 teardown_class() 方法，并为这 2 个方法添加装饰器@classmethod。setup_class() 方法和 teardown_class() 方法分别在类运行前和运行后被调用，在类运行的过程中只执行一次，作用于类中的测试用例。

（4）方法级别

Fixture 的方法级别是指在类中定义 setup_method() 方法或 setup() 方法、teardown_method() 方法或 teardown() 方法，这 2 个方法分别在测试方法运行前和运行后被调用，在每个测试方法运行的过程中只执行一次，作用于类中的所有测试方法。

接下来通过一个案例演示如何使用 Fixture 中 4 个级别对应的方法，在 Chapter05 程序中创建 test_fixture.py 文件，在该文件中实现在模块、函数、类和方法中添加 Fixture，具体代码如文件 5-7 所示。

【文件 5-7】　test_fixture.py

```
1  def add(x, y):
2      return x + y
3  def setup_module():
4      print("模块级别：模块运行前运行 1 次 setup_module()方法")
5  def teardown_module():
6      print("模块级别：模块运行后运行 1 次 teardown_module()方法")
7  def setup_function():
8      print("函数级别：函数运行前运行 1 次 setup_function()方法")
9  def teardown_function():
10     print("函数级别：函数运行后运行 1 次 teardown_function()方法")
11 def test_add01():
12     print("测试函数 1")
13     assert add(5, 6) == 11
14 class TestFixture:
15     @classmethod
16     def setup_class(cls):
17         print("类级别：类运行前运行 1 次 setup_class()方法")
18     @classmethod
```

```
19      def teardown_class(cls):
20          print("类级别：类运行后运行 1 次 teardown_class()方法")
21      def setup_method(self):
22          print("方法级别：方法运行前运行 1 次 setup_method()方法")
23      def teardown_method(self):
24          print("方法级别：方法运行后运行 1 次 teardown_method()方法")
25      def test_add02(self):
26          print("测试方法 1")
27          assert add(3, 4) == 7
```

上述代码中，第 1～2 行代码定义了函数 add()，该函数为被测函数。第 11～13 行代码定义了 test_add01()
函数，该函数用于测试函数 add()。第 25～27 行代码定义了 test_add02()方法，该方法用于测试函数 add()。

运行文件 5-7 中的代码，运行结果如图 5-16 所示。

图5-16　文件5-7的运行结果

由图 5-16 可知，Fixture 中 4 个级别的方法的执行顺序如下：setup_module()→setup_function()→teardown_
function()→setup_class()→setup_method()→teardown_method()→teardown_class()→teardown_module()。

通过图 5-16 中显示的 Fixture 中 4 个级别的方法执行顺序可知，函数级别的方法与类级别的方法互不
影响。

5.2.6　pytest 配置文件

前面运行测试用例时用到两种外方式，一种是在 PyCharm 开发工具中运行测试用例，另一种是使用 pytest
命令运行测试用例。除了这些方式外，还可以通过 pytest 配置文件找到要运行的测试用例并运行。pytest 配
置文件是测试程序中的一个固定文件，该文件可以为测试程序配置指定的参数，程序读取该文件中的配置信
息后，会按照配置的指定方式运行测试用例。测试程序使用 pytest 配置文件后，可以快速找到需要运行的测
试用例。

pytest 配置文件在程序中默认是不存在的，需要手动创建，它被创建后通常放在程序的根目录下。pytest
配置文件有 3 个固定的名称，分别是 pytest.ini、tox.ini、setup.cfg，经常使用的名称为 pytest.ini。如果想要设
置 pytest.ini 文件中的配置项信息，则首先需要在 cmd 命令窗口中通过命令 "pytest --help" 来查看需要配置
的配置项信息。在 cmd 命令窗口中输入 "pytest --help" 命令并按 "Enter" 键，会输出 pytest.ini 文件的配置
项信息，如图 5-17 所示。

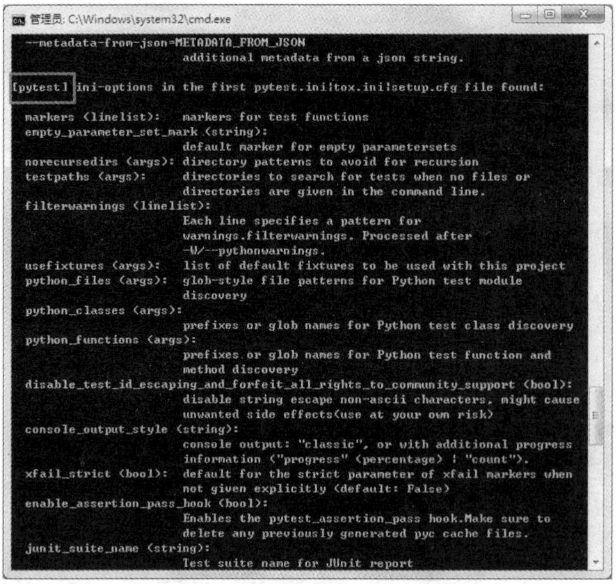

图5-17　pytest.ini文件的配置项信息

在图 5-17 中，首先找到[pytest]配置项，在[pytest]下方可以看到很多其他的配置项，例如 markers、testpaths、python_files 等。由于输出的配置项信息较多，所以此处只显示一部分。当需要配置 pytest.ini 文件中的配置项时，可以通过 pytest 命令查看需要的配置项。

以 pytest.ini 配置文件为例，介绍几个常用的配置项，具体配置信息如下。

```
[pytest]
addopts = -v
testpaths = ./scripts
python_files = test_*.py
python_classes = Test*
python_functions = test_*
```

关于上述配置项信息的相关说明如下。

* [pytest]：标识当前的配置文件是 pytest 配置文件。

* addopts：设置命令行参数，多个参数之间用空格分隔。例如，配置 addopts = -s -v，运行测试用例后控制台会输出程序执行的测试类名称、测试方法名称和测试结果信息。

* testpaths：设置要运行的测试用例所在的目录。pytest 默认搜索的是程序根目录下的所有测试用例，如果配置 testpaths = ./scripts，程序将搜索 scripts 目录下的所有测试用例。

* python_files：用于匹配要测试的文件，例如，python_files = test_*.py 表示程序会匹配以"test_"开头的所有.py 文件中的测试用例。

* python_classes：用于匹配测试类，例如 python_classes = Test*表示程序会匹配以"Test"开头的所有测试类。

* python_functions：用于匹配测试方法，例如 python_functions = test_*表示程序会匹配以"test_"开头的所有测试方法。

需要注意的是，在 pytest.ini 配置文件中不能使用中文符号。

多学一招：调用 pytest 的 main()函数运行测试用例

如果测试程序中没有添加 pytest 配置文件，可以调用 pytest 的 main( )函数来配置要运行的测试用例。通常可以在测试程序中新建一个 Python File 文件来封装 main( )函数，该函数可以运行指定的测试用例，也可以添加-s、-v 等参数输出详细的测试结果信息、测试类名称和测试方法名称。假设在测试程序中新建一个名为 main_test.py 的文件，在该文件中调用 main( )函数运行指定测试用例的几种常见写法如下。

（1）不带任何参数

当 main( )函数中不带任何参数时，程序会默认运行根目录及子目录下所有以"test"开头或以"test"结尾的文件（test_*.py 或*_test.py），示例代码如下。

```
if __name__ == '__main__':
    # 第1种写法
pytest.main()
    # 第2种写法
    # pytest.main([./])
```

（2）指定测试程序中的测试目录

假设需要调用 main( )函数运行 first_path 目录下的所有测试用例，示例代码如下。

```
if __name__ == '__main__':
    pytest.main(['./first_path'])
```

（3）指定目录中的测试文件

假设需要调用 main( )函数运行 first_path 目录下的测试文件 test_module.py，示例代码如下。

```
if __name__ == '__main__':
    pytest.main(['./first_path/test_module.py'])
```

（4）指定测试文件中的测试函数

假设需要调用 main( )函数运行测试文件 test_module.py 中的测试函数 test_func( )，test_module.py 文件存在于 first_path 目录下，示例代码如下。

```
if __name__ == '__main__':
    pytest.main(['./first_path/test_module.py::test_func'])
```

（5）指定测试文件、测试类和测试方法

假设需要调用 main( )函数运行测试类 TestClass 中的测试方法 test_method( )，测试类 TestClass 存在于 first_path 目录下的 test_module.py 文件中，示例代码如下。

```
if __name__ == '__main__':
    pytest.main(['./first_path/test_module.py::TestClass::test_method'])
```

（6）指定本地磁盘中的测试目录

假设需要调用 main( )函数运行本地磁盘目录 D:/test/pytest 中的测试用例，示例代码如下。

```
if __name__ == '__main__':
    pytest.main(['D:/test/pytest'])
```

（7）添加-s、-v 参数

假设需要调用 main( )函数运行 first_path 目录中的测试文件 test_module.py，并在 main( )函数中添加-s 和-v 参数输出测试结果信息、测试类名和测试方法名，示例代码如下。

```
if __name__ == '__main__':
    pytest.main(['-s', '-v', './first_path/test_module.py'])
```

在 main( )函数所在的文件中，鼠标右键单击文件中的任意地方，选择"Run 'main_ test'"选项即可运行指定的测试用例。

5.2.7　测试用例的执行顺序

在 pytest 框架中，测试用例是按照其在文件中的位置从上到下执行的。如果想要在程序中改变测试用例的执行顺序，则需要安装 pytest-ordering 插件。pytest-ordering 插件的安装方式与 pytest 框架的安装方式一样，此处不再详细介绍安装步骤。安装 pytest-ordering 插件的 cmd 命令为"pip install pytest-ordering"。

当使用 pytest-ordering 插件控制测试用例的执行顺序时，需要在测试用例（测试方法）上方添加一个装饰器，具体如下所示。

```
@pytest.mark.run(order=None)
```

上述装饰器中，order 的值用于决定测试用例的执行顺序，当 order 的值为正数或负数时，值越小，测试用例的优先级越高，优先级高的测试用例先执行。当 order 的值为负数和正数时，正数的优先级高，order 值为 0 时的优先级最高。没有添加 order 值的测试用例优先级比 order 值为负数的测试用例优先级高，比 order 值为正数的测试用例优先级低。

接下来通过一个案例来演示如何使用 pytest-ordering 插件控制测试用例的运行顺序。在 Chapter05 程序中创建 test_order.py 文件，在该文件中创建 5 个测试方法，然后为测试方法设置装饰器，根据装饰器中的 order 的值控制测试用例的运行顺序，具体代码如文件 5-8 所示。

【文件 5-8】   test_order.py

```
1   import pytest
2   class TestOrder:
3       def test_case01(self):
4           print("第一条测试用例")
5       @pytest.mark.run(order=-1)
6       def test_case02(self):
7           print("第二条测试用例")
8       @pytest.mark.run(order=1)
9       def test_case03(self):
10          print("第三条测试用例")
11      @pytest.mark.run(order=0)
12      def test_case04(self):
13          print("第四条测试用例")
14      @pytest.mark.run(order=-2)
15      def test_case05(self):
16          print("第五条测试用例")
```

上述代码中，第 3～16 行代码定义了 5 个测试方法，分别是 test_case01()、test_case02()、test_case03()、test_case04()和 test_case05()。其中，test_case01()方法上方没有添加装饰器@pytest.mark.run()，其余方法上方都添加了该装饰器，并且装饰器中的 order 值分别是-1、1、0、-2。

运行文件 5-8 中的代码，运行结果如图 5-18 所示。

图5-18   文件5-8的运行结果

由图 5-18 可知，5 条测试用例都运行通过，这 5 条测试用例的运行顺序是：第 4 条测试用例→第 3 条测试用例→第 1 条测试用例→第 5 条测试用例→第 2 条测试用例。

5.2.8　跳过测试用例

当测试一款 Android 系统的 App 时，如果新版本和旧版本的 Android 设备都安装了该 App，旧版本的 Android 设备不支持 App 中的某一项功能，此时测试旧版本中的 App 时，没有必要去测试设备不支持的功能，所以测试代码在运行时需要跳过设备不支持的功能对应的测试用例，从而提高测试效率。在 pytest 框架中，跳过测试用例的方式有 2 种，第 1 种是在测试用例上方添加装饰器，第 2 种是在测试用例中调用 skip( )方法，接下来对这 2 种方式进行具体介绍。

1. 在测试用例上方添加装饰器

如果想要在测试程序运行时跳过某个测试用例，可以在该测试用例上方添加装饰器@pytest.mark.skipif( )或@pytest.mark.skip( )。其中，装饰器@pytest.mark.skipif( )的语法格式如下。

```
@pytest.mark.skipif(condition, reason=None)
```

上述装饰器中有 2 个参数，分别是 condition 和 reason，这 2 个参数的相关介绍如下。

● condition：该参数是一个表达式，表示跳过测试用例的条件，该参数值的数据类型为 boolean，如果该参数的值为 True，则程序跳过测试用例；如果该参数的值为 False，则程序不跳过测试用例。

● reason：表示跳过测试用例的原因，默认值为 None。

装饰器@pytest.mark.skip( )的语法格式如下。

```
@pytest.mark.skip(reason=None)
```

● reason：表示跳过测试用例的原因，默认值为 None。

2. 在测试用例中调用 skip( )方法

在测试用例中调用 skip( )方法可以跳过该测试用例，skip( )方法的语法格式如下。

```
skip(msg)
```

skip( )方法中的参数 msg 表示跳过测试用例的原因。

接下来通过一个案例来演示如何使用添加装饰器和调用 skip( )方法实现跳过测试用例的功能。在 Chapter05 程序中创建 test_skipif.py 文件，在该文件中实现跳过测试用例的功能，具体代码如文件 5–9 所示。

【文件 5-9】　test_skipif.py

```
1  import pytest
2  class TestSkipif:
3      sum = 2+2
4      @pytest.mark.skipif(condition=True, reason="条件为True,跳过测试用例test_caseA()")
5      def test_caseA(self):
6          print("第一条测试用例")
7      def test_caseB(self):
8          print("第二条测试用例")
9      @pytest.mark.skipif(condition=sum > 5, reason="条件为False,
10                                                  不跳过测试用例test_caseC()")
11     def test_caseC(self):
12         print("第三条测试用例")
13     def test_caseD(self):
14         pytest.skip("跳过测试用例test_caseD()")
15         print("第四条测试用例")
```

上述代码中，第 4 行代码为测试方法 test_caseA( )添加了装饰器@pytest.mark.skipif( )，该装饰器的参数 condition 的值为 True，参数 reason 的值为"条件为 True，跳过测试用例 test_caseA( )"。第 9～10 行代码为测试方法 test_caseC( )添加了装饰器@pytest.mark.skipif( )，该装饰器的参数 condition 的值为 sum > 5，参数 reason 的值为"条件为 False, 不跳过测试用例 test_caseC( )"。第 14 行代码调用 skip( )方法跳过测试用例 test_caseD( )。

运行文件 5-9 中的代码，运行结果如图 5-19 所示。

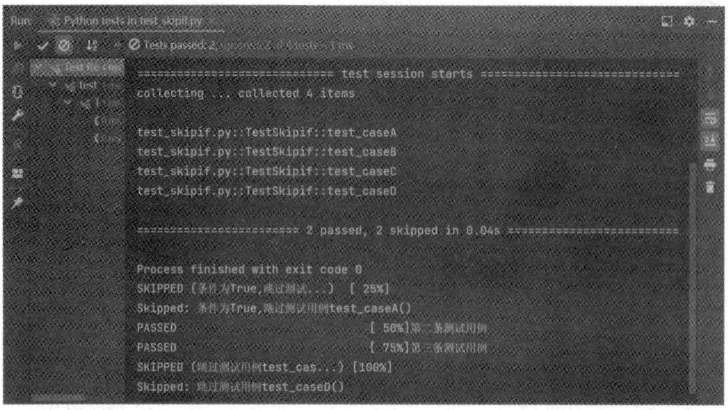

图5-19   文件5-9的运行结果

由图 5-19 可知，测试用例 test_caseB( )与 test_caseC( )运行通过，测试用例 test_caseA( )和 test_caseD( )被跳过，没有运行。

▌▌▌ **多学一招：跳过测试类和测试模块**

在自动化测试程序的运行中，除了可以跳过测试用例外，还可以跳过测试类和测试模块。

实现跳过测试类的方式与通过添加装饰器跳过测试用例的方式类似，在需要跳过的测试类上方添加装饰器@pytest.mark.skip( )或@pytest.mark.skipif( )即可。

实现跳过测试模块的方式有两种，具体介绍如下。

第一种方式是在测试模块中调用 pytest.mark.skip( )方法，具体示例代码如下。

```
pytestmark = pytest.mark.skip(reason="")
```

上述示例代码中的参数 reason 的值可以是跳过测试用例的原因。

第二种方式是在测试模块中调用 pytest.skip( )方法，具体示例代码如下。

```
pytest.skip("", allow_module_level=True)
```

上述示例代码中的第 1 个参数的值可以是跳过测试用例的原因。

上述两种方式中的示例代码，只要在测试模块中添加一种就可以实现跳过测试模块。

5.2.9 失败重试

自动化测试过程中，有时会因为网速慢而导致测试用例运行不通过。针对这种由网速慢而不是测试脚本有问题导致的测试失败情况，在执行测试用例失败后，可以重新执行一次测试用例。一般情况下，因为网络原因导致测试用例执行失败，在重试后是能通过的，如果重试后测试用例仍没有通过，则需要对脚本代码进行排查。

在 pytest 框架中可以使用插件 pytest-rerunfailures 让执行失败的测试用例重新运行，该插件的安装方式与安装 pytest 框架的方式一样，可以在 PyCharm 工具中安装，也可以使用 cmd 命令安装。由于前面介绍过安装 pytest 框架的两种方式，此处不再重复介绍。安装 pytest-rerunfailures 插件的 cmd 命令为 "pip install pytest-rerunfailures"。需要注意的是，安装 pytest-rerunfailures 插件时，需要满足两个条件，第一个条件是安装 Python 3.5 及以上的版本，第二个条件是安装 Pytest 5.0 及以上的版本。

当使用 pytest-rerunfailures 插件时，需要在配置文件 pytest.ini 的配置项 addopts 中添加--reruns n，例如，addopts = --reruns 3，表示如果测试用例运行失败，则重新尝试运行 3 次测试用例。

接下来通过一个案例来演示如何使用 pytest-rerunfailures 插件进行测试用例的失败重试。在 Chapter05 程序中创建 test_rerun.py 文件，在该文件中通过断言判断 3+3 的和为 9，故意设置断言失败的情况，让测试用例执行失败重试的操作，具体代码如文件 5-10 所示。

【文件 5-10】　test_rerun.py

```
1  class TestClass:
2      def test_case(self):
3          print("第一个测试用例：计算 3+3 的和")
4          sum = 3+3
5          assert 9 == sum
```

在 Chapter05 程序中创建一个名为 pytest.ini 的配置文件，该文件中的配置项信息如文件 5-11 所示。

【文件 5-11】　pytest.ini

```
1  [pytest]
2  addopts = --reruns 3
3  testpaths = ./
4  python_files = test_*.py
5  python_classes = Test*
6  python_functions = test_*
```

打开 PyCharm 工具中的 "Terminal" 窗口，在该窗口中输入 "pytest test_rerun.py"，按下 "Enter" 键，程序会运行文件 5-10 中的代码，运行结果如图 5-20 所示。

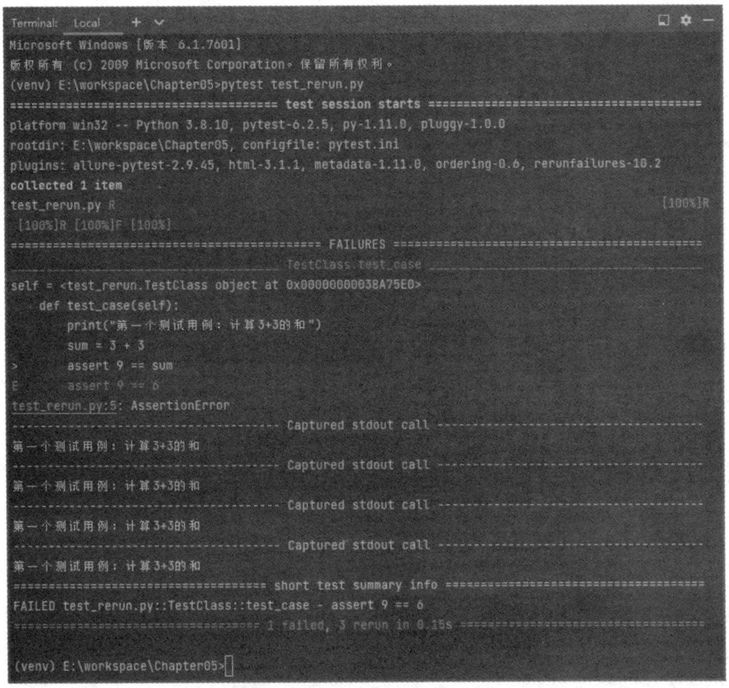

图5-20　文件5-10的运行结果

由图 5-20 可知，控制台输出了 "1 failed，3 rerun in 0.15s"，表示 1 个测试用例执行失败，并且重新尝试运行了 3 次。测试用例失败的原因是 3+3 的值为 6，而不是 9，assert 断言错误。

5.2.10　参数化

当测试百度页面中的搜索功能时，需要输入不同的搜索内容，此时在测试程序中会创建不同的测试方法向百度页面中的搜索框中输入不同的搜索内容，这些测试方法中除了搜索内容不同之外，其余的代码都是相同的。为了减少测试程序中的冗余代码和测试人员的工作量，可以使用 pytest 框架中自带的参数化功能。

参数化就是把一组测试用例中的固定测试数据提取出来，然后存放在一个集合中，程序执行时会自动从该集合中获取测试数据，直到集合中的数据被获取完。在 pytest 中，可以通过装饰器@pytest.mark.parametrzie( )实现参数化。装饰器@pytest.mark.parametrzie( )的语法格式如下。

```
@pytest.mark.parametrzie(argnames,argvalues,indirect=False,ids=None,scope=None)
```

上述装饰器中有 5 个参数，其中参数 argnames 和 argvalues 为必传参数，其余 3 个参数通常不用传递，此处只对必传参数 argnames 和 argvalues 介绍如下。

- argnames：必传参数，表示参数名称，多个参数名称之间用逗号隔开，例如，"username, password"。
- argvalues：必传参数，表示参数值，多个参数值之间用逗号隔开，该值可以是列表类型、元组类型或字典类型的数据。例如，列表类型的数据['123','456']，元组类型的数据[(1, 2, 3), (4, 5, 6)]。argvalues 中有几组数据，测试方法就会运行几次。

需要注意的是，argvalues 中每组测试数据的参数值个数要与 argnames 中的参数名称个数相同，否则程序会报错。

接下来以测试函数 product( )是否为求积函数为例，演示如何使用 pytest 中的参数化。首先在 Chapter05 程序中创建一个 test_param.py 文件，在该文件中使用参数化测试函数 product( )是否为求积函数，具体代码如文件 5-12 所示。

【文件 5-12】 test_param.py

```
1  import pytest
2  def product(a, b):
3      return a * b
4  class TestProduct:
5      @pytest.mark.parametrize("a,b,expect", [(2, 2, 4,), (2, 3, 6)])
6      def test_product(self, a, b, expect):
7          result = product(a, b)
8          assert expect == result
```

上述代码中，第 2~3 行代码定义了一个函数 product( )，该函数的返回值是参数 a 和参数 b 的积。第 5 行代码使用了装饰器@pytest.mark.parametrzie( )对测试方法 test_product( )进行参数化，该装饰器中传递的参数 "a,b,expect"是需要测试的参数名称，其中，参数 a 和参数 b 是需要相乘的两个数的参数名称，参数 expect 是期望值的参数名称；参数[(2, 2, 4,), (2, 3, 6)]是测试数据，每组测试数据都与参数名称的顺序一一对应。第 8 行代码通过断言来判断期望值 expect 与 product( )函数的返回值 result 是否相等，如果相等，则 product( )函数就为求积函数，否则，product( )函数不是求积函数。

运行文件 5-12 中的代码，运行结果如图 5-21 所示。

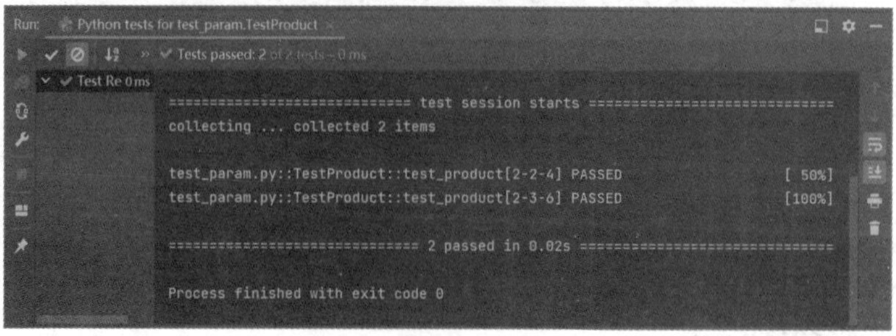

图5-21　文件5-12的运行结果

由图 5-21 可知，控制台输出了两条测试方法 test_product( )执行的结果信息，并且结果信息中都包含了
PASSED，说明测试用例执行成功，函数 product( )的返回值与期望值是相等的，并且函数 product( )为求积函数。

5.2.11　生成测试报告

pytest 框架可以支持多种形式的测试报告，该测试报告能够记录报告生成的日期和时间、测试用例执行
结果、测试步骤、测试环境等信息，比 unittest 框架中生成的 HTML 测试报告信息更详细、美观。通常，会
使用 pytest 框架与 pytest-html 插件或 allure-pytest 插件结合生成的测试报告，下面将对使用 pytest-html 插件
和 allure-pytest 插件分别生成的测试报告进行讲解。

1. 使用 pytest-html 插件生成测试报告

使用 pytest-html 插件生成测试报告的具体步骤如下。

（1）安装 pytest-html 插件

首先安装 pytest-html 插件，安装 pytest-html 插件与安装 pytest 框架的方式是一样的，可以在 PyCharm 工
具中安装，也可以通过 cmd 命令来安装。安装 pytest-html 插件的 cmd 命令是 "pip install pytest-html"。此处
可以按照在 PyCharm 工具中安装 pytest 框架的方式来安装 pytest-html 插件，该安装步骤在 5.2.2 节中已经介
绍过，此处不再介绍。

需要注意的是，在 cmd 命令窗口中通过命令执行测试用例时，需要将 cmd 命令窗口中的路径切换为测
试程序的根目录，切换后才可以通过命令执行测试用例。

（2）设置配置项 addopts

当使用 pytest-html 插件生成测试报告时，需要在配置文件 pytest.ini 中设置配置项 addopts，将该配置项
的信息设置为测试报告的存放路径，具体设置代码如下。

```
addopts = --html=report/report.html
```

上述配置项信息中，--html 表示执行测试用例后会生成一个 HTML 测试报告，report 表示执行测试用例
后测试报告文件会存放在程序根目录下的 report 文件夹中，report.html 是测试报告文件的名称。

（3）生成测试报告

在 PyCharm 工具中的 "Terminal" 窗口中输入 "pytest" 命令运行程序中的测试用例，运行完成后，在程
序根目录下的 report 文件夹中会生成测试报告文件 report.html。

接下来以 TPshop 开源商城项目中的登录功能为例，演示如何使用 pytest-html 插件自动生成登录功能的
测试报告。在 Chapter05 程序中创建 pytest_report.py 文件，在该文件中实现对登录功能的测试，具体代码如
文件 5-13 所示。

【文件 5-13】　pytest_report.py

```
1  from time import sleep
2  import pytest
3  from selenium import webdriver
4  data = [('11112222', '123456', '8888', '账号格式不匹配!'),
5          ('13012345678', '123456', '8888', '安全退出')]
6  class TestCase:
7      def setup(self):
8          self.driver = webdriver.Chrome()
9          self.driver.maximize_window()
10         self.driver.implicitly_wait(10)
11         self.driver.get('http://hmshop-test.itheima.net/Home/user/login.html')
12     def teardown(self):
13         sleep(1)
```

```
14        self.driver.quit()
15    @pytest.mark.parametrize("username, password, verify_code, expect", data)
16    def test_login(self, username, password, verify_code, expect):
17        self.driver.find_element_by_id("username").send_keys(username)
18        self.driver.find_element_by_name("password").send_keys(password)
19        self.driver.find_element_by_id("verify_code").send_keys(verify_code)
20        self.driver.find_element_by_xpath("//*[@id='loginform']/div/div[6]/a").click()
21        if expect == '账号格式不匹配！':
22            information_tip = self.driver.find_element_by_class_name\
23                                        ("//*[@id='layui-layer1']/div[2]/i").text
24            assert expect == information_tip
25        elif expect == '安全退出':
26            safe_exit = self.driver.find_element_by_partial_link_text("安全退出").text
27            assert expect == safe_exit
28        else:
29            print("请输入正确的账号格式")
```

上述代码中，第 7~11 行代码定义了 setup() 方法，该方法用于初始化浏览器驱动。第 12~14 行代码定义了 teardown() 方法，该方法用于处理退出浏览器的操作。第 15~29 行代码定义了 test_login() 方法，在该方法中使用参数化来测试登录功能。

编写完测试登录功能的代码之后，还需要在 Chapter05 程序的根目录下创建一个配置文件 pytest.ini，在该文件中添加配置项信息，具体代码如文件 5-14 所示。

【文件 5-14】　pytest.ini

```
1  [pytest]
2  addopts = -s --html=report/report.html
3  testpaths = ./
4  python_files = test_*.py
5  python_classes = Test*
6  python_functions = test_*
```

打开 PyCharm 工具中的"Terminal"窗口，在该窗口中输入"pytest pytest_report.py"，并按下"Enter"键，此时程序会根据配置文件 pytest.ini 中的配置项信息执行对应的测试用例，测试用例执行后，"Terminal"窗口中会输出一些平台信息、根目录和插件信息等，如图 5-22 所示。

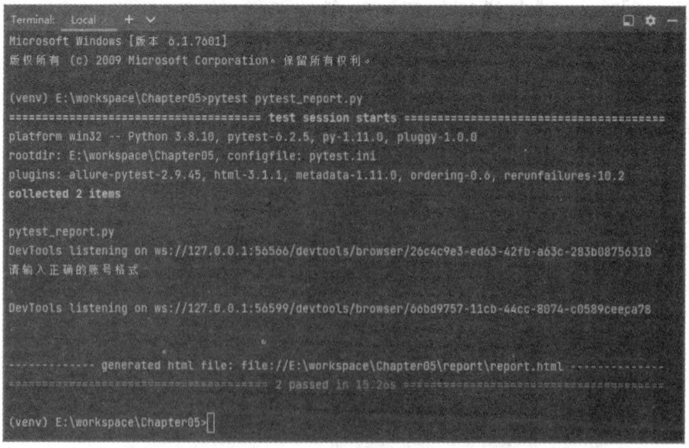

图5-22　"Terminal"窗口（1）

测试用例执行成功后，程序根目录的 report 文件夹中会生成测试报告文件 report.html，该文件的位置如图 5-23 所示。

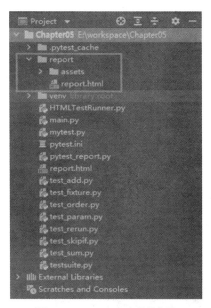

图5-23　report.html文件的位置

通过 Chrome 浏览器打开图 5-23 中的 report.html 文件，测试报告信息如图 5-24 所示。

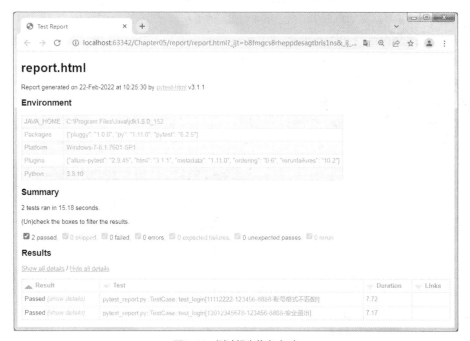

图5-24　测试报告信息（1）

由图 5-24 可知，测试报告中包含了测试报告文件的名称、测试环境信息、测试用例执行的结果信息。

2. 使用 allure-pytest 插件生成测试报告

Allure 是一个灵活、轻量级、支持多语言的测试报告工具。由于 Allure 是基于 Java 语言开发的，所以在使用 Allure 中的 allure-pytest 插件生成测试报告时，需要提前安装好 JDK 1.8 及以上版本的环境。在第 4 章中已经安装好 JDK 1.8，并且设置好 Java 的环境变量，此处不再重复介绍。

使用 allure-pytest 插件生成测试报告的具体步骤如下所示。

（1）安装 allure-pytest 插件

安装 allure-pytest 插件的常用方式有两种，第一种是在 PyCharm 工具中进行安装，第二种是通过 cmd 命令安装。这两种方式与安装 pytest 框架的方式是一样的，5.2.2 节已经介绍过这两种安装方式，此处不再重复介绍。安装 allure-pytest 插件的 cmd 命令是"pip install allure-pytest"。

（2）设置配置项 addopts

当使用 allure-pytest 插件生成测试报告时，需要在配置文件 pytest.init 中设置配置项 addopts，具体设置代码如下。

```
addopts = -s --alluredir report
```

上述配置项信息中，-s 用于输出测试用例执行的结果信息；--alluredir report 表示执行测试用例后，测试报告文件会存放在程序根目录下的 report 文件夹中。

（3）生成测试报告

在 PyCharm 工具的"Terminal"窗口中输入"pytest pytest_report.py"命令运行程序中的测试用例，运行完成后，在程序根目录下的 report 文件夹中会生成测试报告文件，程序运行了几个测试用例，就会生成几个测试报告文件。通过 allure-pytest 插件生成的测试报告文件是 JSON 格式的文件。由于 JSON 格式的文件中只显示数据信息，不利于测试人员查看和分析测试过程，所以需要下载 Allure 的转换工具 allure-2.7.0.zip，通过该转换工具将 JSON 文件转换成 HTML 格式的文件。将 JSON 文件转换为 HTML 文件的具体介绍如下。

首先在 GitHub 上下载转换工具的压缩包 allure-2.7.0.zip，然后将该压缩包解压，并将解压后的文件夹中的 bin 目录配置到系统环境变量 Path 中。由于第 4 章已经在系统环境变量 Path 中配置过 Java 的环境变量，所以此处不再介绍如何找到"编辑系统变量"对话框。将 allure-2.7.0 解压后的 bin 目录配置到编辑系统变量 Path 的对话框中，"编辑系统变量"对话框如图 5-25 所示

单击图 5-25 中的"确定"按钮即可完成 Allure 环境变量的配置。为了验证 Allure 环境变量配置是否成功，可以在 cmd 命令窗口中输入"allure"命令，并按下"Enter"键，如果 cmd 命令窗口中输出"Usage"信息，则说明 Allure 环境变量配置成功，否则，配置失败。cmd 命令窗口中输出"Usage"信息如图 5-26 所示。

图5-25 "编辑系统变量"对话框

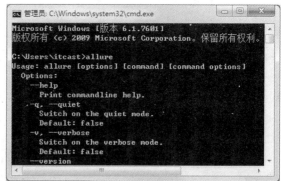

图5-26 cmd命令窗口中输出"Usage"信息

配置完 Allure 环境变量之后，在 PyCharm 工具的"Terminal"窗口中通过 allure 命令将 JSON 文件转换为 HTML 文件，具体命令如下。

```
allure generate --clean report
```

上述命令中，--clean 表示先清空 report 文件夹中的测试报告信息，再生成新的测试报告。

执行完 allure 命令后，在程序的根目录下会自动生成一个 allure-report 文件夹，该文件夹存放的是转换后的 HTML 测试报告信息。

接下来以 pytest_report.py 文件（文件 5-13）中的代码为例，生成 TPshop 开源商城项目中登录功能的 HTML

测试报告。首先在 Chapter05 程序的配置文件 pytest.ini 中修改配置项 addopts 的信息，修改后的代码如下。

```
addopts = -s --alluredir report
```

打开 PyCharm 工具中的 "Terminal" 窗口，在该窗口中输入 "pytest pytest_report.py" 命令，并按下 "Enter" 键，此时程序会根据配置文件 pytest.ini 中的配置项信息执行对应的测试用例，测试用例执行后，"Terminal" 窗口中会输出一些平台信息、根目录和插件信息等，如图 5-27 所示。

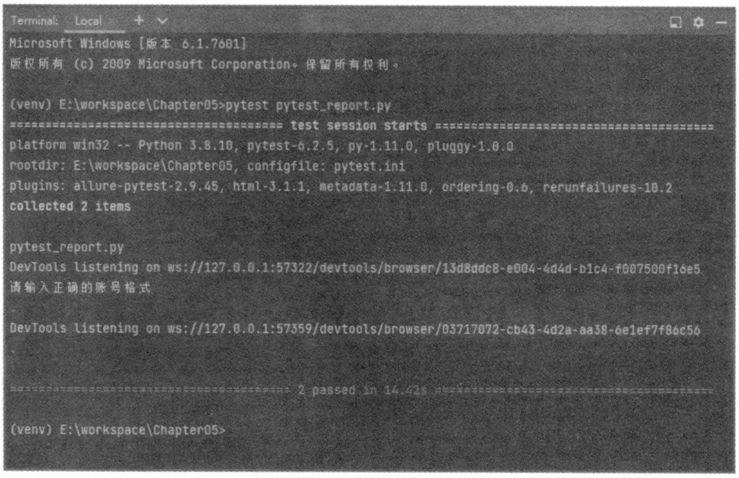

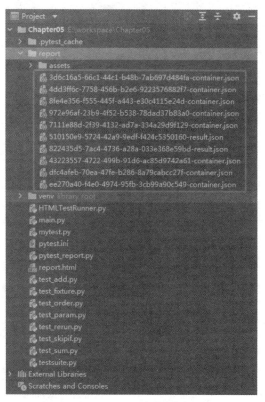

图5-27 "Terminal" 窗口（2）

测试用例执行成功后，程序根目录的 report 文件夹中会生一些 JSON 文件，这些 JSON 文件中的内容是程序运行测试方法 test_login( )后生成的测试报告信息。JSON 文件的位置如图 5-28 所示。

图5-28 JSON文件的位置

　　之后在 PyCharm 工具的"Terminal"窗口中输入"allure generate – – clean report"命令（如果该命令执行不成功，可重启 PyCharm 工具再次执行该命令），并按下"Enter"键，"Terminal"窗口中会输出成功生成测试报告到 allure–report 文件夹中的信息，"Terminal"窗口如图 5–29 所示。

　　此时在 Chapter05 程序的根目录下会新增一个 allure–report 文件夹，该文件夹中存放的是生成的 HTML 测试报告信息。allure–report 文件夹所在位置如图 5–30 所示。

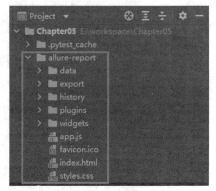

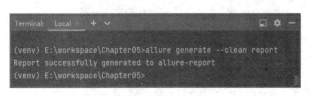

图5-29　"Terminal"窗口（3）　　　　　　　　图5-30　allure-report文件夹所在位置

　　之后通过 Chrome 浏览器打开 index.html 文件，首先选中图 5–30 中的 index.html 文件，鼠标右键单击选择"Open In→Browser→Chrome（该选项可根据计算机中安装的浏览器进行选择）"选项即可通过浏览器查看 index.html 文件中的测试报告信息，如图 5–31 所示。

图5-31　测试报告信息（2）

　　由图 5–31 可知，测试通过率为 100%，测试用例的数量为 2，测试套总共 1 项，测试文件名称为 pytest_report。

5.3　本章小结

　　本章主要讲解了单元测试框架的内容，包括 unittest 框架和 pytest 框架。其中，unittest 框架部分只需要掌握如何编写 unittest 示例、unittest 断言和生成 HTML 测试报告即可，pytest 框架部分的内容需要重点掌握。通过本章的学习，读者能够掌握如何使用单元测试框架对 Web 项目进行自动化测试。

5.4 本章习题

一、填空题

1. 在 pytest 框架中可以使用_____装饰器来实现参数化。

2. 在 unittest 框架中 TextTestRunner 表示_____。

3. 在 pytest 框架中可以直接使用_____进行断言。

4. pytest-ordering 插件的作用是_____。

5. 在 unittest 框架中，可以使用_____来生成 HTML 测试报告。

6. 在 unittest 框架中，assertIn(member,container,msg=None)表示_____。

二、判断题

1. pytest 框架能够与 Selenium、Appium 等工具结合使用。（   ）

2. @pytest.mark.skipif 装饰器可以跳过测试用例中的函数。（   ）

3. 在使用 unittest 框架时，通过使用@pytest.mark.parametrzie( )装饰器实现参数化。（   ）

4. pytest 和 unittest 都是 Python 自带的单元测试框架。（   ）

5. 在 unittest 框架的核心要素中，TestSuite 表示测试套件。（   ）

6. 编写测试函数或方法需要以 Test 开头，编写测试类需要以 test 开头。（   ）

三、单选题

1. 下列选项中，关于 pytest 框架说法正确的是（   ）。

A. 可以运行部分测试用例　　　　　　　B. 不支持重复运行失败的测试用例

C. 支持由 unittest 编写的测试用例　　　D. 不可以跳过执行函数

2. 下列选项中，关于 pytest 断言表达式与说明错误的是（   ）。

A. assert a in b 用于判断 a 是否包含 b　　B. assert a 用于判断 a 是否为真

C. assert a not in b 用于判断 b 是否不包含 a　D. assert a != b 用于判断 a 不等于 b

3. 下列选项中，不属于 unittest 框架核心要素的是（   ）。

A. TestSuite　　　　B. TestRunner　　　　C. Fixture　　　　D. TestPath

4. 下列选项中，关于 pytest 框架中的 Fixture 说法错误的是（   ）。

A. Fixture 的函数级别在整个模块运行中只执行一次，作用于模块中的测试用例

B. Fixture 的类级别是指在模块或类中定义 setup_class( )方法与 teardown_class( )方法

C. Fixture 的模块级别是在模块中定义 setup_function( )方法与 teardown_function( )方法

D. Fixture 的方法级别是指在类中定义 setup_method( )方法或 setup( )方法

5. 下列选项中，关于 TestCase 说法正确的是（   ）。

A. TestCase 是运行测试用例　　　　　　B. TestCase 是测试套件

C. TestCase 是测试执行器　　　　　　　D. TestCase 是测试用例

四、简答题

1. 请简述 pytest 框架的特点。

2. 请简述什么是参数化。

第 6 章

PO模式

学习目标

★ 了解 PO 模式的简介，能够简述 PO 模式的概念。

★ 掌握 PO 模式的案例实战，能够测试 TPshop 开源商城网站的登录功能。

拓展阅读

在测试 Web 项目的过程中，由于在 Web 项目中需要测试的页面比较多，有时会出现多个页面中代码冗余的情况，例如多个页面的测试代码中都有定位同一个元素的代码，如果定位的元素发生了变化，则需要修改多个页面中定位该元素的代码，这样不仅增加了测试人员的工作量，而且不便于代码的维护。为了提高测试代码的可维护性和可读性，可以使用 PO 模式将测试代码中的冗余代码进行封装并分层。本章将对 PO 模式的内容进行详细讲解。

6.1 PO 模式简介

6.1.1 PO 模式的概念

PO（Page Object，页面对象）模式主要是将程序中的页面元素定位和元素操作封装成一个页面类，在该类中实现页面对象和测试用例的分离，该模式的核心是对页面元素的封装，从而减少程序中的冗余代码，提高测试代码的可维护性和可读性。

PO 模式可以将一个页面中的代码逻辑分为 3 层，分别是对象库层、操作层和业务层。其中，对象库层用于封装定位页面元素的方法；操作层用于封装对元素进行操作的方法；业务层用于封装将一个或多个元素操作组合起来完成一个业务功能的方法，例如，实现登录功能时需要进行输入账号和密码、单击"登录"按钮等操作，将这些元素操作组合起来完成登录功能，这些元素操作就被封装在 PO 模式的业务层。

6.1.2 PO 模式的优缺点

PO 模式与传统模式相比有以下 3 个优点，具体介绍如下。

（1）提高代码的复用性

当测试代码使用 PO 模式后，会将测试程序中的重复代码抽取出来，放在一个工具类中，便于后续对这些代码进行复用，从而提高测试代码的复用性，减少程序中的冗余代码。

（2）提高代码的可读性和可维护性

PO 模式可以将定位页面元素与页面操作的代码封装在指定的页面对象中，并且测试用例与页面对象也是分离的状态，这样更容易让测试人员快速找到指定页面的代码和测试用例，从而提高了代码的可读性和可维护性。

（3）降低程序的维护成本

PO 模式减少了测试程序中的代码冗余，从而减少了测试人员的工作量，同时 PO 模式还采用了业务流程与页面元素操作分离的模式，使测试代码便于维护和扩展。如果后续想要修改或增加测试用例，则不需要耗费很多时间和人员去修改或扩展测试代码，从而降低测试程序的维护成本。

任何事物都有两面性，PO 模式也不例外，它除了有上述的优点外，还有一个缺点，即 PO 模式会造成测试代码结构比较复杂，从而导致一次性的脚本代码效率不高，这是由于测试代码根据 PO 模式的流程进行了模块化处理。

6.2　PO 模式的案例实战

为了能让大家更好地理解 PO 模式，下面将以 TPshop 开源商城网站中的登录功能为例，演示如何采用 PO 模式实现登录功能的自动化测试。

6.2.1　商城登录功能简介

当对 TPshop 开源商城网站的登录功能进行自动化测试时，首先需要进入商城首页，如图 6-1 所示。

图6-1　商城首页

单击图 6-1 中左上角的"登录"链接，即可进入到登录页面，如图 6-2 所示。

图6-2　登录页面

在图 6-2 中，"账户登录"对话框中有用户名输入框、密码输入框、验证码输入框和"登录"按钮。测试人员在测试登录页面中的登录功能时，首先需要设计该功能的测试用例，例如，登录成功、密码错误、验证码错误、账号不存在等。登录功能的测试用例有多条，此处只选择 3 条测试用例来演示如何在程序中使用 PO 模式。登录功能的 3 条测试用例的相关信息如表 6-1 所示。

表 6-1　登录功能的 3 条测试用例的相关信息

ID	优先级	测试功能	测试标题	预置条件	步骤描述	测试数据	预期结果	实际结果
01	L0	登录	账号不存在	打开商城首页,进入登录页面	1. 输入账号； 2. 输入密码； 3. 输入验证码； 4. 单击"登录"按钮	账号: 13333337777 密码: 123456 验证码: 8888	登录失败,页面提示:账号不存在	
02	L0	登录	密码错误	打开商城首页,进入登录页面	1. 输入账号； 2. 输入密码； 3. 输入验证码； 4. 单击"登录"按钮	账号: 13012345678 密码: 1234567 验证码: 8888	登录失败,页面提示:密码错误	
03	L0	登录	用户名不能为空	打开商城首页,进入登录页面	1. 输入密码； 2. 输入验证码； 3. 单击"登录"按钮	账号: 密码: 123456 验证码: 8888	登录失败,页面提示:用户名不能为空	

6.2.2　创建工具类 UtilsDriver

当在程序中测试商城登录功能时，需要多次获取浏览器驱动对象、弹出框消息和退出浏览器驱动对象，为了减少程序中的冗余代码，需要将获取浏览器驱动对象的方法、获取弹出框消息的方法和退出浏览器驱动对象的方法抽取出来存放在创建好的 UtilsDriver 类中，该类被称为工具类，它可以存放后续程序中需要多次使用的与浏览器驱动有关的其他方法。

　　首先创建一个名为 Chapter06 的程序，在该程序中创建 utils.py 文件。在 utils.py 文件中创建工具类 UtilsDriver，在该类中定义获取浏览器驱动对象的方法 get_driver( )、获取弹出框消息的方法 get_msg( )和退出浏览器驱动的方法 quit_driver( )。utils.py 文件中的具体代码如文件 6-1 所示。

【文件 6-1】　utils.py

```
1  import time
2  from selenium import webdriver
3  from selenium.webdriver.common.by import By
4  # 创建工具类
5  class UtilsDriver:
6      _driver = None
7      # 定义获取浏览器驱动对象的方法
8      @classmethod
9      def get_driver(cls):
10         if cls._driver is None:
11             cls._driver = webdriver.Chrome()
12             cls._driver.maximize_window()
13             cls._driver.implicitly_wait(10)
14             cls._driver.get("http://hmshop-test.itheima.net/")
15         return cls._driver
16     # 定义退出浏览器驱动对象的方法
17     @classmethod
18     def quit_driver(cls):
19         if cls._driver is not None:
20             cls.get_driver().quit()
21             cls._driver = None
22 # 定义获取弹出框消息的方法
23 def get_msg():
24     time.sleep(1)
25     return UtilsDriver.get_driver().find_element(By.CSS_SELECTOR,
26                                         ".layui-layer-content").text
```

　　上述代码中，第 8～15 行代码定义了方法 get_driver( )，用于获取浏览器的驱动对象，其中，get_driver( ) 方法中的参数 cls 表示没有被实例化的类 UtilsDriver，且装饰器@classmethod 装饰的方法 get_driver( )在被调用时可以不用实例化类 UtilsDriver。第 17～21 行代码定义了方法 quit_driver( )，用于退出浏览器的驱动对象，其中，第 20 行代码调用 quit( )方法退出浏览器的驱动对象。第 23～26 行代码定义了方法 get_msg( )，用于获取弹出框消息，其中，第 25～26 行代码首先调用 find_element( )方法定位弹出框元素，然后调用 text 属性获取弹出框消息。

6.2.3　创建基类 BasePage 与 BaseHandle

　　当测试 TPshop 开源商城网站的登录功能时，会用到商城的首页和登录页面。在测试程序中，PO 模式会将商城首页和登录页面中的逻辑代码分为对象库层、操作层和业务层，由于商城首页和登录页面的对象库层和操作层有相同的代码，例如定位元素的代码、元素输入的操作代码等，为了减少程序中的冗余代码，需要将商城首页和登录页面中相同的代码抽取出来存放在创建好的 BasePage 类和 BaseHandle 类中，这 2 个类被称为基类。

　　首先选中程序 Chapter06 的名称，然后鼠标右键单击选择"New→Python Package"选项，创建一个名为 base 的文件夹，在该文件夹中创建 base_page.py 文件，在 base_page.py 文件中分别创建对象库层的基类 BasePage 和操作层的基类 BaseHandle。base_page.py 文件中的具体代码如文件 6-2 所示。

【文件 6-2】 base_page.py

```
1   from selenium.webdriver.support.wait import WebDriverWait
2   from utils import UtilsDriver
3   # 创建对象库层的基类
4   class BasePage:
5       def __init__(self):
6           self.driver = UtilsDriver.get_driver()
7       # 定义获取元素对象的方法，location 是元素定位的值
8       def get_element(self, location):
9           # WebDriverWait()方法中的参数 10 表示等待时间为 10 秒，参数 1 表示轮循元素等待的时间间隔为 1 秒
10          wait = WebDriverWait(self.driver, 10, 1)
11          # 获取一个元素对象
12          element = wait.until(lambda x: x.find_element(*location))
13          return element
14  # 创建操作层的基类
15  class BaseHandle:
16      # 定义元素的输入操作方法
17      def input_text(self, element, text):
18          """
19          :param element:表示元素的对象
20          :param text: 表示要输入的内容
21          :return:
22          """
23          element.clear()
24          element.send_keys(text)
```

上述代码中，第 4～13 行代码创建了对象库层的基类 BasePage，在该类中定义__init__()方法用于初始化浏览器驱动对象，定义 get_element()方法用于获取元素对象。第 15～24 行代码创建了操作层的基类 BaseHandle，在该类中定义了 input_text()方法，该方法用于处理元素的输入操作。其中，第 18～22 行代码是对 input_text()方法中传递的参数的解释，第 23 行代码调用 clear()方法清除元素中的内容，第 24 行代码调用 send_keys()方法向元素中输入内容。

6.2.4 商城首页的 PO 模式

由于测试商城登录功能时，会涉及商城首页页面，所以需要在商城首页的逻辑代码中使用 PO 模式，按照 PO 模式的 3 层架构，将商城首页中的代码分别封装为对象库层、操作层和业务层，每层都是一个类。

首先在 Chapter06 程序中创建一个 page 文件夹，然后在该文件夹中创建操作商城首页的文件 page_home.py，在该文件中分别创建 PageHome 类、HandleHome 类和 HomeProxy 类，这 3 个类分别用于封装商城首页中的对象库层、操作层和业务层的代码。page_home.py 文件中的具体代码如文件 6-3 所示。

【文件 6-3】 page_home.py

```
1   from selenium.webdriver.common.by import By
2   from base.base_page import BasePage, BaseHandle
3   # 对象库层：用于封装定位元素的方法
4   class PageHome(BasePage):
5       def __init__(self):
6           #使用 super.__init__()重写基类中的 init()方法
7           super().__init__()
8           self.login_btn = By.CSS_SELECTOR, '.red'
9       # 获取"登录"按钮元素
10      def find_login_btn(self):
```

```
11            #  "登录"按钮
12            return self.get_element(self.login_btn)
13 # 操作层:用于操作对象库中封装的元素
14 class HandleHome(BaseHandle):
15    def __init__(self):
16        # 实例化对象库层
17        self.home_page = PageHome()
18    # 单击"登录"按钮,跳转到登录页面
19    def click_login_btn(self):
20        self.home_page.find_login_btn().click()
21 # 业务层: 用于封装将一个或多个元素操作组合起来完成一个业务功能的方法
22 class HomeProxy:
23    def __init__(self):
24        # 实例化操作层对象
25        self.home_handle = HandleHome()
26    # 单击"登录"按钮跳转到登录页面
27    def go_login_page(self):
28        self.home_handle.click_login_btn()
```

上述代码中,第 4~12 行代码创建了一个 PageHome 类,该类继承 base_page.py 文件中的 BasePage 类。PageHome 类中封装了商城首页的对象库层代码,商城首页的对象库层主要用于获取页面中需要用到的"登录"按钮元素。第 14~20 行代码创建了一个 HandleHome 类,该类继承 base_page.py 文件中的 BaseHandle 类。HandleHome 类中封装了商城首页的操作层代码,商城首页的操作层主要用于操作对象库层中获取的"登录"按钮元素,也就是触发"登录"按钮的单击事件。第 22~28 行代码创建了一个 HomeProxy 类,该类中封装了商城首页的业务层代码,商城首页的业务层主要用于处理"登录"按钮的单击事件。

6.2.5　登录页面的 PO 模式

登录页面的 PO 模式与商城首页的 PO 模式类似,都是按照 PO 模式的 3 层架构,将页面中的代码分别封装为对象库层、操作层和业务层,每层都是 1 个类。

首先在 Chapter06 程序的 page 文件夹中创建操作登录页面的文件 page_login.py,然后在该文件中分别创建 LoginPage 类、LoginHandle 类和 LoginProxy 类,这 3 个类分别用于封装登录页面中的对象库层、操作层和业务层的代码。page_login.py 文件中的具体代码如文件 6-4 所示。

【文件 6-4】　page_login.py

```
1 from selenium.webdriver.common.by import By
2 from base.base_page import BasePage, BaseHandle
3 # 对象库层
4 class LoginPage(BasePage):
5    def __init__(self):
6        super().__init__()
7        self.username = By.ID, "username"  # 用户名输入框
8        self.password = By.ID, "password"  # 密码输入框
9        self.code = By.ID, "verify_code"  # 验证码输入框
10        self.login_btn = By.CSS_SELECTOR, ".J-login-submit"  # "登录"按钮
11    # 用户名输入框
12    def find_username(self):
13        return self.get_element(self.username)
14    # 密码输入框
15    def find_password(self):
16        return self.get_element(self.password)
```

```
17    # 验证码输入框
18    def find_code(self):
19        return self.get_element(self.code)
20    # "登录"按钮
21    def find_login(self):
22        return self.get_element(self.login_btn)
23 # 操作层
24 class LoginHandle(BaseHandle):
25    def __init__(self):
26        self.login_page = LoginPage()
27    # 输入用户名
28    def input_username(self, username):
29        self.input_text(self.login_page.find_username(), username)
30    # 输入密码
31    def input_password(self, password):
32        self.input_text(self.login_page.find_password(), password)
33    # 输入验证码
34    def input_code(self, code):
35        self.input_text(self.login_page.find_code(), code)
36    # 单击"登录"按钮
37    def click_login(self):
38        self.login_page.find_login().click()
39 # 业务层
40 class LoginProxy:
41    def __init__(self):
42        self.login_handle = LoginHandle()
43    # 实现登录功能
44    def login(self, username, password, code):
45        # 输入用户名
46        self.login_handle.input_username(username)
47        # 输入密码
48        self.login_handle.input_password(password)
49        # 输入验证码
50        self.login_handle.input_code(code)
51        # 单击"登录"按钮
52        self.login_handle.click_login()
```

上述代码中，第 4~22 行代码创建了一个 LoginPage 类，该类继承 base_page.py 文件中的 BasePage 类。
LoginPage 类中封装了登录页面的对象库层代码，登录页面的对象库层主要用于获取用户名输入框、密码输入框、验证码输入框和"登录"按钮等元素。第 24~38 行代码创建了一个 LoginHandle 类，该类继承 base_page.py 文件中的 BaseHandle 类。LoginHandle 类中封装了登录页面的操作层代码，登录页面的操作层主要用于操作对象库层中获取的页面元素，例如，输入用户名、输入密码、输入验证码和触发"登录"按钮的单击事件。第 40~52 行代码创建了一个 LoginProxy 类，该类中封装了登录页面的业务层代码，登录页面的业务层主要用于处理用户名、密码、验证码的输入操作和"登录"按钮的单击事件。

6.2.6　创建登录功能的测试用例

接下来根据 6.2.1 节中设计的登录功能的 3 个测试用例，演示如何创建登录功能的测试用例代码。首先在 Chapter06 程序中创建一个 scripts 文件夹，然后在该文件夹中创建 test_login.py 文件。在 test_login.py 文件中创建测试类 TestLogin，在该类中根据登录功能的 3 个测试用例，定义了 3 个测试方法，分别是 test_login_01()、test_login_02()和 test_login_03()，这 3 个方法分别用于测试账号不存在、密码错误、用户名不能为空的情况。

test_login.py 文件中的具体代码如文件 6-5 所示。

【文件 6-5】　test_login.py

```
1   from utils import UtilsDriver, get_msg
2   from page.page_home import HomeProxy
3   from page.page_login import LoginProxy
4   # 创建测试类
5   class TestLogin:
6       def setup_class(self):
7           # 实例化首页和登录页面的业务对象
8           self.home_proxy = HomeProxy()
9           self.login_proxy = LoginProxy()
10          # 通过首页页面的业务层实现"登录"按钮的跳转功能
11          self.home_proxy.go_login_page()
12      # 创建方法级别的 fixture 初始化的操作方法
13      def setup(self):
14          UtilsDriver.get_driver().refresh()
15      # 创建类级别 fixture 销毁的操作方法
16      def teardown_class(self):
17          UtilsDriver.quit_driver()
18      # 定义测试方法  账号不存在
19      def test_login_01(self):
20          # 获取提示信息
21          self.login_proxy.login("13333337777", "123456", "8888")
22          msg = get_msg()
23          assert "账号不存在" in msg
24      # 定义测试方法  密码错误
25      def test_login_02(self):
26          self.login_proxy.login("13012345678", "1234567", "8888")
27          # 获取提示信息
28          msg = get_msg()
29          assert "密码错误" in msg
30      # 定义测试方法  用户名不能为空
31      def test_login_03(self):
32          self.login_proxy.login(" ", "123456", "8888")
33          # 获取提示信息
34          msg = get_msg()
35          assert "用户名不能为空" in msg
```

上述代码中，第 19～23 行代码定义了 test_login_01()方法，该方法用于测试账号不存在的情况。其中，第 21 行代码调用 login()方法处理用户登录的操作，login()方法中的第 1 个参数是不存在的账号信息，第 2 个参数是账号密码，第 3 个参数是验证码；第 22 行代码调用 get_msg()方法获取输入的账号信息后获取到的提示信息；第 23 行代码通过 assert 断言 msg 中是否存在"账号不存在"的信息，如果存在，则会在登录页面提示用户"账号不存在"，否则，不提示任何信息。

第 25～29 行代码定义了 test_login_02()方法，该方法用于测试密码错误的情况,测试过程与 test_login_01()方法中的测试过程类似，此处不再进行详细介绍。

第 31～35 行代码定义了 test_login_03()方法，该方法用于测试用户名不能为空的情况，测试过程与 test_login_01()方法中的测试过程也类似。

创建完登录功能的测试用例后，还需要在程序中创建配置文件来执行登录功能的测试用例。在 Chapter06 程序中创建一个名为 pytest.ini 的配置文件，该文件中的具体代码如文件 6-6 所示。

【文件 6-6】 pytest.ini

```
1  [pytest]
2  addopts = -s -v
3  testpaths = ./scripts
4  python_files = test_*.py
5  python_classes = Test*
6  python_functions = test_*
```

在 PyCharm 开发工具的 "Terminal" 窗口中输入 "pytest" 命令，按下 "Enter" 键，程序会运行文件 6-5 中的代码，运行结果如图 6-3 所示。

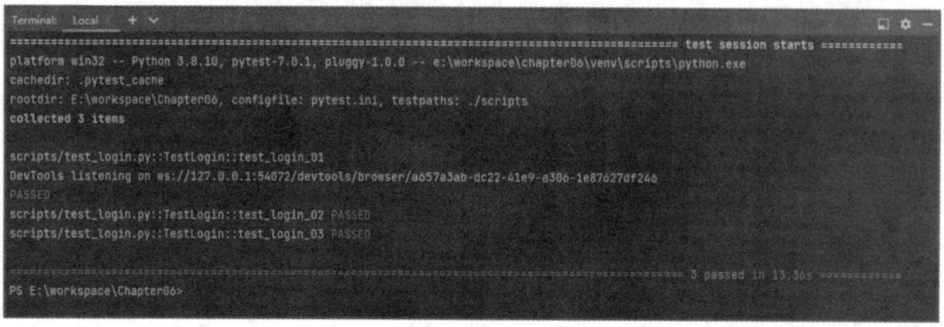

图6-3 文件6-5的运行结果

由图 6-3 可知，控制台中输出了 "3 passed in 13.36s"，说明 3 个测试方法（测试用例）运行通过，运行时长为 13.36 秒。

6.3 本章小结

本章主要讲解了 PO 模式，包括 PO 模式简介和 PO 模式的案例实战，其中 PO 模式的案例实战主要是通过测试 TPshop 商城网站的登录功能演示如何使用 PO 模式。通过本章的学习，读者能够掌握 PO 模式在自动化测试程序中的应用。

6.4 本章习题

一、填空题

1. PO 模式可以将一个页面中的代码逻辑分为 3 层，分别是_____、_____、业务层。

2. PO 模式中的_____层用于封装定位页面元素的方法。

3. 将一个或多个元素操作组合起来完成一个业务功能的方法封装在 PO 模式的_____层。

二、判断题

1. PO 模式与传统模式相比，使用 PO 模式可以提高代码的复用性。（　　）

2. 使用 PO 模式可以降低程序的维护成本。（　　）

3. 在程序中使用 PO 模式时，测试用例与页面对象不是分离的状态。（　　）

三、单选题

1. 下列选项中，关于 PO 模式的优缺点说法正确的是（　　）。

A. 使用 PO 模式的测试代码结构相对简单

B. 能够提高代码的可读性和可维护性

C. 在自动化测试中必须使用 PO 模式

D. 使用 PO 模式并不能将程序中重复的代码抽取出来

2. 下列选项中，关于 PO 模式的描述错误的是（　　　）。

A. 对象库层用于封装对元素操作的方法

B. 业务层用于封装将一个或多个元素操作组合起来完成一个业务功能的方法

C. PO 模式可以分为对象库层、操作层和业务层

D. 操作层用于封装对元素进行操作的方法

四、简答题

1. 请简述 PO 模式的概念。

2. 请简述 PO 模式的优缺点。

第7章

数据驱动

拓展阅读

学习目标

★ 了解数据驱动的简介，能够简述什么是数据驱动。

★ 掌握文本数据驱动的实现方式，能够读取文本文件中的数据。

★ 掌握基于 DDT 数据驱动的实现方式，能够通过 DDT 读取 JSON 数据。

★ 掌握数据驱动的案例实战，能够测试 TPshop 开源商城网站的登录功能。

在自动化测试中，通常会遇到需要对多组不同的输入数据进行相同的测试来验证软件质量的情况。针对这种情况，可以使用数据驱动的形式实现对软件的测试。当使用数据驱动测试软件时，如果需要测试的数据量比较大，可以将这些数据存放在测试程序外的文件中，例如，YAML 文件、JSON 文件、Excel 文件等，以便对测试数据的管理。当使用测试数据时，可以将这些数据从文件中读取出来。本章将对数据驱动的内容进行详细讲解。

7.1 数据驱动简介

7.1.1 数据驱动的概念

在自动化测试中，数据驱动是指从某个数据文件中读取输入输出的测试数据，通过测试数据来驱动测试用例的执行，也就是测试数据决定测试结果。例如要测试乘法，如果测试数据是 1 和 1，测试结果就是 1；如果测试数据是 2 和 2，测试结果就是 4。数据驱动有以下几个特点。

● 数据驱动本身不是一个工业级标准的概念，因此在不同的公司会有不同的解释。

● 可以把数据驱动理解为一种模式或者一种思想。

● 数据驱动技术可以使用户将关注点放在对测试数据的构建和维护上，而不是直接维护测试脚本，可以利用同样的过程对不同的数据输入进行测试。

● 数据驱动的实现要依赖参数化的技术。使用数据驱动的好处是代码的复用率高、可维护性高，有利于测试人员排查自动化测试脚本的异常问题。

7.1.2　测试数据的来源

在自动化测试的过程中，有时候需要为测试的功能模块准备大量的测试数据。此种情况不适合在代码中写入测试数据，一方面会产生冗余代码，另一方面会不利于维护数据，针对此种情况可以使用数据驱动的方式来测试。在数据驱动中，测试数据的来源主要有以下几种方式。

- 直接定义在测试脚本中，该方式简单直观，但代码和数据未实现真正的分离，不便于后期维护。
- 从文件中读取数据，例如 JSON、XLS 或 XLSX、XML、TXT 等格式的文件。
- 从数据库中读取数据。
- 直接调用接口获取数据源。
- 本地封装一些生成数据的方法。

7.2　文本数据驱动的实现

在进行自动化测试时，可以将测试数据、系统配置等信息保存在文本文件中，当程序中需要使用这些信息时，首先会调用 open( )函数打开文本文件，然后调用读取文件的方法获取文件中的数据信息。下面对打开文本文件的函数与读取文本文件的方法进行详细介绍。

1. 打开文本文件的函数

打开文本文件的函数是 open( )，该函数的语法格式如下。

```
open(file,mode='r',buffering=None,encoding=None,errors=None,newline=None,
closefd=True)
```

open( )函数中一共有 7 个参数，关于这 7 个参数的介绍如下。

- file：必选参数，表示文件的路径。
- mode：可选参数，表示文件的打开模式，默认值为 "r"，代表只读模式。
- buffering：可选参数，表示设置缓冲，默认值为 None。
- encoding：可选参数，表示设置编码，默认值为 None，通常设置为 utf-8。
- errors：可选参数，表示报错级别，默认值为 None。
- newline：可选参数，表示区分换行符，默认值为 None。
- closefd：可选参数，表示传入的文件参数类型，默认值为 True。

2. 读取文本文件的方法

通常会调用 read( )、readline( )和 readlines( )方法读取文本文件中的测试数据，下面将对这 3 个方法进行详细介绍。

（1）read( )

read( )方法用于读取整个文件，也可以从文本文件中读取指定的内容，该方法支持传递参数，例如 read(2)，表示只读取文件中的前两个字符，返回值为字符串类型。

假设在 PyCharm 集成开发工具中创建一个 File 文件，命名为 data.txt，在该文件中写入文本 "read test data"，然后再创建一个 read_demo.py 文件，在该文件中实现读取 data.txt 中数据的功能，示例代码如下。

```
# 打开文件
file = open("data.txt", "r")
# 读取文件内容
data = file.read()
print(data)
# 关闭文件
```

```
file.close()
```

运行程序，控制台将输出"read test data"。如果只需要读取 data.txt 文件中的前两个字符，则可以在 read( ) 方法中传递数值 2，即 read(2)，此时运行程序，控制台将输出"re"。

（2）readline( )

readline( )方法用于读取文本文件中的整行数据（默认情况下读取的是文件中的第一行数据），返回值为字符串类型。当向 readline( )方法中传递一个整数时，该方法会返回指定个数的字符。

在 data.txt 中再增加两条数据，此时 data.txt 中的具体内容如下。

```
resd test data
add test data01
add test data02
```

修改 read_demo.py 文件中的代码，调用 readline( )方法读取 data.txt 中的整行数据，示例代码如下。

```
# 打开文件
file = open("data.txt", "r")
# 读取文件内容
data = file.readline()
print(data)
# 关闭文件
file.close()
```

运行程序，控制台只输出 data.txt 中的第一行数据，即"read test data"。

（3）readlines( )

readlines( )方法用于读取文本文件中所有行的数据，返回一个列表对象。如果想要读取 data.txt 中的所有行的数据，则可以调用 readlines( )方法来实现，示例代码如下。

```
# 打开文件
file = open("data.txt", "r")
# 读取文件内容
data = file.readlines()
print(data)
# 关闭文件
file.close()
```

运行程序，控制台中的输出结果为['read test data\n', 'add test data01\n', 'add test data02\n', '\n', '\n', '\n']。

需要注意的是，在程序中调用 open( )函数操作完数据后，需要调用 close( )方法来关闭文件，这样做一方面是避免占用系统资源，另一方面是避免导致其他的安全隐患。

为了让读者掌握读取文件中的测试数据的方法，接下来演示如何实现读取 my_data.txt 文件中的测试数据。首先在 PyCharm 工具中创建一个名为 Chapter07 的程序，然后在该程序中创建 data 文件夹，在 data 文件夹中新建一个名为 my_data.txt 的文件，在该文件中写入 5 条测试数据，具体内容如文件 7-1 所示。

【文件 7-1】　my_data.txt

```
1  Linda,123456,18
2  Rose,123789,15
3  Lily,888888,19
4  Xiaoming,666666,20
5  zhangsan,147258,19
```

上述文件的 5 条测试数据中，第 1 列表示用户名，第 2 列表示密码，第 3 列表示年龄。

如果想要读取 my_data.txt 文件中的 5 条测试数据，首先在 Chapter07 程序的 data 文件夹中创建一个 test_txt_data.py 文件，在该文件中实现读取 my_data.txt 文件中测试数据的功能，具体代码如文件 7-2 所示。

【文件 7-2】　test_txt_data.py

```
1  file = open('my_data.txt', 'r')
2  lines = file.readlines()
3  file.close()
4  for line in lines:
5      username = line.split(',')[0]
6      password = line.split(',')[1]
7      age = line.split(',')[2]
8      print(username, password, age)
```

上述代码中，第 1～3 行代码首先通过 open( )函数以只读的方式打开 my_data.txt 文件，然后调用 readlines( ) 方法按行读取该文件中的测试数据，最后调用 close( )方法关闭 my_data.txt 文件。第 4～8 行代码通过 for 循环遍历 my_data.txt 文件中的测试数据，通过调用 split( )函数拆分用户名、密码和年龄，该函数中的参数 "," 表示测试数据之间的分割点。

运行文件 7-2，运行结果如图 7-1 所示。

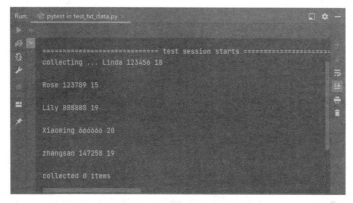

图7-1　文件7-2的运行结果

在图 7-1 中，输出了 "Linda 123456 18…" 等 5 条数据，这 5 条数据与 my_data.txt 文件中的测试数据一致，说明程序已成功读取文本文件中的测试数据。

7.3　基于 DDT 数据驱动的实现

在使用数据驱动时，除了可以读取文本文件中的测试数据外，还可以使用 DDT（Data Driven Tests，数据驱动测试）读取 JSON 文件中的测试数据，接下来将以 TPshop 开源商城网站中的登录功能为例，通过 DDT 实现登录功能的自动化测试。

7.3.1　安装 DDT

DDT 允许不同的测试数据运行同一个测试用例，DDT 其实就是测试数据参数化。由于在 Python 的 unittest 框架中没有自带的数据驱动功能，所以当需要在 unittest 框架中使用数据驱动时，需要结合 DDT 来实现。

由于 DDT 是第三方模块，所以在使用 DDT 前需要对其进行安装，DDT 的安装方式很简单，直接在 cmd 命令窗口中输入 "pip install ddt" 命令，并按下 "Enter" 键即可。安装 DDT 的 cmd 命令窗口如图 7-2 所示。

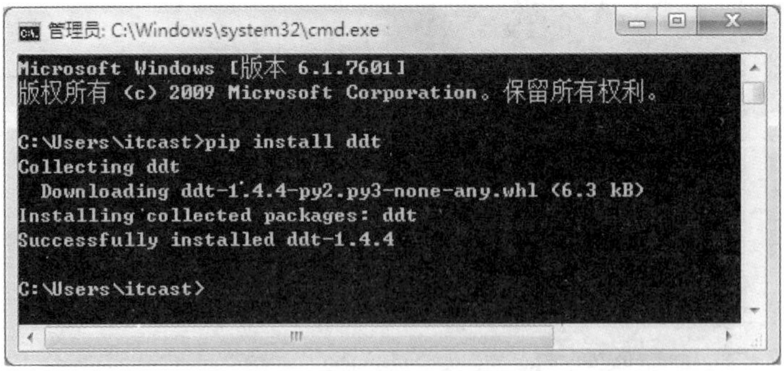

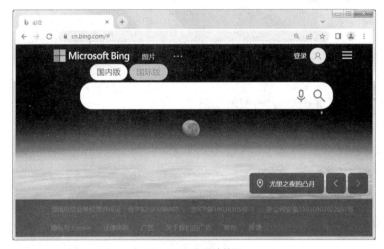

图7-2 安装DDT的cmd命令窗口

在图 7-2 中，显示了安装 DDT 的相关信息，如果 cmd 命令窗口中出现 "Successfully installed ddt−1.4.4"，说明 DDT 安装成功。

7.3.2 DDT 读取测试数据

通常 DDT 读取测试数据时会结合 Python 中的 unittest 单元测试框架，DDT 包含一个类装饰器@ddt、两个方法装饰器@data 和@file_data。其中，装饰器@ddt 用于装饰类，也就是将类继承 TestCase 类；装饰器@data 用于装饰方法，该装饰器中的参数通常是元组、列表、字典等数据类型；装饰器@file_data 用于装饰方法，该装饰器中的参数通常是文件名，例如测试数据保存为 JSON、YAML 等文件类型时，可以使用该装饰器。

需要注意的是，当装饰器@data 中的测试数据为元组、列表、字典等数据类型时，需要使用装饰器@unpack 将测试数据分解为参数的形式再进行传递。

接下来以必应网站首页为例，演示如何将 DDT 数据驱动与 unittest 框架结合测试必应网站首页中的搜索功能。必应网站首页如图 7-3 所示。

图7-3 必应网站首页

在图 7-3 所示的搜索框中输入搜索内容，搜索成功后页面的标题会变为搜索内容+ "– 搜索"，所以在测试必应网站首页中的搜索功能时，需要判断搜索成功后页面的标题是否为搜索内容+ "– 搜索"，如果是，则说明搜索功能没有问题，否则，说明搜索功能是有问题的。

首先在 Chapter07 程序中创建名为 bing_test_data.json 的文件，在该文件中写入 2 条 JSON 格式的测试数据，具体代码如文件 7-3 所示。

```
1  {
2    "case_01": {
3      "search_content": "自动化测试"
4    },
5    "case_02": {
6      "search_content": "DDT 数据驱动测试"
7    }
8  }
```

然后在 Chapter07 程序中创建名为 test_ddt_bing.py 的文件，在该文件中实现通过 DDT 读取测试数据的功能，具体代码如文件 7-4 所示。

【文件 7-4】　test_ddt_bing.py

```
1  import unittest
2  from time import sleep
3  from selenium import webdriver
4  from ddt import ddt, data, file_data, unpack
5  @ddt
6  class TestBing(unittest.TestCase):
7      @classmethod
8      def setUpClass(cls):
9          cls.driver = webdriver.Chrome()
10         cls.bing_url = "https://cn.bing.com/"
11     @classmethod
12     def tearDownClass(cls):
13         cls.driver.quit()
14     def bing_search(self, search_content):
15         self.driver.get(self.bing_url)
16         self.driver.find_element_by_id("sb_form_q").send_keys(search_content)
17         sleep(2)
18         self.driver.find_element_by_id("search_icon").click()
19     # 列表类型
20     @data(["case_01", "自动化测试"], ["case_02", "DDT 数据驱动测试"])
21     @unpack
22     def test_search_01(self, case, search_content):
23         print("第 1 组测试数据为列表类型：", case)
24         self.bing_search(search_content)
25         self.assertEqual(self.driver.title, search_content + " - 搜索")
26     # 元组类型
27     @data(("case_01", "自动化测试"), ("case_02", "DDT 数据驱动测试"))
28     @unpack
29     def test_search_02(self, case, search_content):
30         print("第 2 组测试数据为元组类型：", case)
31         self.bing_search(search_content)
32         self.assertEqual(self.driver.title, search_content + " - 搜索")
33     # 字典类型
34     @data({"search_content": "自动化测试"}, {"search_content": "DDT 数据驱动测试"})
35     @unpack
36     def test_search_03(self, search_content):
37         print("第 3 组测试数据为字典类型：", search_content)
38         self.bing_search(search_content)
39         self.assertEqual(self.driver.title, search_content + " - 搜索")
40     # JSON 文件类型
```

```
41      @file_data("./bing_test_data.json")
42      def test_search_04(self, search_content):
43          print("第 4 组测试数据为 JSON 文件类型：", search_content)
44          self.bing_search(search_content)
45          self.assertEqual(self.driver.title, search_content + " - 搜索")
46  if __name__ == '__main__':
47      unittest.main()
```

上述代码中，第 5 行代码使用装饰器@ddt 声明 TestBing 类。

第 6～47 行代码创建了一个 TestBing 类，该类继承 unittest 框架中的 TestCase 类。

第 7～13 行代码使用装饰器@classmethod 分别装饰了 setUpClass( )方法和 tearDownClass( )方法，这 2 个方法分别表示类级别的 fixture 初始化和销毁。其中，setUpClass( )方法用于获取浏览器驱动和必应网站的 URL 地址，tearDownClass( )方法用于退出浏览器驱动对象。

第 14～18 行代码定义了一个 bing_search( )方法，用于定位必应网站首页的输入框和"搜索"按钮，获取在搜索框中输入测试数据，并实现单击"搜索"按钮的操作。

第 20～39 行代码使用装饰器@data 和装饰器@unpack 装饰了 test_search_01( )方法、test_search_02( )方法和 test_search_03( )方法，由于这 3 个方法依次传递的测试数据类型分别为列表、元组、字典，所以都需要使用装饰器@unpack 将测试数据分解为参数的形式进行传递。第 25 行代码调用了 assertEqual( )方法，用于断言搜索成功后页面的标题是否是搜索内容+"- 搜索"。

第 41～45 行代码使用装饰器@file_data 装饰 test_search_04( )方法。由于 test_search_04( )方法中的测试数据为 JSON 文件类型，装饰器中需要传递的参数为文件名称，所以需要使用装饰器@file_data。

运行文件 7-4，程序的运行效果可扫描下方二维码观看。

文件7-4的运行效果

控制台中输出的运行结果如图 7-4 所示。

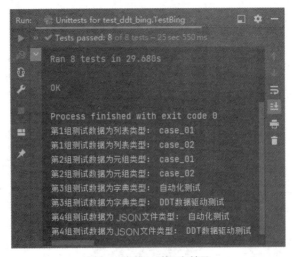

图7-4　文件7-4的运行结果

在图 7–4 中，控制台输出了 "Ran 8 tests in 29.680s" 和 "OK"，并打印了第 1 组～第 4 组的测试数据类型信息，说明程序中的 8 条测试用例执行通过，程序能够通过 DDT 读取列表、元组、字典、JSON 等类型的测试数据。

7.4　实战演练——TPshop 开源商城的登录功能测试

为了能让大家更好地理解数据驱动，接下来将以 TPshop 开源商城网站中的登录功能为例，演示如何通过数据驱动实现登录功能的自动化测试。

7.4.1　设计测试用例

使用数据驱动测试 TPshop 开源商城网站的登录功能时，可以采用 PO 模式的分层思想对页面进行封装，所以本案例中的部分代码与第 6 章中通过 PO 模式测试 TPshop 开源商城网站的登录功能的案例代码有相同的地方，如果遇到相同代码的部分不会再次显示并详细介绍。在编写登录功能的测试脚本之前，以账号不存在、密码错误、验证码错误、用户名为空、密码为空和验证码为空的测试数据为例，设计登录功能的 6 个测试用例，这些测试用例如表 7–1 所示。

表 7-1　登录功能的测试用例

ID	优先级	测试功能	测试标题	预置条件	步骤描述	测试数据	预期结果	实际结果
login_01	L0	登录	账号不存在	打开商城首页，进入登录页面	1. 输入用户名； 2. 输入密码； 3. 输入验证码； 4. 单击"登录"按钮	用户名：13711111234 密码：123456 验证码：8888	提示框提示：账号不存在	
login_02	L0	登录	密码错误	打开商城首页，进入登录页面	1. 输入用户名； 2. 输入密码； 3. 输入验证码； 4. 单击"登录"按钮	用户名：13012345678 密码：1234567 验证码：8888	提示框提示：密码错误	
login_03	L0	登录	验证码错误	打开商城首页，进入登录页面	1. 输入用户名； 2. 输入密码； 3. 输入验证码； 4. 单击"登录"按钮	用户名：13012345678 密码：123456 验证码：888	提示框提示：验证码错误	
login_04	L0	登录	用户名为空	打开商城首页，进入登录页面	1. 输入密码； 2. 输入验证码； 3. 单击"登录"按钮	用户名： 密码：123456 验证码：8888	提示框提示：用户名不能为空	
login_05	L0	登录	密码为空	打开商城首页，进入登录页面	1. 输入用户名 2. 输入验证码 3. 单击"登录"按钮	用户名：13012345678 密码： 验证码：8888	提示框提示：密码不能为空	
login_06	L0	登录	验证码为空	打开商城首页，进入登录页面	1. 输入用户名； 2. 输入密码； 3. 单击"登录"按钮	用户名：13012345678 密码：123456 验证码：	提示框提示：验证码不能为空	

7.4.2 准备测试数据

设计好测试用例后，接下来可以根据测试用例准备测试数据。测试数据的来源可以是 JSON、XLS 或 XLSX、XML、TXT 等格式的文件。以 JSON 格式的文件为例，首先在 Chapter07 程序中创建 case_data 文件夹，在该文件夹中创建 login_case_data.json 文件，该文件用于存放登录功能的测试数据，具体代码如文件 7-5 所示。

【文件 7-5】 login_case_data.json

```
 1  {
 2    "user_no_exist": {
 3      "username": "13711111234",
 4      "password": "123456",
 5      "code": "8888",
 6      "expect": "账号不存在"
 7    },
 8    "password_error": {
 9      "username": "13012345678",
10      "password": "1234567",
11      "code": "8888",
12      "expect": "密码错误"
13    },
14    "code_error": {
15      "username": "13012345678",
16      "password": "123456",
17      "code": "888",
18      "expect": "验证码错误"
19    },
20    "username_is_none": {
21      "username": " ",
22      "password": "123456",
23      "code": "8888",
24      "expect": "用户名不能为空"
25    },
26    "password_is_none": {
27      "username": "13012345678",
28      "password": " ",
29      "code": "8888",
30      "expect": "密码不能为空"
31    },
32    "code_is_none": {
33      "username": "13012345678",
34      "password": "123456",
35      "code": " ",
36      "expect": "验证码不能为空"
37    }
38  }
```

7.4.3 获取测试数据

当在程序中使用测试数据时，需要从 login_case_data.json 文件中获取测试数据。接下来在 Chapter07 程序中创建一个 utils.py 文件，在该文件中定义一个工具类 UtilsDriver，将第 6 章中 UtilsDriver 类中的代码复制到 Chapter07 程序的 UtilsDriver 类中，然后在该类中添加一个获取测试数据的方法。utils.py 文件中的代码如文件 7-6 所示。

【文件 7-6】　utils.py

```
1  ......
2  # 定义工具类
3  class UtilsDriver:
4      ......
5  #获取测试数据的方法
6  def case_data(filename):
7      with open(filename, encoding='utf-8') as f:
8          case_data = json.load(f)
9      list_case_data = []
10     # values() 用来获取字典对象里面的键值对
11     for case in case_data.values():
12         list_case_data.append(tuple(case.values()))
13     return list_case_data
```

上述代码中第 6～13 行代码定义了一个 case_data()方法，用于获取 login_case_data.json 文件中的测试数据。其中，第 7 行代码调用 open()函数打开 JSON 格式的文件，第 8 行代码调用 load()方法获取 login_case_data.json 文件中的测试数据。第 11～13 行代码使用 for 循环遍历测试数据，然后将测试数据保存在数组 list_case_data 中。

7.4.4　创建登录测试用例

为了方便维护自动化测试脚本，使用 PO 模式的分层思想对 TPshop 开源商城网站的页面进行封装，这些封装的代码与第 6 章中 6.2.3～6.2.5 节中的代码一样，所以直接将 Chapter06 程序中 base_page.py 文件复制到 Chapter07 程序中创建的 base 文件夹中，将 Chapter06 程序中的 page_home.py 文件和 page_login.py 文件复制到 Chapter07 程序中创建的 page 文件夹中。接着创建登录测试用例，具体介绍如下。

（1）实现登录功能的测试用例

首先在 Chapter07 程序中创建一个 scripts 文件夹，在该文件夹中创建 test_login.py 文件，用于编写登录功能的测试用例，具体代码如文件 7-7 所示。

【文件 7-7】　test_login.py

```
1  from time import sleep
2  import pytest
3  from utils import UtilsDriver, get_msg, case_data
4  from page.page_home import HomeProxy
5  from page.page_login import LoginProxy
6  login_case_data = case_data("../case_data/login_case_data.json")
7  class TestLogin:
8      def setup_class(self):
9          # 实例化首页和登录的业务对象
10         self.home_proxy = HomeProxy()
11         self.login_proxy = LoginProxy()
12         # 通过首页页面的业务层操作实现登录的跳转
13         self.home_proxy.go_login_page()
14     # 创建方法级别的 fixture 初始化的操作方法
15     def setup(self):
16         UtilsDriver.get_driver().refresh()
17     # 创建类级别 fixture 销毁的操作方法
18     def teardown_class(self):
```

```
19        UtilsDriver.quit_driver()
20    # 定义测试方法
21    @pytest.mark.parametrize("username, password, code,expect", login_case_data)
22    def test_login(self, username, password, code, expect):
23        self.login_proxy.login(username, password, code)
24        msg = get_msg()
25        sleep(2)
26        assert expect in msg
```

上述代码中，第 6 行代码调用 case_data( )方法获取 login_case_data.json 文件中的测试数据。

第 7~26 行代码定义了一个测试类 TestLogin，用于测试登录功能。在 TestLogin 类中定义了 4 个方法，分别是 setup_class( )、setup( )、teardown_class( )、test_login( )，其中 setup_class( )方法和 teardown_class( )方法是类级别的 fixture 方法，setup( )方法是方法级别的 fixture 方法，test_login( )方法用于测试登录功能。

第 21 行代码使用装饰器@pytest.mark.parametrize 实现测试用例的参数化。

（2）运行程序

运行文件 7-7，程序的运行效果可扫描下方二维码观看。

文件7-7的运行效果

控制台中输出的运行结果如图 7-5 所示。

图7-5　文件7-7的运行结果

由图 7-5 可知，控制台中输出了"6 passed in 29.00s"，说明 login_case_data.json 文件中的 6 条测试数据测试通过，测试时长为 29.00 秒。

7.5　本章小结

本章主要讲解了数据驱动，包括数据驱动简介、文本数据驱动的实现、基于 DDT 数据驱动的实现和数据驱动的案例实战，本章的内容为后续测试项目时执行大量的测试数据奠定了基础，希望读者能够掌握本章的内容。

7.6　本章习题

一、填空题

1. 数据驱动是通过 _____ 来驱动测试用例的执行。

2. 从文件中读取测试数据时，文件类型可以是_____（写出任意一种即可）。

3. 在读取文本文件时，通过调用_____方法可以读取指定的内容。

二、判断题

1. 数据驱动的优点之一是代码的复用率高。（　　　）

2. 数据驱动的代码可维护性高。（　　　）

3. 数据驱动的实现不需要依赖参数化的技术。（　　　）

4. 数据驱动技术可以将用户把关注点放在对测试数据的构建和维护上，而不是直接维护测试脚本。（　　　）

三、单选题

1. 下列选项中，关于数据驱动的描述错误的是（　　　）。

A. 可以利用同样的过程对不同的数据输入进行测试

B. 可以把数据驱动理解为一种模式或者一种思想

C. 数据驱动只能读取 JSON 和 XLS 或 XLSX 格式的文件

D. 数据驱动本身不是一个工业级标准的概念

2. 下列选项中，关于测试数据的来源说法正确的是（　　　）。

A. 不可以从数据库中读取数据

B. 不可以直接调用接口获取数据源

C. 从文件读取数据，例如 JSON、YAML 等格式的文件

D. 直接定义在测试脚本中

3. 下列选项中，关于 DDT 的描述错误的是（　　　）。

A.　DDT 是指数据驱动测试

B.　@data 用来装饰方法

C. 在 unittest 框架中结合 DDT 也能实现数据驱动

D.　@unpack 用来装饰类

四、简答题

1. 请简述什么是数据驱动。

2. 请简述测试数据的来源有哪些。

第 8 章

日 志

★ 了解日志的简介，能够阐述日志的概念和作用。

★ 熟悉 logging 模块中的日志级别，能够归纳日志级别的特点。

★ 掌握 logging 模块中日志级别函数的使用，能够输出不同级别的日志。

★ 掌握 logging 模块中配置日志函数的使用，能够设置日志的格式和级别。

★ 掌握 logging 模块中日志的 4 大组件，能够完成对日志的处理。

拓展阅读

在测试一个 Web 项目的过程中，如果测试程序突然崩溃，此时测试人员就需要去查看程序输出的日志信息，根据日志信息定位程序出错的位置，并分析出错的原因。此外，如果测试程序正在进行持续集成，且是无人值守的情况下，就需要通过记录日志信息明确测试执行的过程和结果。为了让读者能够掌握和使用日志信息，本章将对日志简介、logging 模块中的日志、实战演练——每分钟生成一个日志文件进行讲解。

8.1 日志简介

8.1.1 日志的概念

在计算机中，所有软件或系统运行过程中的信息都需要被记录，这些被记录的信息被称为日志（Log）。日志是对一个事件的记录。日志中包含软件或系统运行过程中的日期、时间、警告、异常、错误等信息，开发人员或测试人员通过查看日志信息可以很清晰地知道程序或系统在每个时间段发生的事件。

8.1.2 日志的作用

日志在软件或系统运行过程中是非常重要的，开发人员或测试人员通过记录和分析日志可以了解软件或系统的运行情况是否正常，也可以根据日志信息快速定位程序出现的问题。例如，测试人员在测试项目时如果测试程序突然崩溃了，此时测试人员需要查看程序运行过程中的日志信息，通过日志信息可以排查或找到问题产生的原因。

在自动化测试程序中，测试人员可以调用记录日志的相关函数或方法来追踪测试过程中发生的事件信息，例如，检验测试用例是否通过、测试时的网络是否通畅等。

在软件项目的研发或测试阶段，日志的作用可以简单总结为以下几点。

（1）调试程序。

（2）了解程序或系统运行的情况。

（3）程序或系统运行的故障分析与问题定位。

（4）用户行为分析和数据统计。

通过分析日志，测试人员或开发人员能够及时发现问题并快速定位问题，有助于解决问题并降低损失。如果程序的日志信息足够丰富，还可以通过分析用户的操作行为提高商业利益。例如，对于电商类产品，可以通过分析用户浏览、加购、搜索商品等行为来开展有针对性的活动，从而在一定程度上提高收益。

8.2　logging 模块中的日志

任何一个开发语言都会提供操作日志的功能，并且也可利用功能强大、使用简单的第三方库来提供操作日志的功能。Python 语言也不例外，Python 标准库中也提供了一个操作日志的模块 logging，该模块主要用于设置日志并输出程序运行时的日志信息。下面将对 logging 模块中的日志级别、日志级别函数、配置日志函数和日志的 4 大组件进行详细讲解。

8.2.1　日志级别

日志级别是指日志信息的优先级、重要性或者严重程度。在软件测试阶段，为了能详细查看程序运行的状态，测试人员需要将测试程序运行过程中的所有日志信息全部记录下来。但记录所有日志的操作会影响程序的性能，当记录的日志信息较多时，不利于排查程序的问题。为了避免记录所有的日志影响程序的性能并且增加排查程序问题的难度，可以通过日志级别对日志信息进行分类，只记录对程序比较重要的日志，例如程序运行过程中的异常信息、错误信息等。logging 模块中默认定义了 5 种日志级别，如表 8-1 所示。

表 8-1　logging 模块中定义的日志级别

日志级别	说明
DEBUG	调试级别，记录非常详细的日志信息，通常记录代码的调试信息
INFO	信息级别，记录一般的日志信息，主要用于记录程序运行过程中的信息
WARNING	警告级别，记录警告日志信息，该级别的信息表示会出现潜在错误的情形，一般不影响软件的正常使用
ERROR	错误级别，记录错误日志信息，该级别的错误可能会导致程序的某些功能无法正常使用
CRITICAL	严重错误级别，记录程序运行时的严重错误信息，该级别的错误可能会导致整个程序都不能正常运行

在表 8-1 中，日志级别的优先级由低到高依次为：DEBUG<INFO<WARNING<ERROR<CRITICAL。当在程序中记录某个级别的日志信息时，程序会记录大于或等于指定级别的日志信息，而不是只记录指定级别的日志信息。logging 模块中默认的日志级别为 WARNING，程序中优先级高于该级别或者是该级别的日志才能输出，低于该级别的日志不会被输出。

8.2.2　日志级别函数

如果想要在测试程序中输出不同级别的日志信息，可以使用 logging 模块中提供的日志级别函数。logging 模块中提供的日志级别函数是对日志系统中相关类的封装，logging 模块中常用的日志级别函数如表 8-2 所示。

表 8-2　logging 模块中常用的日志级别函数

函数	说明
debug(msg, *args, **kwargs)	输出日志级别为 DEBUG 的日志信息
info(msg, *args, **kwargs)	输出日志级别为 INFO 的日志信息
warning(msg, *args, **kwargs)	输出日志级别为 WARNING 的日志信息
error(msg, *args, **kwargs)	输出日志级别为 ERROR 的日志信息
critical(msg, *args, **kwargs)	输出日志级别为 CRITICAL 的日志信息
log(level, *args, **kwargs)	输出日志级别为 level 的日志信息，参数 level 的值为日志级别对应的常量，例如，logging.ERROR（错误级别）、logging.WARNING（警告级别）等

在表 8-2 中，函数的参数 msg 是字符串格式的日志信息，该信息可以自己定义；参数 *args 是可变数量的参数，类型为列表类型；参数 **kwargs 是关键字参数，参数数量也是可变的，类型为字典类型。参数 *args 和 **kwargs 通常都以格式化字符串（参考本节的多学一招）的形式与参数 msg 结合使用。一般情况下，调用表 8-2 中的函数时，只需要传递函数中的第 1 个参数即可。

如果要输出的日志中包含变量，可以使用格式化字符串描述该日志信息。假设要输出一个警告级别的日志信息，该信息中包含了字符串类型的变量和数值类型的变量，可通过调用 warning( )方法实现，示例代码如下。

```
logging.warning("我叫%s, 我今年%d 岁了", "Lucy", 12)
```

上述示例代码中%s 与%d 是格式化字符串中的占位符，%s 表示输出的内容为字符串，%d 表示输出的内容为整数，占位符%s 的值是 warning( )方法中的第 2 个参数 "Lucy"，占位符%d 的值是 warning( )方法中传递的第 3 个参数 12。

上述示例代码的输出结果为如下。

```
WARNING:root:我叫 Lucy, 我今年 12 岁了
```

接下来通过一个案例来演示如何使用表 8-2 中的日志级别函数输出日志。首先在 PyCharm 工具中创建一个名为 Chapter08 的程序，然后在该程序中创建 log_level.py 文件，在该文件中调用表 8-2 中的日志级别函数输出日志，具体代码如文件 8-1 所示。

【文件 8-1】　log_level.py

```
1  import logging
2  # 调用 logging 模块中的日志级别函数输出日志
3  logging.debug("这是一条调试级别的日志")
4  logging.info("这是一条信息级别的日志")
5  logging.warning("这是一条警告级别的日志")
6  logging.error("这是一条错误级别的日志")
7  logging.critical("这是一条严重级别的日志")
8  logging.log(level=logging.WARNING, msg="这是一条通过 log()函数输出的警告级别日志")
9  logging.error("这是一条%s 级别的日志，输出了%d 次", "错误", 1)
```

上述代码中，第 8 行代码调用 log( )函数输出一条警告级别的日志，该函数中的参数 level 的值 logging.WARNING 表示设置日志为警告级别，参数 msg 的值是输出到控制台的日志信息。

运行文件 8-1 中的代码，运行结果如图 8-1 所示。

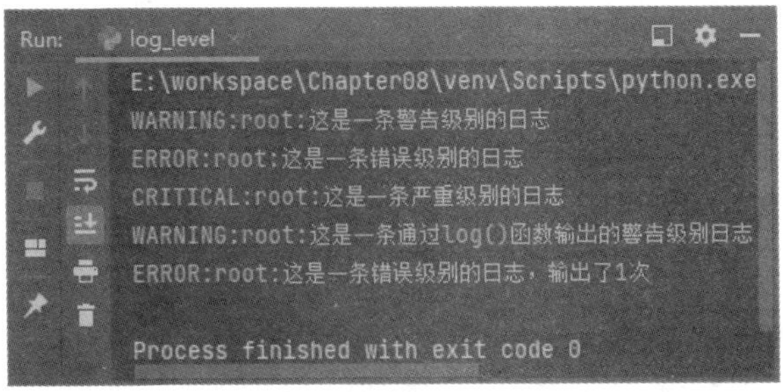

图8-1　文件8-1的运行结果

由图 8-1 可知，控制台输出了 WARNING、ERROR、CRITICAL 级别的日志，没有输出 DEBUG 和 INFO 级别的日志，这是因为 logging 模块中默认的日志级别为 WARNING，程序中优先级高于该级别或者是该级别的日志才能输出，低于该级别的日志不会被输出。

多学一招：格式化字符串

格式化字符串是指在字符串中用格式化占位符来代替字符串中变化的部分，然后将这些变化部分的具体数据与字符串整合。Python 中常见的格式化占位符（为某个数据占据位置）如表 8-3 所示。

表 8-3　Python 中常见的格式化占位符

格式化占位符	说明
%d	整数占位符
%s	字符串占位符
%f	浮点数占位符，%.Nf 表示保留小数点后 N 位小数。例如，%.2f 表示保留小数点后 2 位小数
%c	字符占位符

接下来通过一个格式化字符串演示如何使用 Python 中常见的格式化占位符，具体示例代码如下。

```
msg = "我叫%s,我今年%d岁了,我考试成绩为%.2f,我的作文级别为%c" % ("小明", 12, 90.5, 'A')
```

上述示例代码中，变量 msg 的值是一个格式化字符串，该字符串中的%s、%d、%.2f、%c 均是字符串中的格式化占位符，最后一个%后面的部分（即"小明", 12, 90.5, 'A'）是字符串中每个格式化占位符对应的具体数据，这些具体数据的顺序与格式化占位符的顺序是一一对应的。

8.2.3　配置日志函数

logging 模块中除了日志级别的函数外，还有配置日志的函数 basicConfig( )，根据该函数中传递的参数可以对日志进行配置，包括设置日志级别、日志格式和输出日志等。basicConfig( )函数的语法格式如下。

```
basicConfig(**kwargs)
```

basicConfig( )函数中的参数**kwargs（keyword arguments）表示可以指定很多可选的关键字参数，这些参数可以改变日志的默认行为，例如，日志格式、日志级别等。basicConfig( )函数中常用的参数有 filename、filemode、format、datefmt、style、level、stream、handlers 和 force，关于这 9 个参数的说明如表 8-4 所示。

表 8-4 basicConfig( )函数中常用的参数

参数名称	说明
filename	指定日志文件的名称
filemode	指定日志文件的打开模式，默认为 a，表示日志会以追加的形式添加到日志文件中。如果为 w，那么每次程序启动时都会创建一个新的日志文件
format	指定日志输出的格式和内容，根据该参数值的不同可以输出日志的不同信息，例如，该参数值为%(levelno)s，会输出日志级别的数值
datefmt	指定日志的日期或时间格式，例如，datefmt='%Y/%m/%d %H:%M:%S'
style	如果通过 format 参数指定了日志输出的格式化字符串，则可以使用参数 style 指定日志格式化字符串的类型
level	设置日志级别，默认为 logging.WARNNING
stream	指定日志的输出流，可以指定日志输出到 sys.stderr、sys.stdout 或者文件，默认输出到 sys.stderr，当 stream 和 filename 参数同时指定时，stream 的指定会失效
handlers	指定日志处理器，如果根日志器没有执行新的日志处理器，则默认使用该参数配置
force	如果该参数的值为 true，则在执行其他参数指定的配置之前，将删除并关闭连接到根日志器的所有处理程序

通常会使用 basicConfig( )函数配置日志级别、日志的输出格式和日志的输出文件。假设想要配置日志的级别为 DEBUG，日志的输出格式为"日志级别名称 日志名称 日志"，日志的输出文件为 a.log，实现这些配置的示例代码如下。

```
logging.basicConfig(level=logging.DEBUG,
                    format="%(levelname)s:%(name)s:%(message)s",
                    filename='a.log')
```

上述示例代码中，basicConfig( )函数中的参数 level 用于设置日志的级别为 logging.DEBUG，参数 format 用于配置日志的输出格式为"日志级别名称 日志名称 日志"，参数 filename 用于设置日志文件的名称为 a.log。

接下来通过一个案例演示如何使用 basicConfig( )函数对日志进行基本的配置，在 Chapter08 程序中创建名为 log_config.py 的文件，在该文件中配置日志的级别、格式和输出文件，具体代码如文件 8-2 所示。

【文件 8-2】 log_config.py

```
1  import logging
2  # 定义一个格式化字符串
3  fmt = '%(asctime)s %(levelname)s [%(name)s]' \
4      ' [%(filename)s(%(funcName)s:%(lineno)d)] - %(message)s'
5  # 设置日志级别为 INFO（信息级别），日志格式为 fmt，输出日志到 a.log 文件中
6  logging.basicConfig(level=logging.INFO, format=fmt, filename='a.log')
7  logging.debug("这是一条调试级别的日志")
8  logging.info("这是一条信息级别的日志")
9  logging.warning("这是一条警告级别的日志")
10 logging.error("这是一条错误级别的日志")
11 logging.critical("这是一条严重级别的日志")
```

上述代码中，第 3~4 行代码定义了日志的输出格式，其中%(asctime)s 表示以字符串的形式输出当前时间（年-月-日 时:分:秒,毫秒），%(levelname)表示输出日志级别的名称，[%(name)s]'表示输出日志名称，%(filename)s 表示输出程序执行的模块名称，%(funcName)s 表示输出日志的函数名称，%(lineno)d 表示输出日志函数语句所在的代码行数。第 6 行代码调用 basicConfig( )函数设置了输出日志的信息，该函数中的参数

level=logging.INFO 表示设置输出日志的级别为 INFO，参数 format=fmt 表示将日志的格式设置为定义好的格式 fmt，参数 filename='a.log'表示设置日志文件的名称为 a.log。

运行文件 8–2 中的代码后，Chapter08 程序的根目录中会自动生成一个名称为 a.log 的文件，该文件中的内容是程序执行后输出的日志信息，a.log 文件中的内容如图 8–2 所示。

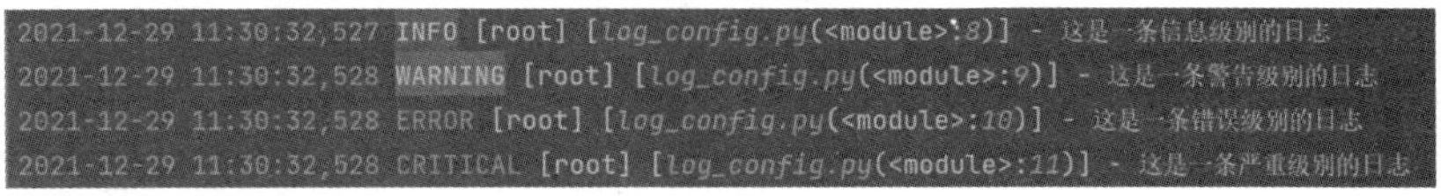

图8-2　a.log文件中的内容

由图 8–2 可知，在 a.log 文件中存储了输出日志的时间、日志级别、日志名称、模块名称、日志函数名称、日志函数语句所在的代码行数和日志信息。

需要注意的是，运行文件 8–2 中的代码后，需要选中 Chapter08 程序的名称，鼠标右键单击选择 "Reload from Disk" 选项，程序的根目录中会显示 a.log 文件。

多学一招：format 参数常用的格式化字符串

如果需要调用 basicConfig( )函数输出更加详细的日志，则需要学习该函数中的 format 参数，该参数通过设置日志的格式，让程序输出更加详细的日志。format 参数常用的格式化字符串如表 8-5 所示。

表 8-5　format 参数常用的格式化字符串

格式化字符串	说明
%(name)s	输出日志名称
%(levelno)s	输出日志级别的数值
%(levelname)s	输出日志级别的名称
%(pathname)s	输出当前程序的路径
%(filename)s	输出程序执行的模块名称，例如 log.py
%(module)s	输出程序执行的模块名称，该名称不带后缀名，例如 log
%(funcName)s	输出日志函数的名称
%(lineno)d	输出日志函数语句所在的代码行数
%(created)f	输出当前时间，用 UNIX 标准时间的浮点数
%(relativeCreated)d	输出日志信息的时间
%(asctime)s	输出字符串形式的当前时间，格式为年-月-日 时:分:秒，毫秒
%(thread)d	输出线程 ID
%(process)d	输出进程 ID
%(threadName)s	输出线程名称
%(processName)d	输出进程名称
%(message)s	输出程序中设置的消息

8.2.4　日志的四大组件

logging 模块提供了日志的四大组件来完成日志的处理，该四大组件分别是日志器、处理器、过滤器和格式器。日志的四大组件的具体介绍如下。

1. 日志器

日志器是程序使用日志的入口。在 logging 模块中，日志对应的类是 Logger，Logger 类中常用的方法如表 8–6 所示。

表 8-6　Logger 类中常用的方法

方法	说明
debug( )	打印调试级别的日志
info( )	打印信息级别的日志
warning( )	打印警告级别的日志
error( )	打印错误级别的日志
critical( )	打印严重错误级别的日志
setLevel( )	设置日志器将会处理的日志的最低严重级别
addHandler( )	添加一个处理器对象
addFilter( )	添加一个过滤器对象

如果想要获取一个日志器对象，可以调用 logging 模块中的 getLogger( )函数来实现，该函数的语法格式如下。

```
getLogger(name=None)
```

getLogger( )函数中传递了参数 name，该参数的值是日志器的名称。参数 name 为可选参数，默认值为 None。当 getLogger( )函数中传递了参数时，该函数的返回值是日志器的名称；如果没有传递参数或参数 name 的值为 None，该函数的返回值为 root。如果多次调用 getLogger( )函数且函数的参数值相同，则调用 getLogger( )函数获取的日志器对象是同一个。

假设想要获取一个日志器名称为“myLogger”的日志器对象，则示例代码如下。

```
logger = logging.getLogger("myLogger")
```

getLogger( )函数中的参数“myLogger”为日志器的名称。

2. 处理器

处理器用于将日志器创建的日志信息输出到指定的位置，例如控制台、文件、网络、邮件等。日志器对象可以调用 addHandler( )方法添加多个处理器对象。在 logging 模块中，处理器对应的类是 Handler。在程序中不能直接实例化 Handler 类和使用 Handler 类的实例，因为 Handler 类是一个基类，它只定义了一些处理器需要的接口。在程序中通常使用 Handler 类的实现类来创建处理器对象，logging 模块中常用的 Handler 类的实现类如表 8–7 所示。

表 8-7　logging 模块中常用的 Handler 类的实现类

实现类	说明
logging.StreamHandler	将日志信息发送到控制台
logging.FileHandler	将日志信息发送到磁盘文件，默认情况下文件大小会无限增大

续表

实现类	说明
logging.handlers.RotatingFileHandler	将日志信息发送到磁盘文件，并支持日志文件按文件大小切割
logging.hanlders.TimedRotatingFileHandler	将日志信息发送到磁盘文件，并支持日志文件按文件生成的时间切割
logging.handlers.HTTPHandler	将日志信息以 GET 或 POST 方式发送给 HTTP 服务器
logging.handlers.SMTPHandler	将日志信息发送给指定的 Email 地址

Handler 实现类中常用的方法如表 8-8 所示。

表 8-8 Handler 实现类中常用的方法

方法	说明
setLevel( )	设置处理的日志级别
setFormatter( )	设置一个格式器对象
addFilter( )	添加一个过滤器对象

3. 过滤器

过滤器用于在输出日志的过程中，提供更细颗粒度的日志过滤功能，输出符合指定条件的日志。在 logging 模块中，过滤器对应的类是 Filter，Filter 是一个过滤器基类，可以与 Logger 类和 Handler 类一起使用，并输出更精确且复杂的日志。当初始化 Filter 类时，需要调用 Filter( )方法，该方法的语法格式如下。

```
Filter(name='')
```

Filter( )方法中的参数 name 是日志器的名称，假设参数 name 的值传递为 a.log，则实例化后的 Filter 对象只允许符合日志器名称为 a.log 规则的日志通过过滤器过滤。

如果想要过滤日志器名称为空字符串的日志，则创建 filter 对象的示例代码如下。

```
filter=logging.Filter(name='')
```

上述示例代码中创建的 filter 对象允许所有的日志通过过滤器过滤。

Filter 类中还定义了 filter( )方法，该方法用于控制传递的日志器是否通过过滤器过滤，该方法的语法格式如下。

```
filter(record)
```

filter( )方法中的参数 record 表示日志记录对象。当 filter( )方法的返回值为 0 时，表示日志器未通过过滤器过滤；当 filter( )方法的返回值不为 0 时，表示日志器已通过过滤器过滤。

4. 格式器

格式器用于配置日志的最终输出格式。在 logging 模块中，格式器对应的类是 Formatter。创建 formatter 对象的语法格式如下。

```
formatter = logging.Formatter(fmt=None, datefmt=None, style='%', validate=True)
```

上述语法格式中有 4 个参数，这 4 个参数的具体介绍如下。

- fmt：用于指定日志格式化字符串，默认值为 None。
- datefmt：用于指定日期格式的字符串，默认值为 None。
- style：用于指定日志的风格，默认值为%。
- validate：表示验证器，默认值为 True。

通常日志需要通过处理器将日志输出到目标位置，例如文件、控制台、网络等。每个处理器可以设置一个格式器，实现同一条日志以不同的格式输出到不同的位置；除此之外，每个处理器还可以设置一个过滤器，用于实现日志的过滤功能，保留重要的或者特殊的日志。总之，日志器是日志的入口，处理器可以通过过滤器和格式器对输出的日志进行过滤和格式化处理等操作。

接下来通过一个案例演示如何使用日志的四大组件将日志同时输出到控制台和文件中。首先在Chapter08 程序中创建一个名为 output_log_to_console_and_file.py 的文件，在该文件中通过创建日志器对象、控制台处理器对象、文件处理器对象、格式器对象，同时将格式器对象添加到处理器对象中、将处理器对象添加到日志器对象中，从而实现将日志同时输出到控制台和文件中，具体代码如文件 8-3 所示。

【文件 8-3】　output_log_to_console_and_file.py

```
1  import logging.handlers
2  # 创建日志器
3  logger = logging.getLogger()
4  # 设置日志级别
5  logger.setLevel(logging.DEBUG)
6  # 创建输出日志到控制台的处理器对象
7  console_handler = logging.StreamHandler()
8  # 创建输出日志到文件的处理器对象
9  file_handler = logging.handlers.TimedRotatingFileHandler("b.log")
10 # 设置日志级别
11 console_handler.setLevel(logging.INFO)
12 file_handler.setLevel(logging.WARNING)
13 # 创建格式器对象
14 fmt = '%(asctime)s %(levelname)s [%(name)s] ' \
15      '[%(filename)s(%(funcName)s:%(lineno)d)] - %(message)s'
16 formatter = logging.Formatter(fmt=fmt)
17 # 将格式器对象添加到处理器对象中
18 console_handler.setFormatter(formatter)
19 file_handler.setFormatter(formatter)
20 # 将处理器对象添加到日志器对象中
21 logger.addHandler(console_handler)
22 logger.addHandler(file_handler)
23 # 输出日志
24 logger.info("这是一条信息级别的日志")
25 logging.warning("这是一条警告级别的日志")
```

上述代码中，第 7 行代码调用 StreamHandler( )方法创建输出日志到控制台的处理器对象。第 9 行代码调用 TimedRotatingFileHandler( )方法创建按时间切割日志并输出到文件中的处理器对象，该方法中传递的参数 b.log 是日志文件名称。第 11～12 行代码调用 setLevel( )方法分别设置输出到控制台的日志级别为 INFO、输出到文件中的日志级别为 WARNING。第 16 行代码调用 Formatter( )方法设置日志的格式器。

运行文件 8-3 中的代码后，程序 Chapter08 的根目录中会自动生成一个 b.log 文件，并且控制台中也输出了日志，控制台中输出的日志如图 8-3 所示。

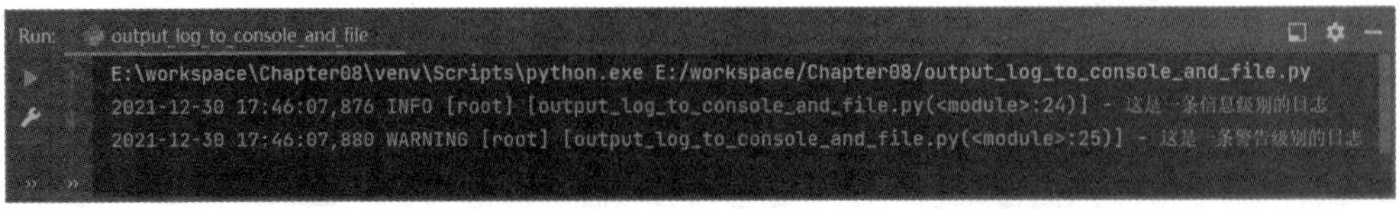

图8-3　控制台中输出的日志

由图 8-3 可知，在控制台中输出了日志级别为 INFO 和 WARNING 的日志信息，这些日志输出的内容顺序为当前时间、日志级别、日志名称、模块名称、日志函数名称、日志函数所在的行号和日志。

程序生成的 b.log 文件的位置和内容如图 8-4 和图 8-5 所示。

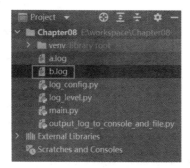

图8-4　b.log文件的位置

b.log
2021-12-30 17:46:07,880 WARNING [root] [output_log_to_console_and_file.py(<module>:25)] - 这是一条警告级别的日志

图8-5　b.log文件的内容

由图 8-5 可知，b.log 文件中保存了 WARNING 级别的日志，该日志输出的内容顺序为当前时间、日志级别、日志名称、模块名称、日志函数名称、日志函数所在的行号和日志。

8.3　实战演练——每分钟生成一个日志文件

当运行自动化测试程序时，程序运行的时间越长，所产生的日志就会越多。如果将程序产生的日志都保存在一个文件中，则会影响程序的性能。为了解决程序产生过多日志而引起程序性能不佳的问题，可以对日志按时间进行切割，也就是通过调用 TimedRotatingFileHandler 类的 TimedRotatingFileHandler( )方法以周、天、时、分、秒等方式对日志进行切割。通常会以天的方式进行切割，这样程序每日都会生成一个日志文件，以便测试人员查看程序生成的日志。

由于每日生成一个日志文件需要的时间太久，不能立即看到日志分割后的效果，所以接下来演示如何通过调用 TimedRotatingFileHandler( )方法实现每分钟生成一个日志文件的案例。首先在 Chapter08 程序中创建一个名为 generate_log_every_minute.py 的文件，在该文件中实现每分钟生成一个日志文件，具体代码如文件 8-4 所示。

【文件 8-4】　generate_log_every_minute.py

```
1  import logging.handlers
2  import time
3  logger = logging.getLogger()
4  logger.setLevel(logging.DEBUG)
5  # 设置日志格式
6  fmt = '%(asctime)s %(levelname)s [%(name)s] ' \
7                      '[%(filename)s(%(funcName)s:%(lineno)d)] - %(message)s'
8  formatter = logging.Formatter(fmt)
9  # 输出日志到文件中，每分钟生成一个日志文件
10 fh = logging.handlers.TimedRotatingFileHandler("c.log",
11                                      when='M', interval=1, backupCount=3)
12 fh.setFormatter(formatter)
13 logger.addHandler(fh)
14 while True:
15     time.sleep(20)
16     logger.info("这是一条 INFO 级别的日志")
```

```
17        logger.warning("这是一条 WARNING 级别的日志")
```

上述代码中，第 10~11 行代码调用 TimedRotatingFileHandler( )方法创建按时间切割日志并输出到文件中的处理器对象。该方法中传递的参数 c.log 是日志文件名称；参数 when='M'表示切割日志的时间单位为分钟；参数 interval=1 表示切割日志的时间数为 1；参数 backupCount=3 表示日志文件的备份数量为 3，如果生成的日志文件个数超过 3，则程序会默认删除最早创建的日志文件，以保证日志的备份文件个数为 3。第 14~17 行代码通过 while 循环模仿输出日志的程序，其中第 15 行代码调用 sleep( )函数实现每隔 20 秒向日志文件中输出日志，第 16 行代码调用 info( )方法输出一条 INFO 级别的日志，第 17 行代码调用 warning( )方法输出一条 WARNING 级别的日志。

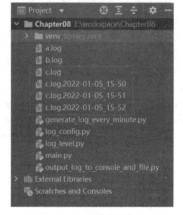

图8-6　日志文件的位置

需要注意的是，如果想要实现每日生成一个日志文件，只需要将第 10~11 行代码中 TimedRotatingFileHandler( )方法的第 2 个参数 when 的值设置为' MIDNIGHT'。

运行文件 8-4 的代码后，在 Chapter08 程序的根目录中会自动生成一个名为 c.log 的文件，同时每隔 1 分钟还会生成一个以时间命名的日志文件，以时间命名的日志文件总数量为 3，这些日志文件的位置如图 8-6 所示。

由图 8-6 可知，以时间命名的日志文件有 3 个，这些日志文件中的内容类似，以名为 c.log.2022-01-05_15-52 的日志文件为例，该文件的内容如图 8-7 所示。

```
2022-01-05 15:52:22,032 INFO [root] [generate_log_every_minute.py(<module>:15)] - 这是一条INFO级别的日志
2022-01-05 15:52:22,037 WARNING [root] [generate_log_every_minute.py(<module>:16)] - 这是一条WARNING级别的日志
2022-01-05 15:52:42,038 INFO [root] [generate_log_every_minute.py(<module>:15)] - 这是一条INFO级别的日志
2022-01-05 15:52:42,038 WARNING [root] [generate_log_every_minute.py(<module>:16)] - 这是一条WARNING级别的日志
2022-01-05 15:53:02,038 INFO [root] [generate_log_every_minute.py(<module>:15)] - 这是一条INFO级别的日志
2022-01-05 15:53:02,038 WARNING [root] [generate_log_every_minute.py(<module>:16)] - 这是一条WARNING级别的日志
```

图8-7　c.log.2022-01-05_15-52文件的内容

由图 8-7 可知，程序每隔 20 秒会向日志文件中输出一次日志信息。

8.4　本章小结

本章主要讲解了日志的相关知识点，包括日志简介、logging 模块中的日志和实战演练，其中 logging 模块中的日志级别、日志级别函数、配置日志函数和日志的四大组件需要重点掌握，本章的最后一节通过每分钟生成一个日志文件的案例巩固了日志的知识点。希望读者通过本章的学习，能够在今后调试自动化测试脚本代码时灵活运用日志的相关知识。

8.5　本章习题

一、填空题

1. WARNING 表示_____级别的日志。

2. 日志的四大组件包括日志器、处理器、_____和过滤器。

3. 处理器对应的类名是_____。

4. 日志的级别中，_____表示严重错误级别。

二、判断题

1. ERROR 级别的日志通常会打印一些警告信息，不影响软件的正常使用。（　　　）

2. 在调试程序代码时，通过输出的日志信息能够定位问题。（　　　）

3. 日志用于记录系统运行时的信息。（　　　）

4. 不可以将日志同时输出到控制台和文件。（　　　）

5. 日志能够记录时间和发生的动作。（　　　）

6. 在日志的级别中，CRITICAL 的严重级别最高。（　　　）

三、单选题

1. 下列选项中，属于日志器对应的类名是（　　　）。

A. Handler　　　　　B. Filter　　　　　C. Logger　　　　　D. Formatter

2. 下列选项中，关于日志的描述错误的是（　　　）。

A. 表示调试级别的日志是 DEBUG　　　　B. 日志只能用于调试代码

C. 日志可以分析用户行为　　　　　　　　D. 可以使用过滤器输出重要级别的日志信息

3. 下列选项中，属于 logging 模块中默认的日志级别的是（　　　）。

A. DEBUG　　　　　B. INFO　　　　　C. ERROR　　　　　D. WARNING

4. 下列选项中，关于设置日志格式的说法错误的是（　　　）。

A. 使用%(module)s 能够查看日志输出函数的模块名

B. 使用%(asctime)s 能够精确输出毫秒的日志

C. 使用%(lineno)d 能够输出日志函数语句在程序中的行数

D. 使用%(filename)s 能够输出日志的完整路径名

5. 下列选项中，关于日志的四大组件的说法错误的是（　　　）。

A. 日志器需要通过过滤器将日志信息输出到目标位置

B. 日志器可以设置多个处理器将同一条日志记录输出到不同的位置

C. 每个处理器可以设置一个格式器，实现同一条日志以不同的格式输出到不同的位置

D. 不同的处理器可以将日志输出到不同的位置

四、简答题

1. 请简述日志的作用。

2. 请简述常见的日志级别。

第 9 章

持续集成

学习目标

★ 了解持续集成的简介，能够说出持续集成的工作流程。

★ 掌握 Git 工具的应用，能够应用 Git 命令将本地代码上传到远程仓库。

★ 掌握 Jenkins 工具的应用，能够完成 Jenkins 的安装、配置和构建测试任务。

为了能够提高测试效率和自动化测试脚本运行的稳定性，通常会使用 Git 工具将本地代码提交到远程仓库，然后通过 Jenkins 工具来构建自动化测试任务，实现项目的持续集成，接下来将对持续集成的内容进行讲解。

9.1 持续集成简介

持续集成（Continuous Integration，CI）是一种软件开发实践，即开发团队成员频繁地将代码提交到公共分支中，通常每个成员每天至少集成一次，代码集成后都通过自动化的构建测试任务进行验证，从而尽早发现集成错误。

持续集成主要有以下几个优点。

- 提高工作效率。
- 降低工作风险。
- 减少重复性工作。
- 防止分支与主支偏离。
- 更快速地发布更新。
- 质量持续反馈。

持续集成的过程中无须人工干预即可让软件产品快速迭代，持续集成的工作流程如图 9-1 所示。

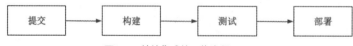

图9-1　持续集成的工作流程

由图 9-1 可知，持续集成的工作流程包括提交、构建、测试和部署，关于这 4 个过程的详细说明如下。

1. 提交

提交是指开发人员向远程仓库（如 Git）提交代码。

2. 构建

构建是指持续集成工具检测到开发人员提交的代码后，会对代码自动进行编译，即将源码转换为可以运行的实际代码，例如安装依赖、配置 JavaScript 脚本、图片等资源。

3. 测试

测试是指持续集成工具检测到提交的代码或合并的代码后，自动进行测试，包括单元测试和集成测试。如果测试通过则将代码更新，集成到主干；如果测试不通过，则回滚到上一个版本的构建结果。通常需要进行 2 轮测试，第 2 轮测试通过后才能进行后续的部署过程。

4. 部署

部署是指将提交的代码形成测试通过的版本，部署到生产服务器中。

9.2　Git 应用

在自动化测试中，需要使用 Git 工具将本地自动化测试脚本代码上传到远程仓库中，进行版本控制和管理。在项目持续集成的时候，则需要将远程仓库中的自动化测试脚本代码同步到 Jenkins 中，以便构建测试任务。下面将对 Git 应用进行介绍，包括 Git 简介、Git 安装、Git 基本操作命令和 Gitee 运用。

9.2.1　Git 简介

Git 是一个开源的分布式版本控制系统，可敏捷高效地进行项目版本管理。最初 Git 是 Linus Torvalds（林纳斯·托瓦兹）为了便于管理 Linux 内核而开发的，它具有分支即时性、灵活性、占用空间小、性能快等特点。由于在自动化测试的过程中，Git 能够对测试脚本进行版本控制，避免数据丢失，而且便于多人协作，所以选择使用 Git 来管理自动化测试脚本代码。

Git 可以用于版本控制，但其版本记录只能保存在本地计算机中，不能同时保存在远程仓库中，所以通常需要结合代码托管平台（如 GitHub、Gitee 等）来使用。

Git 有 3 个工作区域，分别是工作区、缓存区、版本库区。其中，工作区是计算机中能够看到的文件目录，缓存区用于存放需要提交的文件，版本库区是工作区中的一个.git 隐藏目录。

9.2.2　Git 安装

Git 目前支持在 Windows、Linux/UNIX、macOS 等平台上使用，接下来以 Windows 7（64 位）系统为例，下载并安装 64-bit 版本的 Git，具体步骤如下。

1. 访问 Git 官方网站

首先访问 Git 官方网站，找到"Downloads"下载页面，如图 9-2 所示。

在图 9-2 中，有针对 macOS、Windows、Linux/UNIX 系统的下载版本，这里需要选择"Windows"进行下载。

图9-2　"Downloads"下载页面

2. 下载 Git 安装包

单击图 9–2 中的"Windows"后，进入 Git 安装包的下载页面，如图 9–3 所示。

图9–3　Git安装包的下载页面

在图 9–3 中，提供了 32–bit 和 64–bit 版本的 Git 可供下载，单击"64–bit Git for Windows Setup."进行下载。

3. 安装 Git

成功下载 64–bit 版本的 Git 后，双击 Git–2.33.1–64–bit.exe 文件进行安装，Git 安装界面如图 9–4 所示。

在图 9–4 中，单击"Next"按钮进行下一步安装，由于 Git 的安装过程中不需要进行其他特殊操作，所以后续的安装过程不需要更改任何地方，按照默认安装方式进行操作即可。

Git 安装完成后，在 cmd 命令窗口中输入 git --version 命令可以检验 Git 是否安装成功，cmd 命令窗口如图 9–5 所示。

图9–4　Git安装界面

图9–5　cmd命令窗口

在图 9–5 中，执行 git --version 命令后，输出 Git 的版本信息为 2.33.1，说明 Git 安装成功。

Git 安装成功后，在桌面空白处鼠标右键单击会弹出一个菜单列表，该列表中包含选项"Git GUI Here"和"Git Bash Here"，其中"Git GUI Here"是用户界面模式，"Git Bash Here"是命令行模式。

9.2.3　Git 基本操作命令

Git 是一个非常强大的分布式管理工具，由于在自动化测试中通常会将本地代码上传到远程仓库中进行管理，所以接下来主要对 Git 在自动化测试中的基本操作命令进行讲解。

Git 基本操作命令如表 9–1 所示。

表 9-1　Git 基本操作命令

命令	描述
git config --global user.name "Your Name"	配置用户名
git config --global user.name "email@example.com"	配置邮件
git init	初始化本地仓库
git status	查看仓库状态
git add .	添加工作区的文件到缓存区（.表示所有文件）
git commit -m "msg"	添加缓存区的文件到版本库（msg 表示提交的信息）
git branch	查看版本信息
git branch dev_bransh	创建版本分支
git checkout dev_branch	切换分支
git log	查看提交的历史版本
git reflog	查看提交的全部版本信息
git remote add origin 远端仓库地址 git push -u origin master	将本地仓库上传到远程仓库
git clone	将远程仓库下载到本地仓库

需要注意的是，通过 git init 命令初始化本地仓库后，会在对应的目录下自动生成.git 隐藏文件夹，该文件夹主要用来存放 Git 的相关操作信息。

9.2.4　Gitee 运用

常见的代码托管平台有 GitHub、Gitee 和 GitLab，其中，GitHub 是全球代码托管平台；Gitee 是国内代码托管平台；GitLab 是私有的代码管理平台，一般由公司内部搭建。由于 Gitee 是基于 Git 的开源中国推出的国内代码托管平台，访问速度较快，所以后续将使用 Gitee 创建远程仓库来管理自动化测试脚本代码。

用户在首次使用 Gitee 时，需要在 Gitee 官网注册个人账号，按照页面引导提示依次填入注册信息即可完成注册。由于注册信息部分比较简单，所以此处不再详细介绍注册账号的具体过程。

接下来依次介绍在 Gitee 中创建远程仓库和将本地代码上传到远程仓库。

1. 在 Gitee 中创建远程仓库

首先访问 Gitee 官方网站，登录个人账号，进入"我的工作台"页面，如图 9-6 所示。

图9-6　"我的工作台"页面

在图 9-6 中，单击页面右上角的■，会弹出列表选项，单击列表选项中的"新建仓库"选项，进入"新建仓库"页面，如图 9-7 所示。

图9-7 "新建仓库"页面

在图 9-7 中，输入仓库名称后会自动填充路径（即仓库地址），由于使用的是社区版，所以仓库的可见范围仅能选择"开源"或"私有"，为了增强仓库的保密性，通常选择"私有"，下面的复选框可根据实际需要进行选择。

单击图 9-7 中的"创建"按钮，进入"蓝小花/first warehouse"页面，如图 9-8 所示。

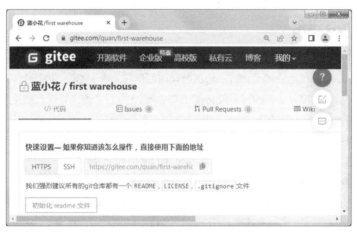

图9-8 "蓝小花/first warehouse"页面

由图 9-8 可知，已在 Gitee 中成功创建远程仓库。由于接下来需要将本地代码上传到仓库名为 first-warehouse 的远程仓库中，所以此时可以先复制 first-warehouse 仓库地址。

2. 将本地代码上传到远程仓库

以第 5 章创建的文件 5-12 为例，演示如何在本地将文件 5-12 中的代码上传到仓库名为 first-warehouse 的远程仓库中。

由于本书第 5 章创建的文件都在同一个目录下，并且每一个文件中的代码都是独立的，如果将所有的文件都上传到远程仓库，在持续集成的过程会造成干扰，所以此处只选择其中的一个文件（文件 5–12）进行上传。首先打开文件 5–12 所在的目录，在该目录中新建一个文件夹，命名为 git_test，并将文件 5–12 复制到 git_test 文件夹中，然后在该文件夹选择一个空白区域鼠标右键单击，会弹出一个列表，在该列表中单击"Git Bash Here"选项，此时会打开 Git 命令窗口，如图 9-9 所示。

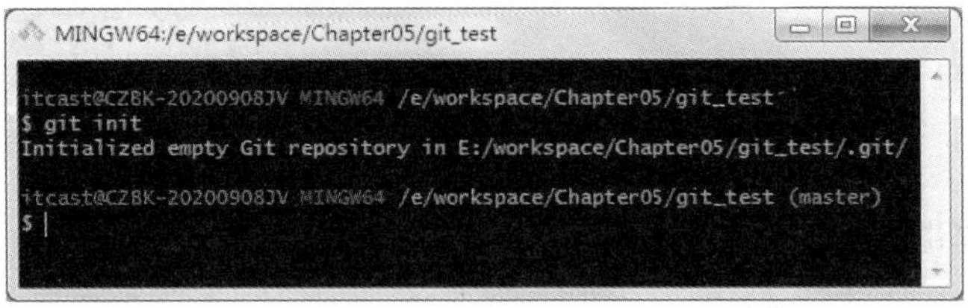

图9-9　Git命令窗口

在图 9-9 中，首先输入"git init"命令初始化本地仓库，然后依次输入以下 4 条命令。

```
git add .
git commit -m "这是文件5-12"
git remote add origin https://gitee.com/quan/first-warehouse
git push -u origin master
```

此时，再次登录 Gitee，文件 5–12 上传成功页面如图 9–10 所示。

图9-10　文件5-12上传成功页面

在图 9–10 中，在 first–warehouse 仓库中有一个文件 test_param.py，并且备注信息为"这是文件 5–12"，说明通过 Git 命令已经成功将本地文件 5–12 中的代码上传到远程仓库中。

9.3　Jenkins 应用

在自动化测试的过程中，通常使用 Jenkins 工具获取 Git 代码托管平台中的自动化测试脚本，通过配置 Jenkins 实现定时、反复地自动构建测试任务，从而提高测试效率，接下来将对 Jenkins 应用进行详细介绍。

9.3.1　Jenkins 简介

Jenkins 是一个基于 Java 开发的持续集成工具，该工具可以定时获取 Gitee 或 Github 仓库中的代码并编译，可持续、自动地构建测试项目，能够实时监控定时执行的任务，为持续集成过程中所存在的问题提供详细的日志报告，并以图表形式形象地展示项目构建的趋势。在使用 Jenkins 进行持续集成时，首先将源代码从 Git/SVN 版本控制软件中复制到本地，然后根据脚本代码进行构建，构建的过程是 Jenkins 在持续集成时执行所有任务的过程。

Jenkins 具有以下几个特点。

- 易于安装。
- 易于配置。
- 支持分布式构建，可以让多台计算机一起联机部署测试。
- 支持第三方插件。
- 能够集成 E-mail 和 JUnit/TestNG 等测试报告。
- 符合持续集成和持续部署机制。

9.3.2   Jenkins 安装

Jenkins 可用于管理自动化测试脚本，能够实现无人值守的自动化测试。在 Jenkins 的官方网站中提供了不同平台的下载版本，可以根据实际需要在官方网站中下载对应的 Jenkins 进行安装。由于 Jenkins 是基于 Java 语言开发的，所以在安装 Jenkins 之前需要确保计算机已经成功安装 JDK。下面以 Windows 7（64位）操作系统为例，演示如何下载并安装 Jenkins，具体操作步骤如下。

（1）下载 Jenkins 安装包

首先访问 Jenkins 官方网站，找到 Jenkins 下载页面，如图 9-11 所示。

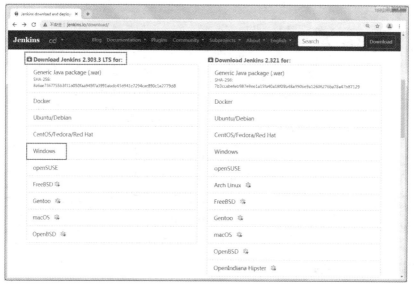

图9-11   Jenkins下载页面

由图 9-11 可知，Jenkins 官方网站提供了 2 个版本，分别是 2.303.3 版本和 2.321 版本，此处选择针对 Windows 的 2.303.3 版本进行下载。

（2）双击 jenkins.msi 文件

下载 Jenkins 成功后得到一个名为 jenkins.msi 的文件，双击该文件，进入 "Welcome to the Jenkins 2.303.3 Setup Wizard" 页面，如图 9-12 所示。

（3）设置 Jenkins 安装路径

单击图 9-12 中的 "Next" 按钮，进入 "Destination Folder" 页面，如图 9-13 所示。

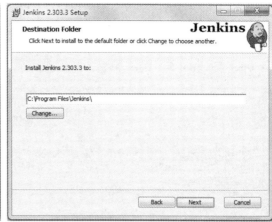

图9-12　"Welcome to the Jenkins 2.303.3 Setup Wizard" 页面　　　　　　图9-13　"Destination Folder" 页面

　　单击图 9-13 中的 "Change" 按钮可以选择 Jenkins 的安装路径，选择后的路径会显示在 "Change" 按钮上方的输入框中。

　　（4）设置 Jenkins 账号密码

　　单击图 9-13 中的 "Next" 按钮，进入 "Service Logon Credentials" 页面，如图 9-14 所示。

　　单击图 9-14 中的选项 "Run service as local or domain user" 后，单击 "Next" 按钮会弹出一个显示异常信息的对话框。为了能够正常使用 Jenkins 工具，选中图 9-14 中的 "Run service as LocalSystem (not recommended)" 单选按钮。

　　（5）设置 Jenkins 端口号

　　单击图 9-14 中的 "Next" 按钮，进入 "Port Selection" 页面，如图 9-15 所示。

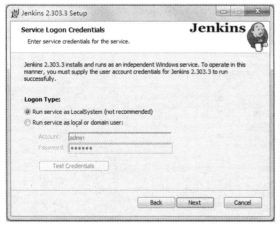

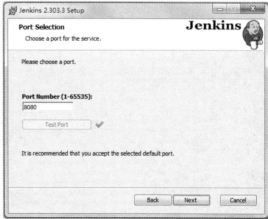

图9-14　"Service Logon Credentials" 页面　　　　　　图9-15　"Port Selection" 页面

　　在图 9-15 中，需要在 "Port Number (1-65535)" 下方的输入框中设置端口号，此处将端口号设置为 8080，然后单击 "Test Port" 按钮。如果页面中提示 8080 端口被占用，则需要更换为其他端口号；如果页面中没有提示 8080 端口被占用，则可以继续进行下一步安装。

　　（6）设置 JDK 路径

　　单击图 9-15 中的 "Next" 按钮，进入 "Select Java home directory（JDK or JRE）" 页面，如图 9-16 所示。

由于前文中已经成功安装 1.8 版本的 JDK，所以图 9-16 中默认显示计算机中 JDK 的安装路径。需要注意的是，如果安装的 JDK 版本号不在 1.8～11 范围内，则需要重新安装版本号在 1.8～11 之间的 JDK，然后配置环境变量，并在该步骤重新设置 JDK 路径。

（7）自定义设置

单击图 9-16 中的"Next"按钮，进入"Custom Setup"页面，如图 9-17 所示。

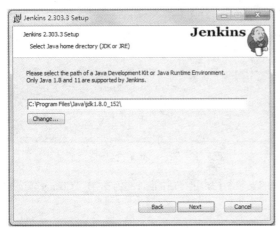

图9-16　"Select Java home directory（JDK or JRE）"页面

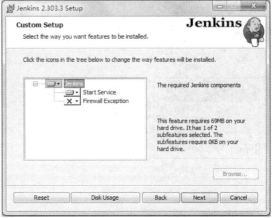

图9-17　"Custom Setup"页面

在图 9-17 中，可以进行自定义设置，此处使用默认的设置。

（8）准备安装 Jenkins

单击图 9-17 中的"Next"按钮，进入"Ready to install Jenkins 2.303.3"页面，如图 9-18 所示。

（9）开始安装 Jenkins

单击图 9-18 中的"Install"按钮，进入"Installing Jenkins 2.303.3"页面，如图 9-19 所示。

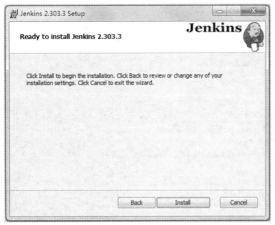

图9-18　"Ready to install Jenkins 2.303.3"页面

图9-19　"Installing Jenkins 2.303.3"页面

（10）结束安装 Jenkins

待图 9-19 中的进度条显示完成后，单击"Next"按钮，进入"Completed the Jenkins 2.303.3 Setup Wizard"页面，如图 9-20 所示。

图9-20　"Completed the Jenkins 2.303.3 Setup Wizard"页面

单击图 9-20 中的"Finish"按钮结束安装，至此 Jenkins 安装成功。

9.3.3　Jenkins 初始化

首次安装 Jenkins 时，需要对 Jenkins 进行初始化，具体步骤如下。

（1）解锁 Jenkins

由于在安装 Jenkins 的过程中，已经将启动端口设置为 8080，所以可直接在浏览器中访问端口号为 8080 的 IP 地址，即 localhost:8080 或 127.0.0.1:8080，此时会进入"解锁 Jenkins"页面，如图 9-21 所示。

在图 9-21 中，需要输入管理员密码，该密码在安装 Jenkins 时自动生成，根据页面中的提示信息，从 C:\ProgramData\Jenkins\.jenkins\secrets\initialAdminPassword 中找到管理员密码，并复制、粘贴管理员密码到输入框中。

图9-21　"解锁Jenkins"页面

（2）自定义 Jenkins

单击图 9-21 中的"继续"按钮，进入"自定义 Jenkins"页面，如图 9-22 所示。

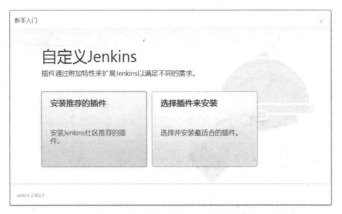

图9-22 "自定义Jenkins"页面

由图 9-22 可知，一共有 2 种安装插件的方式，此处选择"安装推荐的插件"，进入"新手入门"页面，如图 9-23 所示。

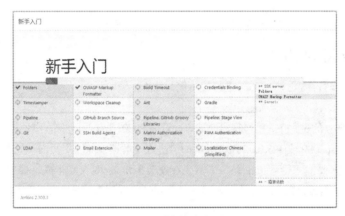

图9-23 "新手入门"页面

安装推荐的插件时需要花费较长时间，等待其自动完成即可。

（3）创建第一个管理员用户

当推荐的插件安装完成后，页面将自动进入"创建第一个管理员用户"页面，如图 9-24 所示。

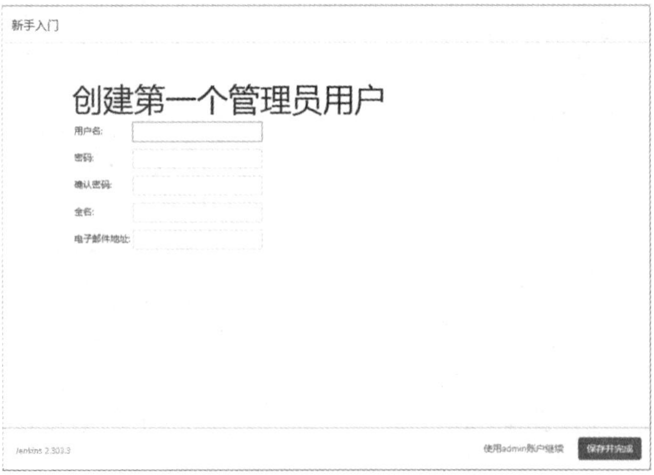

图9-24 "创建第一个管理员用户"页面

在图 9-24 中，需要输入用户名、密码、确认密码、全名和电子邮件地址，为了方便记忆和使用，可以将用户名设置为 admin，密码设置为 123456。

（4）实例配置

单击图 9-24 中的"保存并完成"按钮，进入"实例配置"页面，如图 9-25 所示。

图9-25　"实例配置"页面

在图 9-25 中，可以重新配置 Jenkins URL 地址，此处可以使用默认的地址。

（5）开始使用 Jenkins

单击图 9-25 中的"保存并完成"按钮，进入"Jenkins 已就绪！"页面，如图 9-26 所示。

图9-26　"Jenkins已就绪!"页面

单击图 9-26 中的"开始使用 Jenkins"按钮即可进入"工作台"[Jenkins]页面，如图 9-27 所示。

图9-27　"工作台"[Jenkins]页面

由图9-27可知，Jenkins初始化成功，可以开始使用Jenkins构建任务。

9.3.4　安装Allure插件

在使用 Jenkins 构建自动化测试任务时，通常还需要使用 Allure 插件来生成测试报告，所以还需要在Jenkins 中安装 Allure 插件。该插件的安装方式有 2 种，一种是在线安装，另一种是离线安装，接下来将对这2种安装Allure插件的方式进行详细介绍。

1. 在线安装Allure插件

首先登录Jenkins，单击"工作台"[Jenkins]页面左侧的"Manage Jenkins"按钮，此时页面右侧显示"管理Jenkins"页面，如图9-28所示。

图9-28　"管理Jenkins"页面

在图9-28中，显示了管理Jenkins的一些选项，单击"Manage Plugins"选项，进入 Available Plugins 页面，如图9-29所示。

图9-29　Available Plugins页面

在图 9-29 中，首先在搜索框中输入"Allure"，页面中显示了 Allure 版本信息，勾选"Allure"对应的复选框□，然后单击"Install without restart"按钮，即可安装 Allure 插件。当需要安装其他插件时，也可以按照以上操作步骤，首先在搜索框中输入正确的插件名称，再选中要安装的插件进行安装即可。

Allure 插件安装成功后，还需要进行全局工具配置，这样才能在添加构建后的操作步骤中（后续讲解）选择"Allure Report"选项。全局工具配置（Global Tool Configuration）主要用于配置一些会用到的构建工具（如 Maven、Ant）、版本控制工具（如 Git、CSV）、JDK 等。由于在全局工具配置中，默认只有 Maven 配置，所以接下来介绍如何在"Global Tool Configuration"页面中配置 Allure 插件。

单击图 9-28 中的"Global Tool Configuration"选项，进入"Global Tool Configuration"页面，如图 9-30 所示。

图9-30 "Global Tool Configuration"页面

在图 9-30 中，首先单击"新增 Allure Commandline"按钮，然后在"别名"下方的输入框中输入"allure"，将本地下载的 allure 2.7.0 所在路径复制到"安装目录"下方的输入框中，最后单击"保存"按钮即可完成 Allure 插件的配置。

2. 离线安装 Allure 插件

在 Jenkins 中离线安装 Allure 插件时，首先需要从下载 Jenkins 插件的官方网站中下载 Allure 插件，下载 Jenkins 插件的官方网站页面如图 9-31 所示。

图9-31 下载Jenkins插件的官方网站页面

在图 9-31 所示的输入框中输入需要安装的插件名称"Allure"，然后单击 🔍 按钮，找到需要下载的插件并下载，通常下载的插件文件是以.hpi 结尾。

下载完 Allure 插件后，按照前面在线安装 Allure 插件的步骤，进入插件管理页面，在该页面中首先单击"高级"选项，进入"高级"选项页面，如图 9-32 所示。

图9-32 "高级"选项页面（1）

单击图 9-32 中的"选择文件"按钮，此时会出现"打开"对话框，如图 9-33 所示。

在图 9-33 中，选择已经下载好的 allure-jenkins-plugin.hpi 插件文件，然后单击"打开"按钮，此时"高级"选项页面将显示选择的插件文件，如图 9-34 所示。

图9-33 "打开"对话框

图9-34 "高级"选项页面（2）

单击图 9-34 中的"上传"按钮即可完成在 Jenkins 中离线安装 Allure 插件。

9.3.5 Jenkins 系统配置

系统配置（Configure System）主要用于配置执行者数量、SCM 签出重试次数、Jenkins Location 等，由于在自动化测试中，需要将测试报告以邮件的形式发送给测试人员，所以在 Jenkins 系统配置中需要对 Jenkins Location、Extended E-mail Notification 和邮件通知进行配置。接下来将对这 3 项的配置逐一进行介绍。

1. Jenkins Location 配置

单击"管理 Jenkins"页面左侧的"Manage Jenkins"选项，此时右侧显示"管理 Jenkins"页面，如图 9-35 所示。

图9-35 "管理Jenkins"页面

单击图 9-35 中的"Configure System"选项，进入"Configure System"页面，找到页面中的"Jenkins Location"部分。"Jenkins Location"配置页面如图 9-36 所示。

在图 9-36 中，首先在"Jenkins URL"下方的输入框中配置 IP 地址，然后在"系统管理员邮件地址"下方的输入框中输入邮件地址即可完成配置。

需要注意的是，实际工作中"Jenkins URL"下方的输入框中配置的 IP 地址是实际项目的访问地址，而不是带有 localhost 的地址。

2. Extended E-mail Notification 配置

配置完 Jenkins Location 后，将"Configure System"页面右侧的滚动条向下滑动，找到该页面中的"Extended E-mail Notification"部分。"Extended E-mail Notification"配置页面如图 9-37 所示。

图9-36 "Jenkins Location"配置页面

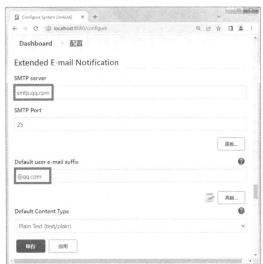

图9-37 "Extended E-mail Notification"配置页面

在图 9-37 中，首先在"SMTP server"下方的输入框中输入 SMTP 服务器地址，然后在"Default user e-mail suffix"下方的输入框中输入邮件的扩展名即可完成配置。

3. 邮件通知配置

配置完 Extended E-mail Notification 后，将"Configure System"页面右侧的滚动条向下滑动，找到该页面中的"邮件通知"部分。"邮件通知"配置页面如图 9-38 所示。

图9-38　"邮件通知"配置页面

在图 9-38 所示的"SMTP 服务器"下方的输入框中填写 SMTP 服务器地址，在"用户默认邮件后缀"下方的输入框中填写邮件后缀名，然后勾选"使用 SMTP 认证"复选框，填写使用的邮件"用户名"和"密码"，最后勾选"通过发送测试邮件测试配置"复选框，在"Test e-mail recipient"下方的输入框中填写邮件用户名，单击"Test Configuration"按钮，若在邮件地址下方显示提示信息为"Email was successfully sent"，说明配置成功。单击"保存"按钮即可完成邮件通知的配置。

需要注意的是，图 9-38 中的邮件用户名需要与 Jenkins Location 配置中的邮件地址（邮件用户名）保持一致。

至此，Jenkins Location、Extended E-mail Notification 和邮件通知均配置完成。

多学一招: 开启 QQ 邮箱 SMTP 服务

在 Jenkins 中配置邮件通知时，如果使用 QQ 邮箱中的邮件地址，则需要首先登录使用的 QQ 邮箱，开启 SMTP 服务获取邮件授权码，具体步骤如下。

① 登录使用的 QQ 邮箱账号。

② 进入邮箱"设置"页面。

③ 开启"POP3/SMTP 服务"。

开启 QQ 邮箱 SMTP 服务如图 9-39 所示。

图9-39　开启QQ邮箱SMTP服务

在图 9-39 中，单击"POP3/SMTP 服务"后面的"开启"按钮，然后按照页面提示要求，发送短信至指定号码，短信发送成功后将收到授权码，然后将授权码复制到"邮件通知"配置页面的邮件密码的输入框中即可。

9.3.6　Jenkins 构建任务

构建任务是实现持续集成的关键，通过构建任务能够监控持续重复的工作，Jenkins 构建任务的具体步骤如下。

（1）新建 Item

首先在浏览器中访问 Jenkins 的 IP 地址，进入"工作台"[Jenkins]页面，如图 9-40 所示。

图9-40　"工作台"[Jenkins]页面

单击图 9-40 中左侧的"新建 Item"选项，进入"新建 Item"页面，如图 9-41 所示。

图9-41　"新建Item"页面

　　在图9-41中，需要输入一个任务名称，此处以"test_jenkins"为例，然后单击"Freestyle project"选项，表示构建一个自由风格的软件项目。

　　（2）General配置

　　在"新建Item"页面中单击"确定"按钮后将进入"test_jenkins"配置页面，如图9-42所示。

图9-42　"test_jenkins"配置页面

　　在图9-42中，一共有6个配置项，分别是"General""源码管理""构建触发器""构建环境""构建""构建后操作"。首先进行General配置，即常规配置，通常添加测试项目的描述信息即可。

　　（3）源码管理配置

　　单击"test_jenkins"配置页面中的"源码管理"选项，页面将滑动至"源码管理"配置页面，如图9-43所示。

图9-43　"源码管理"配置页面

在图 9-43 中，有 2 个选项，第 1 个选项"无"表示不需要代码管理工具，常用于不需要修改代码的任务；第 2 个选项"Git"表示使用 Git 管理工具。这里选择"Git"，此时在"Repository URL"下方的输入框中填写 9.2.4 节中创建的 first-warehouse 远程仓库地址，然后在"Credentials"下单击"添加"按钮，填写个人 Gitee 账号和密码。最后在"Branches to build"下方的输入框中设置需要处理的代码分支，一般默认使用"*/master"，"源码库浏览器"选择"（自动）"即可。

（4）构建触发器配置

单击"test_jenkins"配置页面中的"构建触发器"选项，页面将滑动至"构建触发器"配置页面，如图 9-44 所示。

图9-44 "构建触发器"配置页面

在图 9-44 中，共有 6 个选项，关于这 6 个选项的说明如下。

- "触发远程构建（例如，使用脚本）"：表示通过远程脚本或命令触发。
- "Build after other projects are built"：表示在其他项目构建之后构建。
- "Build periodically"：表示定期构建。
- "Gitee webhook 触发构建…"：表示在 Gitee webhook 中构建触发器，当勾选该复选框时需要配置 webhook 密码。
- "GitHub hook trigger for GITScm polling"：表示 GITScm 轮询的 GitHub 钩形触发器。
- "Poll SCM"：表示轮询 SCM。

此处勾选"Poll SCM"复选框构建定时任务。定时任务由*****组成，第 1 颗*表示分钟，取值范围为 0～59；第 2 颗*表示小时，取值范围为 0～23；第 3 颗*表示天，取值范围为 1～31；第 4 颗*表示月份，取值范围为 1～12；第 5 颗*表示星期，取值范围为 0～7，其中 0 和 7 都代表周日。例如，在日程表中填写的定时任务为*/1****，表示每隔一分钟构建一次。

（5）构建环境配置

单击"test_jenkins"配置页面中的"构建环境"选项，页面将滑动至"构建环境"配置页面。"构建环境"配置页面如图 9-45 所示。

图9-45 "构建环境"配置页面

在图9-45中，共有6个选项，关于这6个选项的说明如下。

- "Delete workspace before build starts"：表示构建前清空工作空间。
- "Use secret text(s) or file(s)"：表示使用加密文本或文件。
- "Abort the build if it's stuck"：表示构建出现问题时终止构建。
- "Add timestamps to the Console Output"：表示在控制台输出添加时间戳。
- "Inspect build log for published Gradle build scans"：表示检查已发布的Gradle构建扫描的构建日志。
- "With Ant"：表示使用Ant。

在实际工作中可根据需求选择对应的选项进行配置。

（6）构建配置

单击"test_jenkins"配置页面中的"构建"选项，页面将滑动至"构建"配置页面，如图9-46所示。

图9-46 "构建"配置页面

在图 9–46 中，共有 7 个选项，关于这 7 个选项的说明如下。

- "Execute Windows batch command"：表示执行 Windows 批处理命令。
- "Execute shell"：表示执行 shell。
- "Invoke Ant"：表示调用 Ant。
- "Invoke Gradle script"：表示调用 Gradle 脚本。
- "Invoke top-level Maven targets"：表示调用顶级 Maven 目标。
- "Run with timeout"：表示超时运行。
- "Set build status to'pending'on GitHub commit"：表示在 GitHub 提交时将生成状态设置为"挂起"。

通常在构建配置时选择第 1 项，即执行 Windows 批处理命令，由于前面在 first–warehouse 远程仓库上传的文件 5–10 中的代码使用了 Pytest 框架，所以在"命令"下方的输入框中填写执行命令"pytest"即可。

（7）构建后操作配置

单击"test_jenkins"配置页面中的"构建后操作"选项，页面将滑动至"构建后操作"配置页面，如图 9–47 所示。

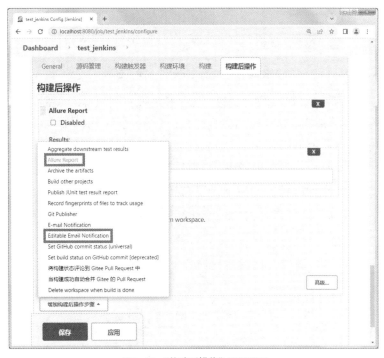

图9-47　"构建后操作"配置页面

在图 9–47 中，共有多个构建后操作的选项，在构建自动化测试脚本代码时，通常在构建后需要生成测试报告并发送邮件通知，由于"E–mail Notification"已经在 Jenkins 的系统配置中完成，所以这里仅针对"Allure Report"选项和"Editable Email Notification"选项的配置进行介绍。

"Allure Report"是在 9.3.5 节中进行全局配置时新添加的一个选项，用于构建测试任务后生成测试报告，"Allure Report"配置页面如图 9–48 所示。

图9-48 "Allure Report" 配置页面

在图 9-48 中，首先单击"新增"按钮，通常在 Path 下方的输入框填写 pytest.ini 中所设置的测试报告数据保存的目录。由于 first-warehouse 远程仓库中的文件 5-10 只有一个 test_param.py 文件，没有 pytest.ini 文件，所以此处不需要更改 Path 下方的目录内容。

"Editable Email Notification"选项表示可编辑电子邮件通知，在自动化测试中，通常用于给测试人员发送测试报告，"Editable Email Notification"配置页面如图 9-49 所示。

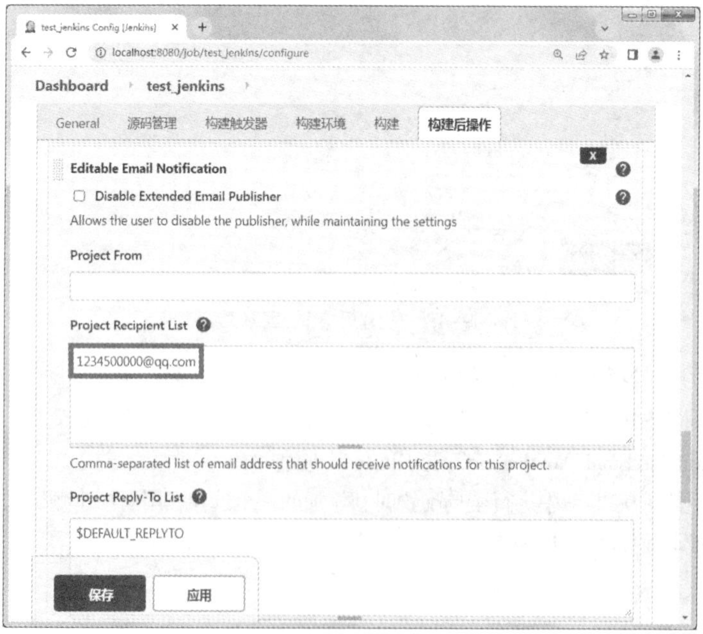

图9-49 "Editable Email Notification" 配置页面

在图 9-49 所示的"Project Recipient List"下方的输入框中填写收件人（测试人员）的邮箱地址。

单击"应用"按钮，进入"Project test_jenkins"页面，如图 9-50 所示。

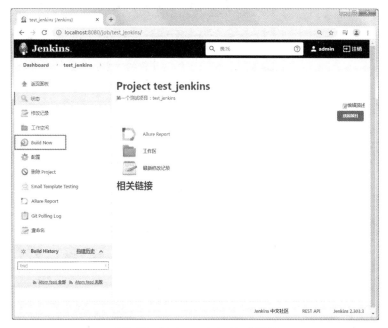

图9-50 "Project test_ jenkins"页面

在图 9-50 中，单击页面左侧的"Build Now"选项即可进行任务的自动构建。test_jenkins 构建后页面如图 9-51 所示。

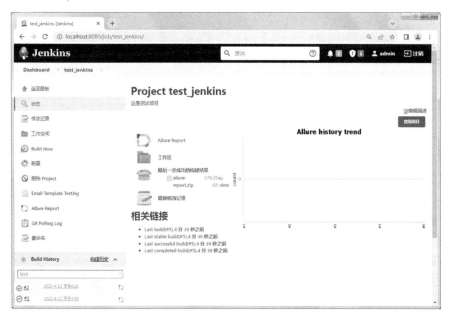

图9-51 test_jenkins构建后页面

在图 9-51 中，左下方的"#1"表示第一次构建，"#2"表示第二次构建，⊘图标表示构建成功。单击"#1"可以查看详细的构建任务信息，test_jenkins 构建#1 任务的详细信息页面如图 9-52 所示。

图9-52　test_jenkins构建#1任务的详细信息页面

在图 9-52 中，可以查看 test_jenkins 构建#1 任务的变更记录、控制台输入等信息。

至此，完成 Jenkins 构建任务。

9.4　本章小结

本章主要讲解了持续集成的内容，包括持续集成简介、Git 应用、Jenkins 应用。其中，Git 应用中主要掌握 Git 的基本操作命令和 Gitee 运用，Jenkins 应用中主要掌握 Jenkins 系统配置和构建任务。通过本章的学习读者能够掌握本章的主要内容，并能够在实际开发中对这些内容进行灵活运用。

9.5　本章习题

一、填空题

1. 在 Git 应用中_____命令表示初始化本地仓库。

2. git add .命令表示_____。

3. 添加缓存区的文件到版本库可以使用_____命令。

4. 在构建触发器配置中使用定时构建，每 30 分钟构建一次可以写为_____。

5. 持续集成的工作流程包括提交、_____、测试、部署。

二、判断题

1. Jenkins 不支持分布式构建任务。（　　　）

2. git clone 命令表示将远程仓库下载到本地仓库。（　　　）

3. 持续集成能够提高效率，但是不能对质量持续反馈。（　　　）

4. Git 是一个开源的分布式版本控制软件。（　　　）

三、单选题

1. 下列选项中，关于 Jenkins 的说法错误的是（　　　）。

A. 支持插件扩展　　　　　　　　　　　B. 能够集成 E-mail 测试报告

C. 是一个分布式版本控制系统　　　　　D. 是基于 Java 语言开发的

2. 下列选项中，关于 Git 命令的描述正确的是（　　　）。

A.　git push –u origin master 命令可以直接将本地仓库上传到远程仓库

B.　git status 命令可以查看仓库的状态

C.　git log 命令查看全部版本的信息

D.　git user.name 命令可以配置用户名

3. 下列选项中，关于持续集成的描述正确的是（　　　）。

A.　每天只能进行一次持续集成　　　　　　　B.　持续集成的发布更新需要花很长一段时间

C.　可以防止分支与主支偏离　　　　　　　　D.　持续集成不能自动构建

四、简答题

1. 请简述什么是持续集成。

2. 请简述 Jenkins 的特点。

五、操作题

1. 请创建一个 Git 远程仓库，并上传本地编写的一个测试脚本代码到 Git 远程仓库中。

2. 请使用 Jenkins 构建 Git 远程仓库中上传的测试脚本代码。

第 **10** 章

实战项目——黑马头条

★ 了解黑马头条项目的简介，能够说出黑马头条项目的概述和测试环境。

★ 了解黑马头条项目的功能模块，能够说出需要测试的功能模块。

★ 掌握测试用例设计的方式，能够设计待测功能的测试用例。

★ 掌握工具类封装的方式，能够实现黑马头条项目的工具类封装。

★ 掌握基类封装的方式，能够实现黑马头条项目中子系统的基类封装。

★ 掌握页面对象封装的方式，能够实现黑马头条项目中子系统的页面对象封装。

★ 掌握编写测试用例脚本的方式，能够编写黑马头条项目的测试用例脚本。

★ 掌握数据驱动与日志收集的方式，能够使用装饰器与日志模块分别实现数据驱动和日志收集。

★ 掌握 Allure 插件的使用方式，能够生成 HTML 格式的测试报告。

★ 掌握持续集成的方式，能够使用 Git、Jenkins 工具构建黑马头条项目的测试任务。

拓展阅读

为了巩固第 1~9 章讲解的自动化测试知识，本章将测试黑马头条项目，该项目是一款汇集科技资讯、技术文章和问答交流的产品。为了能够让大家熟练掌握测试项目过程中用到的自动化测试知识，接下来将从项目简介开始，一步一步带领大家测试黑马头条项目中的各个功能。

10.1 项目简介

10.1.1 项目概述

黑马头条项目是一款汇集科技资讯、技术文章和问答交流的产品，用户通过使用该产品，不仅可以获取最新的科技资讯，而且可以学习、发表和交流技术文章。黑马头条项目中有 3 个子系统，分别是 PC 端自媒体运营系统、PC 端后台管理系统和 App 用户端。

PC 端自媒体运营系统中有 4 个模块，分别是首页、账户信息、内容管理和粉丝管理。在"首页"模块中，自媒体用户可以查看最新图文、动态等；在"账户信息"模块中，自媒体用户可以修改个人账户信息，例如更换头像、修改账户名等；"内容管理"模块包括发布文章、内容列表、评价列表和素材管理等菜单；

"粉丝管理"模块包括图文数据、粉丝概况、粉丝图像和粉丝列表等菜单。

　　PC 端后台管理系统中有 6 个模块，分别是首页、用户管理、信息管理、数据统计、系统管理和推荐系统。其中，"用户管理"模块包括用户列表和用户审核等菜单；"信息管理"模块包括频道管理、内容管理和内容审核等菜单；"数据统计"模块包括网站统计和内容统计等菜单；"系统管理"模块包括管理员管理、角色管理、权限管理、运营日志等菜单；"推荐系统"模块包括敏感词设置、用户图像、文章图像等菜单。在不同的模块中，管理员可以进行不同的运营和管理，例如，在"信息管理"模块中，管理员可以新增频道、审核用户发布文章的内容等。

　　App 用户端中有内容推荐、内容搜索、内容展示、个人中心等模块，用户可以查看资讯、发表评论、进行问答交流等。

10.1.2　项目测试环境

　　在实现黑马头条项目的自动化测试过程中，需要的测试环境如下。

① 操作系统：Windows 7（64 位）操作系统。

② Python 环境：

- Python 3.8.10 (64-bit)。
- PyCharm 集成开发工具（Community 社区版）。

③ Java 环境：JDK1.8。

④ Android 环境：

- Android SDK。
- Genymotion 模拟器为 Samsung Galaxy S9 8.0-API 26 1440×2960。

⑤ 浏览器版本：Chrome 浏览器，版本号为 92.0.4515.159。

⑥ 浏览器驱动版本：chromedriver_win32.zip，版本号为 92。

⑦ 测试工具与插件：

- selenium 3.141.0。
- Appium-windows-1.21.0。
- Appium-Python-Client 2.0.0。
- uiautomatorviewer。
- pytest 6.2.4。
- pytest-ordering 0.6。
- allure 2.7.0。
- allure-pytest 2.9.45。
- Git 2.33.1。
- Jenkins 2.303.3。

10.2　测试功能模块

　　在进行自动化测试前，需要熟悉被测项目的功能模块，并分析功能模块的页面和元素对象，在黑马头条项目中，功能模块很多，接下来以 PC 端自媒体运营系统的登录功能和发布文章功能、PC 端后台管理系统的登录功能和文章内容审核功能、App 用户端的登录功能和滑屏查看文章功能为例，将分别介绍黑马头条项目中的 3 个子系统测试功能模块。

10.2.1 自媒体运营系统登录功能

自媒体用户在发布文章之前，首先需要在 PC 端登录自媒体运营系统，只有成功登录系统时，才能够发布文章。自媒体用户登录页面如图 10-1 所示。

图10-1　自媒体用户登录页面

在图 10-1 中，需要操作 4 个元素，分别是手机号输入框、验证码输入框、用户协议和隐私条款复选框、"登录"按钮。由于已在后台开发代码中设置手机号和验证码在默认情况下是输入好的状态、用户协议和隐私条款复选框默认为勾选的状态，所以在编写自媒体运营系统的用户登录功能的测试脚本时，只需要定位页面中的"登录"按钮，然后对该按钮进行单击操作。

10.2.2 自媒体运营系统发布文章功能

当自媒体用户成功登录自媒体运营系统后，会进入自媒体运营系统的首页，如图 10-2 所示。

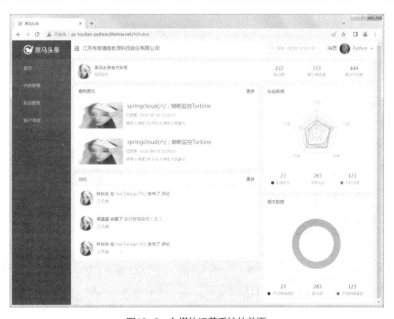

图10-2　自媒体运营系统的首页

在图 10-2 中，单击页面左侧导航栏中的"内容管理"菜单，在"内容管理"菜单下方会显示 4 个子菜单，分别是"发布文章""内容列表""评论列表""素材管理"，单击"发布文章"菜单，页面右侧会显示"发表文章"页面，如图 10-3 所示。

图10-3　"发表文章"页面

在图 10-3 中，共有 5 个元素，分别是标题、内容、封面、频道和"发表"按钮。在编写"发表文章"功能的自动化测试脚本时，首先定位这 5 个元素，然后才能进行测试操作。其中，标题和内容元素需要输入操作，封面和频道元素需要选择操作，"发表"按钮元素需要单击操作。

10.2.3　后台管理系统登录功能

当自媒体用户发布文章后，管理员可以在后台管理系统中对自媒体用户发布的文章内容进行审核，审核之前需要登录后台管理系统，后台管理系统登录页面如图 10-4 所示。

在图 10-4 中，共有 4 个元素，分别是账号输入框、密码输入框、获取动态验证码按钮和"登录"按钮，在编写管理员登录功能的自动化测试脚本时，需要定

图10-4　后台管理系统登录页面

位页面中的这 4 个元素，然后进行输入操作，输入完信息后进行单击操作。

10.2.4　后台管理系统内容审核功能

当管理员成功登录后台管理系统时，可以在系统首页的"信息管理"模块中审核自媒体用户发布的文章内容，"内容审核"页面如图 10-5 所示。

图10-5　"内容审核"页面

在图 10-5 中，需要操作的元素一共有 7 个，分别是文章名称输入框、频道输入框、状态下拉框、开始时间控件、结束时间控件、"查询"按钮和文章列表。在编写内容审核功能的自动化测试脚本时，首先应定位页面中的 7 个元素，然后分别对这 7 个元素进行输入或单击操作。

10.2.5　App 用户端登录功能

用户登录黑马头条 App 用户端时，可以查看文章、收藏文章、点赞或关注等，App 用户端登录页面如图 10-6 所示。

图10-6　App用户端登录页面

在图 10-6 中，需要操作的元素有手机号输入框、验证码输入框和"登录"按钮，由于已在 App 用户端后台开发代码中设置手机号和验证码默认为自动输入的状态，所以在编写登录功能的自动化测试脚本代码时，不需要对手机号和验证码这 2 个元素进行元素定位和输入操作，只需要对"登录"按钮元素进行定位，然后调用 click( )方法进行单击操作即可。

10.2.6　App 用户端滑屏查看文章功能

在 App 用户端主页面有多个频道，例如"开发者资讯""设计""android"等，如果需要查看其他频道的文章，则需要通过滑屏操作。接下来以查看"数据库"频道的文章为例，分析滑屏查看文章功能的页面元素，App 用户端主页面如图 10-7 所示。

在图 10-7 中，如果需要查看"数据库"频道的文章，首先需要定位 2 个元素，分别是滑动框和"数据库"频道，然后调用滑屏操作的方法即可，"数据库"频道的文章页面如图 10-8 所示。

图10-7　App用户端主页面

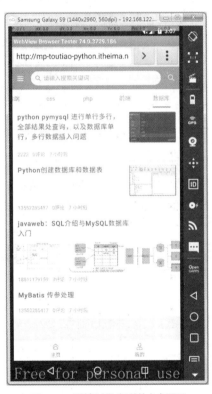

图10-8　"数据库"频道的文章页面

用户从主页面的"推荐"频道滑动屏幕即可查看"数据库"频道的文章，如图 10-8 所示。

10.3　测试用例设计

10.2 节中分析了测试功能模块，接下来需要根据测试功能模块完成测试用例设计，主要包括自媒体运营系统测试用例、后台管理系统测试用例和 App 用户端测试用例。

10.3.1　自媒体运营系统测试用例

前文提到，在黑马头条项目的自媒体运营系统中，自媒体用户需要先成功登录系统，才能够发布文章。

由于自媒体用户发布文章的过程涉及登录功能和发布文章功能，所以需要设计这两个功能的测试用例，自媒体运营系统的测试用例如表10–1所示。

表 10-1　自媒体运营系统的测试用例

ID	优先级	测试功能	预置条件	步骤描述	测试数据	预期结果	实际结果
01	P0	登录	打开登录页面	1. 输入用户手机号； 2. 输入验证码； 3. 单击"登录"按钮	1. 用户手机号：12011111111； 2. 验证码：246810	登录成功，页面右上角显示用户名	
02	P0	发布文章	用户成功登录，进入"内容管理"页面	1. 单击"内容管理"菜单； 2. 单击"发布文章"菜单； 3. 输入标题； 4. 输入内容； 5. 选择封面； 6. 选择频道； 7. 单击"发表"按钮	1. 标题：测试发布文章； 2. 内容：这是测试内容； 3. 封面：选择"自动"； 4. 频道：选择"数据库"	提示：新增文章成功	

10.3.2　后台管理系统测试用例

前文提到，在黑马头条项目的后台管理系统中，管理员首先成功登录后台管理系统，才能够对自媒体用户发布的文章内容进行审核。由于管理员审核发布文章内容的过程涉及登录功能和内容审核功能，所以需要设计这两个功能的测试用例，后台管理系统的测试用例如表10–2所示。

表 10-2　后台管理系统的测试用例

ID	优先级	测试功能	预置条件	步骤描述	测试数据	预期结果	实际结果
01	P0	登录	打开登录页面	1. 输入用户名； 2. 输入密码； 3. 单击"登录"按钮	1. 用户名：demo 2. 密码：ABCdefg123	登录成功，页面右上角显示"欢迎管理员"	
02	P0	内容审核	管理员成功登录，进入"首页"页面	1. 单击"信息管理"菜单； 2. 单击"内容审核"菜单； 3. 输入搜索的文章名称； 4. 选择文章状态； 5. 单击"查询"按钮； 6. 单击"通过"按钮； 7. 单击提示框的"确认"按钮	1. 文章名称：测试发布文章； 2. 选择状态：审核通过； 3. 时间：2021-11-18 16:27:00	提示：文章审核成功	

10.3.3　App 用户端测试用例

通过在 Genymotion 模拟器的 WebViewShell 软件中访问黑马头条项目的链接，测试用户登录功能和滑屏查看"数据库"频道的文章功能，App 用户端的测试用例如表 10–3 所示。

表 10-3　App 用户端的测试用例

ID	优先级	测试功能	预置条件	步骤描述	测试数据	预期结果	实际结果
01	P0	登录	1. 打开 WebViewShell 软件； 2. 输入黑马头条链接	1. 单击"我的"； 2. 单击"手机图标"按钮； 3. 单击"登录"按钮	1. 用户手机号：12011111111； 2. 验证码：246810	登录成功，页面依次显示"推荐""开发者资讯"等频道	
02	P0	查看"数据库"频道的文章	用户成功登录，进入"首页"页面	滑动屏幕至"数据库"频道	频道：数据库	从主页面的"推荐"频道滑动至"数据库"频道	

10.4　创建工具类

当编写黑马头条项目的测试用例脚本代码时，经常需要获取浏览器驱动、关闭浏览器驱动、获取页面 URL 地址等信息，为了提高自动化测试脚本的可复用性、可维护性和可读性，需要将这些实现相同功能的脚本抽取出来放在工具类中，以便于后续使用。创建工具类的具体步骤如下。

1. 创建项目

在 PyCharm 工具中创建一个名为 hmAutoTest 的项目。

2. 创建 UtilsDriver 工具类

在 hmAutoTest 项目中，创建一个名为 utils.py 的文件，在该文件中创建获取自媒体运营系统和后台管理系统的浏览器驱动的方法、获取 URL 地址的方法等，具体代码如文件 10–1 所示。

【文件 10-1】　utils.py

```
1  import json
2  import time
3  from selenium import webdriver
4  from appium import webdriver as app_driver
5  from selenium.webdriver.common.by import By
6  # 定义工具类
7  class UtilsDriver:
8      # 表示自媒体运营系统的浏览器驱动
9      _mp_driver = None
10     # 表示后台管理系统的浏览器驱动
11     _mis_driver = None
12     # 表示 App 用户端的浏览器驱动
13     _app_driver = None
14     # 后台管理系统退出驱动的标识
15     __quit_mis_driver = True
16     # 定义修改私有属性的方法
```

```
17      @classmethod
18      def set_quit_driver(cls, mark):
19          cls.__quit_mis_driver = mark
20      # 定义获取自媒体运营系统的浏览器驱动
21      @classmethod
22      def get_mp_driver(cls):
23          if cls._mp_driver is None:
24              cls._mp_driver = webdriver.Chrome()
25              cls._mp_driver.maximize_window()
26              cls._mp_driver.get("http://pc-toutiao-python.itheima.net/#/login")
27          return cls._mp_driver
28      # 定义退出自媒体运营系统的浏览器驱动
29      @classmethod
30      def quit_mp_driver(cls):
31          if cls._mp_driver is not None:
32              cls.get_mp_driver().quit()
33              cls._mp_driver = None
34      # 定义获取后台管理系统的浏览器驱动
35      @classmethod
36      def get_mis_driver(cls):
37          if cls._mis_driver is None:
38              cls._mis_driver = webdriver.Chrome()
39              cls._mis_driver.maximize_window()
40              cls._mis_driver.get("http://mis-toutiao-python.itheima.net/#/")
41          return cls._mis_driver
42      # 定义退出后台管理系统的浏览器驱动
43      @classmethod
44      def quit_mis_driver(cls):
45          if cls._mis_driver and cls.__quit_mis_driver:
46              cls.get_mis_driver().quit()
47              cls._mis_driver = None
48      # 定义获取 App 用户端的浏览器驱动
49      @classmethod
50      def get_app_driver(cls):
51          if cls._app_driver is None:
52              des_cap = {
53                  "platformName": "android",
54                  "platformVersion": "8.0",
55                  "deviceName": "****",
56                  "appPackage": "org.chromium.webview_shell",
57                  "appActivity": ".WebViewBrowserActivity",
58                  "noReset": True,
59                  "resetKeyboard": True,
60                  "unicodeKeyboard": True
61              }
62              cls._app_driver = app_driver.Remote("http://localhost:4723/wd/hub", des_cap)
63          return cls._app_driver
64      # 定义退出 App 用户端浏览器驱动的方法
65      @classmethod
66      def quit_app_driver(cls):
67          if cls._app_driver is not None:
68              cls.get_app_driver().quit()
69              cls._app_driver = None
70  # 封装自媒体运营系统选择频道的方法
```

```
71 def choice_channel(driver, element, channel):
72     element.click()
73     time.sleep(1)
74     xpath = "//*[@class='el-select-dropdown__wrap el-scrollbar__wrap']" \
75            "//*[text()='{}']".format(channel)
76     driver.find_element(By.XPATH, xpath).click()
77 # 封装一个方法，用于判断元素是否存在
78 def is_exist(driver, text):
79     xpath = "//*[contains(text(), '{}')]".format(text)
80     try:
81         time.sleep(2)
82         return driver.find_element(By.XPATH, xpath)
83     except Exception as e:
84         return False
85 #获取测试数据的方法
86 def get_case_data(filename):
87     with open(filename, encoding='utf-8') as f:
88         case = json.load(f)
89     list_case_data = []
90     for case_data in case.values():
91         list_case_data.append(tuple(case_data.values()))
92     return list_case_data
```

上述代码中，第 21～27 行代码定义了 get_mp_driver()方法，在该方法中首先使用 if 语句判断_mp_driver 浏览器驱动是否为 None，如果为 None，则需要获取自媒体运营系统的浏览器驱动、将浏览器窗口设置为最大化、获取自媒体运营系统的 URL 地址，否则不做任何操作。第 27 行代码通过 return 关键字返回_mp_driver。

第 29～33 行代码定义了 quit_mp_driver()方法，该方法用于在程序执行之后退出浏览器驱动。

第 71～76 行代码定义了 choice_channel()方法,该方法中传递了 3 个参数,分别是 driver、element 和 channel,其中 driver 表示浏览器驱动对象，element 表示页面元素对象，channel 表示需要选择的文本内容。第 76 行代码调用 find_element(By.XAPTH, xpath)方法定位选择频道元素，调用 click()方法实现对元素的单击操作。

第 78～84 行代码定义了 is_exist()方法，该方法用于判断元素是否存在，在 is_exist()方法中传递了 2 个参数，分别是 driver 和 text，其中 driver 表示浏览器驱动对象，text 表示定位元素的文本内容。

第 86～92 行代码定义了 get_case_data()方法，该方法用于获取测试数据。在 get_case_data()方法中首先通过 with...as 语句打开测试文件，然后通过 json 模块调用 load()函数读取 JSON 文件中的数据，将读取的数据存放在变量 case 中，最后通过 for 循环遍历变量 case 中的值，并将遍历后的值添加到列表 list_case_data 中。

10.5 创建基类

在测试黑马头条项目的过程中，都需要获取浏览器驱动、设置元素显示等待时间、清空和输入文本内容等，为了提高自动化测试脚本的可复用性、可维护性和可读性，可通过在项目中创建基类来存放这些实现相同功能的方法。下面将创建自媒体运营系统的基类、后台管理系统的基类和 App 用户端的基类。

10.5.1 创建自媒体运营系统的基类

创建自媒体运营系统的基类的具体步骤如下。

1. 创建 base 包

选中 hmAutoTest 项目名称，鼠标右键单击选择"Python Package"选项，创建一个名为 base 的包。

2. 创建自媒体运营系统的基类包

在 hmAutoTest 项目的 base 包中创建一个名为 mp 的包，该包用于存放自媒体运营系统的基类。

3. 创建自媒体运营系统的基类

在 hmAutoTest 项目的 mp 包中创建一个名为 base.py 文件，在该文件中编写自媒体运营系统的基类代码，具体代码如文件 10–2 所示。

【文件 10-2】　base.py

```
1  from selenium.webdriver.support.wait import WebDriverWait
2  from utils import UtilsDriver
3  # 创建对象库层基类
4  class BasePage:
5      def __init__(self):
6          self.driver = UtilsDriver.get_mp_driver()
7      def get_element(self, location):
8          wait = WebDriverWait(self.driver, 10, 1)
9          element = wait.until(lambda x: x.find_element(*location))
10         return element
11 # 创建操作层基类
12 class BaseHandle:
13     def input_text(self, element, text):
14         element.clear()
15         element.send_keys(text)
```

上述代码中，第 4~10 行代码通过 class 关键字创建了 BasePage 类，该类是自媒体运营系统对象库层的基类，在 BasePage 类中定义了 2 个方法，分别是__init__()和 get_element()。__init__()方法用于获取自媒体运营系统的浏览器驱动，get_element()方法用于设置元素显式等待时间。

第 12~15 行代码通过 class 关键字创建了 BaseHandle 类，该类是自媒体运营系统操作层的基类，在 BaseHandle 类中定义了 input_text()方法，该方法用于实现清空和输入元素内容的操作。

10.5.2　创建后台管理系统的基类

创建后台管理系统的基类的具体步骤如下。

1. 创建后台管理系统的基类包

在 hmAutoTest 项目的 base 包中创建一个名为 mis 的包。

2. 创建后台管理系统的基类

在 hmAutoTest 项目的 mis 包中创建名为 base.py 的文件，在该文件中编写创建后台管理系统的基类代码，具体代码如文件 10–3 所示。

【文件 10-3】　base.py

```
1  from selenium.webdriver.support.wait import WebDriverWait
2  from utils import UtilsDriver
3  # 创建对象库层基类
4  class BasePage:
5      def __init__(self):
6          self.driver = UtilsDriver.get_mis_driver()
7      def get_element(self, location):
8          wait = WebDriverWait(self.driver, 10, 1)
9          element = wait.until(lambda x: x.find_element(*location))
10         return element
11 # 创建操作层基类
```

```
12 class BaseHandle:
13    def input_text(self, element, text):
14        element.clear()
15        element.send_keys(text)
```

　　上述代码中，第 4～10 行代码通过 class 关键字创建了 BasePage 类，在该类中定义了__init__()方法和 get_element()方法，分别用于初始化浏览器驱动对象和获取元素对象。需要注意的是，获取浏览器驱动调用的方法是 get_mis_driver()。

　　第 12～15 行代码通过 class 关键字创建了 BaseHandle 类，该类是后台管理系统操作层的基类，在 BaseHandle 类中定义了 input_text()方法，该方法用于实现清空和输入元素内容的操作。

10.5.3　创建 App 用户端的基类

　　创建 App 用户端的基类的具体步骤如下。

1. 创建 App 用户端的基类包

　　在 hmAutoTest 项目的 base 包中创建一个名为 app 的包。

2. 创建 App 用户端的基类

　　在 hmAutoTest 项目的 app 包中创建名为 base.py 的文件，在该文件中编写 App 用户端的基类代码，具体代码如文件 10-4 所示。

【文件 10-4】　base.py

```
1  from selenium.webdriver.support.wait import WebDriverWait
2  from utils import UtilsDriver
3  # 创建对象库层基类
4  class BasePage:
5     def __init__(self):
6         # 获取 App 驱动
7         self.driver = UtilsDriver.get_app_driver()
8     def get_element(self, location):
9         wait = WebDriverWait(self.driver, 10, 1)
10        element = wait.until(lambda x: x.find_element(*location))
11        return element
12 # 创建操作层基类
13 class BaseHandle:
14    def input_text(self, element, text):
15        element.clear()
16        element.send_keys(text)
```

　　上述代码中，第 4～11 行代码通过 class 关键字创建了 BasePage 类，该类是 App 用户端对象库层的基类。第 13～16 行代码通过 class 关键字创建了 BaseHandle 类，该类是 App 用户端操作层的基类，在该类中同样实现了清空和输入元素内容的操作。

10.6　页面对象封装

　　由于测试黑马头条项目时会涉及自媒体运营系统页面、后台管理系统页面和App 用户端页面，项目中的每个页面都可以封装为一个对象，这些页面中的逻辑代码需要使用 PO 模式来减少程序中的冗余代码，提高测试用例的可维护性和可读性。下面将对自媒体运营系统、后台管理系统和App 用户端页面对象的封装进行讲解。

10.6.1　自媒体运营系统页面对象的封装

当测试自媒体运营系统的发布文章页面时，需要对系统中的登录页面、主页面和发布文章页面进行测试操作，这 3 个页面的逻辑代码中都需要使用 PO 模式，下面将对这 3 个页面中的逻辑代码进行详细讲解。

1.　自媒体运营系统登录页面

在 hmAutoTest 项目中，创建一个名为 page 的包，再在 page 包中创建一个名为 mp 的包，在 mp 包中创建一个名为 login_page.py 的文件，在该文件中分别创建 LoginPage 类、LoginHandle 类和 LoginProxy 类，这 3 个类分别用于封装自媒体运营系统登录页面中的对象库层、操作层和业务层的代码，具体代码如文件 10-5 所示。

【文件 10-5】　login_page.py

```
1   from selenium.webdriver.common.by import By
2   from base.mp.base import BasePage, BaseHandle
3   # 定义对象库层
4   class LoginPage(BasePage):
5       def __init__(self):
6           super().__init__()
7           # 手机号码输入框
8           self.mobile = By.XPATH, "//*[@placeholder='请输入手机号']"
9           # 验证码输入框
10          self.code = By.XPATH, "//*[@placeholder='验证码']"
11          # "登录"按钮
12          self.login_btn = By.CSS_SELECTOR, ".el-button--primary"
13      # 定位手机号码输入框
14      def find_mobile(self):
15          return self.get_element(self.mobile)
16      # 定位验证码输入框
17      def find_code(self):
18          return self.get_element(self.code)
19      # 定位"登录"按钮
20      def find_login_btn(self):
21          return self.get_element(self.login_btn)
22  # 定义操作层
23  class LoginHandle(BaseHandle):
24      def __init__(self):
25          self.login_page = LoginPage()
26      # 输入手机号码
27      def input_mobile(self, mobile):
28          self.input_text(self.login_page.find_mobile(), mobile)
29      # 输入验证码
30      def input_code(self, code):
31          self.input_text(self.login_page.find_code(), code)
32      # 单击"登录"按钮
33      def click_login_btn(self):
34          self.login_page.find_login_btn().click()
35  # 定义业务层
36  class LoginProxy:
37      def __init__(self):
38          self.login_handle = LoginHandle()
39      # 登录业务
40      def login(self, mobile, code):
```

```
41          # 输入手机号码
42          self.login_handle.input_mobile(mobile)
43          # 输入验证码
44          self.login_handle.input_code(code)
45          # 单击"登录"按钮
46          self.login_handle.click_login_btn()
```

上述代码中，第 2 行代码通过 from...import 将 BasePage 类和 BaseHandle 类导入 login_page.py 文件中。

第 4～21 行代码创建了 LoginPage 类，该类中定义了 4 个方法，分别是__init__()方法、find_mobile()方法、find_code()方法和 find_login_btn()方法。其中，__init__()方法用于初始化登录页面手机号码输入框、验证码输入框和"登录"按钮的元素定位，find_mobile()方法用于定位手机号码输入框，find_code()方法用于定位验证码输入框，find_login_btn()方法用于定位"登录"按钮。

第 23～34 行代码创建了 LoginHandle 类，该类中定义了 4 个方法，分别是__init__()方法、input_mobile()方法、input_code()方法和 click_login_btn()方法。其中，__init__()方法用于初始化 LoginPage 类，input_mobile()方法用于输入手机号码，input_code()方法用于输入验证码，click_login_btn()方法用于单击"登录"按钮。

第 36～46 行代码创建了 LoginProxy 类，该类中定义了 2 个方法，分别是__init__()方法和 login()方法。其中，__init__()方法用于初始化 LoginHandle 类，login()方法用于实现登录的业务功能。

2. 自媒体运营系统主页面

在项目的 page.mp 包中，创建一个名为 home_page.py 的文件，在该文件中分别创建 HomePage 类、HomeHandle 类和 HomeProxy 类，这 3 个类分别用于封装自媒体运营系统主页面中的对象库层、操作层和业务层的代码，具体代码如文件 10-6 所示。

【文件 10-6】　home_page.py

```
1  from selenium.webdriver.common.by import By
2  from base.mp.base import BasePage, BaseHandle
3  # 定义对象库层
4  class HomePage(BasePage):
5     def __init__(self):
6        super().__init__()
7        # 用户名显示元素
8        self.username = By.CSS_SELECTOR, ".user-name"
9        # "内容管理"菜单
10       self.content_manage = By.XPATH, "//*[text()='内容管理']"
11       # "发布文章"
12       self.publish_btn = By.XPATH, \
13                    "//*[@class='sidebar-el-menu el-menu']/div[2]/li/ul/li[1]"
14    # 定位用户名显示元素
15    def find_username(self):
16       return self.get_element(self.username)
17    # 定位"内容管理"菜单
18    def find_content_manage(self):
19       return self.get_element(self.content_manage)
20    # 定位"发布文章"
21    def find_publish(self):
22       return self.get_element(self.publish_btn)
23 # 定义操作层
24 class HomeHandle(BaseHandle):
25    def __init__(self):
26       self.home_page = HomePage()
27    # 获取用户名信息
```

```
28      def get_username(self):
29          return self.home_page.find_username().text
30      # 单击"内容管理"菜单
31      def click_content_manage(self):
32          self.home_page.find_content_manage().click()
33      # 单击"发布文章"
34      def click_publish_btn(self):
35          self.home_page.find_publish().click()
36  # 定义业务层
37  class HomeProxy:
38      def __init__(self):
39          self.home_handle = HomeHandle()
40      # 获取用户名信息
41      def get_username_msg(self):
42          return self.home_handle.get_username()
43      # 跳转到"发布文章"页面
44      def go_publish_page(self):
45          self.home_handle.click_content_manage()
46          self.home_handle.click_publish_btn()
```

上述代码中，第 4～22 行代码创建了 HomePage 类，该类中定义了 4 个方法，分别是__init__()方法、find_username()方法、find_content_manage()方法和 find_publish()方法。其中，__init__()方法用于初始化自媒体运营系统主页面的用户名显示元素、"内容管理"菜单元素和"发布文章"元素的定位，find_username()方法用于定位用户名显示元素，find_content_manage()方法用于定位"内容管理"菜单元素，find_publish()方法用于定位"发布文章"元素。

第 24～35 行代码创建了 HomeHandle 类，该类中定义了 4 个方法，分别是__init__()方法、get_username()方法、click_content_manage()方法和 click_publish_btn()方法。其中，__init__()方法用于初始化 HomePage 类，get_username()方法用于获取用户名信息元素，click_content_manage()方法用于单击"内容管理"菜单元素，click_publish_btn()方法用于单击"发布文章"元素。

第 37～46 行代码创建了 HomeProxy 类，该类中定义了 3 个方法，分别是__init__()方法、get_username_msg()方法和 go_publish_page()方法。其中，__init__()方法用于初始化 HomeHandle 类，get_username_msg()方法用于实现获取用户名信息的功能，go_publish_page()方法用于实现跳转到"发布文章"页面的功能。

3. 自媒体运营系统"发布文章"页面

在 page.mp 包中，新建一个名为 publish_page.py 的文件，在该文件中分别创建 PublishPage 类、PublishHandle 类和 PublishProxy 类，这 3 个类分别用于封装自媒体运营系统"发布文章"页面中的对象库层、操作层和业务层的代码，具体代码如文件 10-7 所示。

【文件 10-7】 publish_page.py

```
1  from selenium.webdriver.common.by import By
2  from base.mp.base import BasePage, BaseHandle
3  from utils import UtilsDriver, choice_channel
4  # 定义对象库层
5  class PublishPage(BasePage):
6      def __init__(self):
7          super().__init__()
8          # 文章标题输入框
9          self.title = By.XPATH, "//*[@placeholder='文章名称']"
10         # iframe 元素对象
11         self.iframe_ele = By.ID, "publishTinymce_ifr"
```

```
12            # 文章内容输入框
13            self.content = By.CSS_SELECTOR, ".mce-content-body "
14            # 封面选择单选项
15            self.cover = By.XPATH, "//*[@role='radiogroup']/label[4]/span[2]"
16            # 频道选择下拉框
17            self.channel = By.XPATH, "//*[@placeholder='请选择']"
18            # "发表"按钮
19            self.publish_btn = By.CSS_SELECTOR, \
20                        "[class='el-button filter-item el-button--primary']"
21      # 定位文章标题输入框
22      def find_title(self):
23            return self.get_element(self.title)
24      # 定位切换的 iframe
25      def find_iframe(self):
26            return self.get_element(self.iframe_ele)
27      # 定位文章内容输入框
28      def find_input_kw(self):
29            return self.get_element(self.content)
30      # 定位封面选择单选项
31      def find_cover(self):
32            return self.get_element(self.cover)
33      # 定位频道选择框
34      def find_channel_choice(self):
35            return self.get_element(self.channel)
36      # 定位"发表"按钮
37      def find_publish_btn(self):
38            return self.get_element(self.publish_btn)
39  # 定义操作层
40  class PublishHandle(BaseHandle):
41      def __init__(self):
42            self.publish_page = PublishPage()
43            self.driver = UtilsDriver.get_mp_driver()
44      # 输入文章标题
45      def input_title(self, title):
46            self.input_text(self.publish_page.find_title(), title)
47      # 输入文章内容
48      def input_content(self, content):
49            # 切换到 iframe 中
50            self.driver.switch_to.frame(self.publish_page.find_iframe())
51            # 输入文章内容
52            self.input_text(self.publish_page.find_input_kw(), content)
53            # 切回到默认首页
54            self.driver.switch_to.default_content()
55      # 选择封面
56      def choice_cover(self):
57            self.publish_page.find_cover().click()
58      # 选择频道
59      def choice_channel(self, channel):
60            choice_channel(self.driver,
61                        self.publish_page.find_channel_choice(), channel)
62      # 单击"发表"按钮
63      def click_publish_btn(self):
64            self.publish_page.find_publish_btn().click()
65  # 定义业务层
```

```
66 class PublishProxy:
67     def __init__(self):
68         self.publish_handle = PublishHandle()
69     # 发布文章
70     def publish_article(self, title, content, channel):
71         # 输入文章标题
72         self.publish_handle.input_title(title)
73         # 输入文章内容
74         self.publish_handle.input_content(content)
75         # 选择封面
76         self.publish_handle.choice_cover()
77         # 选择频道
78         self.publish_handle.choice_channel(channel)
79         # 单击"发表"按钮
80         self.publish_handle.click_publish_btn()
```

上述代码中，第 3 行代码通过 from...import 导入 UtilsDriver 类中的 choice_channel()方法。

第 5~38 行代码创建了 PublishPage 类，该类中一共定义了 7 个方法，分别是__init__()方法、find_title()方法、find_iframe()方法、find_input_kw()方法、find_cover()方法、find_channel_choice()方法和 find_publish_btn()方法，这 7 个方法主要用于初始化和定位文章标题输入框元素、iframe 元素、文章内容输入框元素、封面选择元素、频道选择元素和"发表"按钮元素。

第 40~64 行代码创建了 PublishHandle 类，该类中一共定义了 6 个方法，分别是__init__()方法、input_title()方法、input_content()方法、choice_cover()方法、choice_channel()方法和 click_publish_btn()方法，这 6 个方法主要用于初始化 PublishPage 类、输入文章标题和文章内容、选择封面和频道、单击"发布"按钮。

第 66~80 行代码创建了 PublishProxy 类，该类中一共定义了 2 个方法，分别是__init__()方法和 publish_article()方法。其中，__init__()方法用于初始化 PublishHandle 类，publish_article()方法用于实现文章标题和文章内容的输入功能、封面和频道的选择功能、"发表"按钮的单击功能。

10.6.2 后台管理系统页面对象的封装

当测试审核发布的文章内容时，需要对系统中的登录页面、主页面和"审核文章"页面进行测试操作，这 3 个页面的逻辑代码中都需要使用 PO 模式，接下来对这 3 个页面中的逻辑代码进行详细讲解。

1. 后台管理系统登录页面

在 hmAutoTest 项目的 page 包中创建一个名为 mis 的包，然后在该包中创建一个名为 login_page.py 的文件，在该文件中分别创建 LoginPage 类、LoginHandle 类和 LoginProxy 类，这 3 个类分别用于封装后台管理系统登录页面的对象库层、操作层和业务层的代码，具体代码如文件 10-8 所示。

【文件 10-8】 login_page.py

```
1 from selenium.webdriver.common.by import By
2 from base.mis.base import BasePage, BaseHandle
3 from utils import UtilsDriver
4 # 定义对象库层
5 class LoginPage(BasePage):
6     def __init__(self):
7         super().__init__()
8         # 用户名输入框
9         self.username = By.NAME, "username"
10        # 密码输入框
11        self.password = By.NAME, "password"
```

```
12        # "登录"按钮
13        self.login_btn = By.ID, "inp1"
14    # 定位用户名输入框
15    def find_username(self):
16        return self.get_element(self.username)
17    # 定位密码输入框
18    def find_password(self):
19        return self.get_element(self.password)
20    # 定位"登录"按钮
21    def find_login_btn(self):
22        return self.get_element(self.login_btn)
23 # 定义操作层
24 class LoginHandle(BaseHandle):
25    def __init__(self):
26        self.login_page = LoginPage()
27    # 输入用户名
28    def input_username(self, username):
29        self.input_text(self.login_page.find_username(), username)
30    # 输入密码
31    def input_password(self, password):
32        self.input_text(self.login_page.find_password(), password)
33    # 单击"登录"按钮
34    def click_login_btn(self):
35        # 定义 JS, 取消滑动验证码
36        js = "document.getElementById('inp1').removeAttribute('disabled')"
37        # 通过 execute_script 方法执行 JS
38        self.login_page.driver.execute_script(js)
39        # 单击"登录"按钮
40        self.login_page.find_login_btn().click()
41 # 定义业务层
42 class LoginProxy:
43    def __init__(self):
44        self.login_handle = LoginHandle()
45    # 登录业务操作
46    def login(self, username, password):
47        # 输入管理员用户名
48        self.login_handle.input_username(username)
49        # 输入密码
50        self.login_handle.input_password(password)
51        # 单击"登录"按钮
52        self.login_handle.click_login_btn()
```

上述代码中，第 5～22 行代码创建了 LoginPage 类，该类中定义了 4 个方法，分别是__init__()方法、find_username()方法、find_password()方法和 find_login_btn()方法。其中，__init__()方法用于初始化用户名输入框元素、密码输入框元素和"登录"按钮元素，find_username()方法用于定位用户名输入框元素，find_password()方法用于定位密码输入框元素，find_login_btn()方法用于定位"登录"按钮元素。

第 24～40 行代码创建了 LoginHandle 类，该类中定义了 4 个方法，分别是__init__()方法、input_username()方法、input_password()方法和 click_login_btn()方法。其中，__init__()方法用于初始化 LoginPage 类，input_username()方法用于输入管理员用户名，input_password()方法用于输入密码，click_login_btn()方法用于单击"登录"按钮。

第 42～52 行代码创建了 LoginProxy 类，该类中定义了 2 个方法，分别是__init__()方法和 login()方法。其中，__init__()方法用于初始化 LoginHandle 类，login()方法用于实现管理员用户名、密码的输入和"登录"

按钮的单击功能。

　　需要注意的是，在登录页面中，需要滑动并合成验证码后才能单击"登录"按钮，由于登录页面中的验证码是动态的，所以需要使用 JS 代码将动态验证码屏蔽。这样做的目的是无须滑动并合成验证码，直接输入用户名、密码就能单击"登录"按钮进行登录。

2. 后台管理系统主页面

　　在 page.mis 包中创建一个名为 home_page.py 的文件，在该文件中分别创建 HomePage 类、HomeHandle 类和 HomeProxy 类，这 3 个类分别用于封装后台管理系统主页面的对象库层、操作层和业务层的代码，具体代码如文件 10–9 所示。

【文件 10-9】 home_page.py

```
1  import time
2  from selenium.webdriver.common.by import By
3  from base.mis.base import BasePage, BaseHandle
4  # 定义对象库层
5  class HomePage(BasePage):
6      def __init__(self):
7          super().__init__()
8          # 定位"退出"按钮
9          self.quit_info = By.PARTIAL_LINK_TEXT, "退出"
10         #定位"信息管理"
11         self.content_manage = By.XPATH, "//*[@class='side_bar']/ul/li[3]/a"
12         #定位"内容审核"
13         self.content_audit = By.XPATH, "//*[@class='current3']/li[3]/a"
14     # 定位"退出"按钮
15     def find_quit_info(self):
16         return self.get_element(self.quit_info)
17     # 定位"信息管理"
18     def find_content_manage(self):
19         return self.get_element(self.content_manage)
20     # 定位"内容审核"
21     def find_content_audit(self):
22         return self.get_element(self.content_audit)
23  # 定义操作层
24  class HomeHandle(BaseHandle):
25     def __init__(self):
26         self.home_page = HomePage()
27     # 获取"退出"按钮文本信息
28     def get_quit_info(self):
29         return self.home_page.find_quit_info().text
30     # 单击"信息管理"
31     def click_content_manage(self):
32         self.home_page.find_content_manage().click()
33     # 单击"内容审核"
34     def click_content_audit(self):
35         self.home_page.find_content_audit().click()
36  # 定义业务层
37  class HomeProxy:
38     def __init__(self):
39         self.home_handle = HomeHandle()
40     # 获取"退出"按钮文本信息
41     def get_quit(self):
```

```
42        return self.home_handle.get_quit_info()
43    # 跳转到"内容审核"页面
44    def go_content_audit(self):
45        # 单击"信息管理"
46        self.home_handle.click_content_manage()
47        time.sleep(1)
48        # 单击"内容审核"
49        self.home_handle.click_content_audit()
```

上述代码中，第 5～22 行代码创建了 HomePage 类，该类中一共定义了 4 个方法，分别是__init__()方法、find_quit_info()方法、find_content_manage()方法和 find_content_audit()方法。其中，__init__()方法用于初始化"退出"按钮元素、"信息管理"元素和"内容审核"元素，find_quit_info()方法用于定位"退出"按钮元素，find_content_manage()方法用于定位"信息管理"元素，find_content_audit()方法用于定位"内容审核"元素。

第 24～35 行代码创建了 HomeHandle 类，该类中一共定义了 4 个方法，分别是__init__()方法、get_quit_info()方法、click_content_manage()方法和 click_content_audit()方法。其中，__init__()方法用于初始化 HomePage 类，get_quit_info()方法用于获取"退出"按钮文本信息，click_content_manage()方法用于单击"信息管理"，click_content_audit()方法用于单击"内容审核"。

第 37～49 行代码创建了 HomeProxy 类，该类中一共定义了 3 个方法，分别是__init__()方法、get_quit()方法和 go_content_audit()方法。其中，__init__()方法用于初始化 HomeHandle 类，get_quit()方法用于实现获取"退出"按钮文本信息的功能，go_content_audit()方法用于实现跳转到"内容审核"页面的功能。

3. 后台管理系统"内容审核"页面

在 page.mis 包中创建一个名为 audit_page.py 的文件，在该文件中分别创建 AuditPage 类、AuditHandle 类和 AuditProxy 类，这 3 个类分别用于封装后台管理系统"内容审核"页面的对象库层、操作层和业务层的代码，具体代码如文件 10-10 所示。

【文件 10-10】　audit_page.py

```
1  import time
2  from selenium.webdriver.common.by import By
3  from base.mis.base import BasePage, BaseHandle
4  from utils import UtilsDriver, choice_channel, is_exist
5  # 定义对象库层
6  class AuditPage(BasePage):
7    def __init__(self):
8        super().__init__()
9        # 文章标题
10        self.title = By.CSS_SELECTOR, "[placeholder='请输入：文章名称']"
11        # 状态下拉选择框
12        self.channel = By.CSS_SELECTOR, "[placeholder='请选择状态']"
13        # "查询"按钮
14        self.query_btn = By.CSS_SELECTOR, ".find"
15        # "通过"按钮
16        self.pass_btn = By.XPATH, "//tbody/tr/td[8]/div/button[2]"
17        # "确定"按钮
18        self.confirm_btn = By.CSS_SELECTOR, ".el-button--primary"
19        # 结束时间
20        self.end_time = By.XPATH, "//*[@placeholder='选择结束时间']"
21    # 定位文章标题
22    def find_title(self):
```

```
23      return self.get_element(self.title)
24   # 定位状态选择框
25   def find_channel(self):
26      return self.get_element(self.channel)
27   # 定位"查询"按钮
28   def find_query_btn(self):
29      return self.get_element(self.query_btn)
30   # 定位"通过"按钮
31   def find_pass_btn(self):
32      return self.get_element(self.pass_btn)
33   # 定位"确定"按钮
34   def find_confirm_btn(self):
35      return self.get_element(self.confirm_btn)
36   # 输入结束时间
37   def find_end_time(self):
38      return self.get_element(self.end_time)
39 # 定义操作层
40 class AuditHandle(BaseHandle):
41   def __init__(self):
42      self.audit_page = AuditPage()
43   # 输入文章标题
44   def input_title(self, title):
45      self.input_text(self.audit_page.find_title(), title)
46   # 选择状态
47   def choice_status(self, status):
48      choice_channel(self.audit_page.driver,self.audit_page.find_channel(), status)
49   # 输入结束时间
50   def input_end_time(self, end_time):
51      self.input_text(self.audit_page.find_end_time(), end_time)
52   # 单击"查询"按钮
53   def click_query_btn(self):
54      self.audit_page.find_query_btn().click()
55   # 单击"通过"按钮
56   def click_pass_btn(self):
57      self.audit_page.find_pass_btn().click()
58   # 单击"确定"按钮
59   def click_confirm_btn(self):
60      self.audit_page.find_confirm_btn().click()
61 # 定义业务层
62 class AuditProxy:
63   def __init__(self):
64      self.audit_handle = AuditHandle()
65      self.driver = UtilsDriver.get_mis_driver()
66   # 审核文章内容
67   def audit_article(self, title, status, end_time):
68      # 输入文章标题
69      self.audit_handle.input_title(title)
70      # 选择文章的状态
71      self.audit_handle.choice_status(status)
72      # 输入结束时间
73      self.audit_handle.input_end_time(end_time)
74      time.sleep(1)
75      # 单击"查询"按钮
76      self.audit_handle.click_query_btn()
```

```
77      time.sleep(1)
78      # 单击"通过"按钮
79      self.audit_handle.click_pass_btn()
80      time.sleep(1)
81      # 单击"确认"按钮
82      self.audit_handle.click_confirm_btn()
83   # 查询审核通过
84   def audit_article_pass(self, title):
85      self.audit_handle.input_title(title)
86      time.sleep(1)
87      self.audit_handle.choice_status("审核通过")
88      time.sleep(1)
89      self.audit_handle.click_query_btn()
90      time.sleep(1)
91      return is_exist(self.driver, title)
```

上述代码中，第 6~38 行代码创建了 AuditPage 类，该类中一共定义了 7 个方法，分别是__init__()方法、find_title()方法、find_channel()方法、find_query_btn()方法、find_pass_btn()方法、find_confirm_btn()方法和find_end_time()方法。这 7 个方法分别用于初始化和定位文章标题、状态选择框、"查询"按钮、"通过"按钮、"确定"按钮和结束时间元素。

第 40~60 行代码创建了 AuditHandle 类，该类中一共了定义了 7 个方法。其中，__init__()方法用于初始化 AuditPage 类，input_title()方法用于输入文章标题，choice_status()方法用于选择状态，input_end_time()方法用于输入结束时间，click_query_btn()方法用于单击"查询"按钮，click_pass_btn()方法用于单击"通过"按钮元素，click_confirm_btn()方法用于单击"确认"按钮。

第 62~91 行代码创建了 AuditProxy 类，该类中一共定义了 3 个方法。其中，__init__()方法用于初始化 AuditHandle 类，audit_article()方法用于实现文章内容审核的功能，audit_article_pass()方法用于实现查询审核通过的功能。

10.6.3　App 用户端页面对象的封装

由于需要在 Genymotion 模拟器的 WebViewShell 浏览器上访问黑马头条的链接，所以在 App 用户端查看"数据库"频道的文章时，一共需要在 3 个页面中进行操作，分别是 WebViewShell 页面（也称为浏览器页面）、App 用户端登录页面、App 用户端主页页面，接下来分别对这 3 个页面对象的封装进行讲解。

1. 浏览器页面（Web ViewShell 页面）

在 hmAutoTest 项目的 page 包中创建一个名为 app 的包，然后在 app 包中创建一个名为 browser_page.py的文件，在该文件中分别创建 BrowserPage 类、BrowserHandle 类和 BrowserProxy 类，这 3 个类分别用于封装浏览器页面的对象库层、操作层和业务层的代码，具体代码如文件 10–11 所示。

【文件 10-11】　browser_page.py

```
1  from selenium.webdriver.common.by import By
2  from base.app.base import BasePage, BaseHandle
3  # 定义对象库层
4  class BrowserPage(BasePage):
5     def __init__(self):
6        super().__init__()
7        # 浏览器输入框
8        self.browser_input_element = By.ID, "org.chromium.webview_shell:id/url_field"
9        # 浏览器"回车"按钮
10       self.browser_enter_element = By.CLASS_NAME, "android.widget.ImageButton"
```

```
11       # 浏览器输入框
12       def find_browser_input_element(self):
13           return self.get_element(self.browser_input_element)
14       # 浏览器"回车"按钮
15       def find_browser_enter_element(self):
16           return self.get_element(self.browser_enter_element)
17  # 定义操作层
18  class BrowserHandle(BaseHandle):
19       def __init__(self):
20           self.browser_page = BrowserPage()
21       # 浏览器输入框
22       def input_browser_input_element(self, browser_input_element):
23            self.input_text(self.browser_page.find_browser_input_element(),
24                        browser_input_element)
25       # 浏览器"回车"按钮
26       def click_browser_enter_element(self):
27           self.browser_page.find_browser_enter_element().click()
28  # 定义业务层
29  class BrowserProxy:
30       def __init__(self):
31           self.browser_handle = BrowserHandle()
32       # 在输入框进行输入
33       def go_hm_page(self, browser_input_element):
34           self.browser_handle.input_browser_input_element(browser_input_element)
35       # 单击"回车"按钮
36       self.browser_handle.click_browser_enter_element()
```

上述代码中，第4~16行代码创建了 BrowserPage 类，该类中一共定义了3个方法。其中，__init__()方法用于初始化浏览器输入框元素、浏览器"回车"按钮元素，find_browser_input_element()方法用于定位浏览器输入框元素，find_browser_enter_element()方法用于定位浏览器"回车"按钮元素。

第18~27行代码创建了 BrowserHandle 类，该类中一共定义了3个方法。其中，__init__()方法用于初始化 BrowserPage 类，input_browser_input_element()方法用于定义浏览器输入框的操作，click_browser_enter_element()方法用于定义"回车"按钮的单击操作。

第29~36行代码创建了 BrowserProxy 类，该类中一共定义了2个方法。其中，__init__()方法用于初始化 BrowserHandle 类，go_hm_page()方法用于实现在浏览器中访问黑马头条 App 用户端的功能。

2. App 用户端登录页面

在 page.app 包中创建一个名为 login_page.py 的文件，在该文件中分别创建 LoginPage 类、LoginHandle 类和 LoginProxy 类，这3个类分别用于封装 App 用户端登录页面的对象库层、操作层和业务层的代码，具体代码如文件 10-12 所示。

【文件 10-12】 login_page.py

```
1  import time
2  from selenium.webdriver.common.by import By
3  from base.app.base import BasePage, BaseHandle
4  from utils import app_swipe_find
5  # 定义对象库层
6  class LoginPage(BasePage):
7       def __init__(self):
8           super().__init__()
9           # "我的"按钮
10          self.my_button = By.XPATH, "//*[@text='我的']"
```

```
11              # 手机图标
12              self.phone_button = By.XPATH, "//*[@text='login']"
13              # "登录"按钮
14              self.login_button = By.CLASS_NAME, "android.widget.Button"
15              # "我的"按钮
16      def find_my_button(self):
17              return self.get_element(self.my_button)
18              # 手机图标
19      def find_phone_button(self):
20              return self.get_element(self.phone_button)
21              # "登录"按钮
22      def find_login_button(self):
23              return self.get_element(self.login_button)
24  # 定义操作层
25  class LoginHandle(BaseHandle):
26      def __init__(self):
27              self.login_page = LoginPage()
28              # "我的"按钮
29      def click_my_button(self):
30              self.login_page.find_my_button().click()
31              # 手机图标
32      def click_phone_button(self):
33              self.login_page.find_phone_button().click()
34              # "登录"按钮
35      def click_login_button(self):
36              self.login_page.find_login_button().click()
37  # 定义业务层
38  class LoginProxy:
39      def __init__(self):
40              self.login_handle = LoginHandle()
41      def go_index(self):
42              # 单击"我的"按钮
43              self.login_handle.click_my_button()
44              # 单击手机图标
45              self.login_handle.click_phone_button()
46              time.sleep(2)
47              # 单击"登录"按钮
48              self.login_handle.click_login_button()
```

上述代码中，第 6~23 行代码创建了 LoginPage 类，该类中一共定义了 4 个方法。其中，__init__()方法用于初始化登录页面中的元素对象，find_my_button()方法用于定位页面中"我的"按钮，find_phone_button()方法用于定位页面中的手机图标，find_login_button()方法用于定位页面中的"登录"按钮。

第 25~36 行代码创建了 LoginHandle 类，该类用于定义页面中的操作。

第 38~48 行代码创建了 LoginProxy 类，该类用于实现操作层的功能。

为了在测试选择其他频道的文章时能够更快速地进行调用，可以将边滑动边查找的方法统一封装在 utils.py 文件中，定义边滑动边查找方法的具体代码如文件 10-13 所示。

【文件 10-13】　utils.py

```
1  # 定义 app 中边滑动边查找的方法
2  def app_swipe_find(driver, element, target_ele):
3      """
4      :param driver: 表示 App 的驱动
5      :param element: 表示滑动的元素对象
```

```
6        :param target_ele: 表示要查找的元素的值
7        :return:
8        """
9        # 获取元素的坐标点位置
10       location = element.location
11       # 获取 x 坐标点的值
12       x = location["x"]
13       # 获取 y 坐标点的值
14       y = location["y"]
15       size = element.size
16       width = size["width"]
17       height = size["height"]
18       start_x = x + width*0.9
19       end_y = y + height * 0.5
20       end_x = x + width * 0.1
21       while True:
22           page_source = driver.page_source
23           try:
24               time.sleep(2)
25               driver.find_element(*target_ele).click()
26               return True
27           except Exception as e:
28               driver.swipe(start_x, end_y, end_x, end_y, duration=1500)
29           if page_source == driver.page_source:
30               print("已滑屏到最后的页面，没有找到对应频道！")
31               return False
```

3. App 用户端主页面

在 page.app 包中创建一个名为 index_page.py 的文件，在该文件中分别创建 IndexPage 类、IndexHandle 类和 IndexProxy 类，这 3 个类分别用于封装 App 用户端主页面的对象库层、操作层和业务层的代码，具体代码如文件 10-14 所示。

【文件 10-14】 index_page.py

```
1  from selenium.webdriver.common.by import By
2  from base.app.base import BasePage, BaseHandle
3  from utils import app_swipe_find
4  # 定义对象库层
5  class IndexPage(BasePage):
6      def __init__(self):
7          super().__init__()
8          # 滑动的框
9          self.scroll_element = By.CLASS_NAME, "android.view.View"
10         # 单击的频道
11         self.channel = By.XPATH, "//android.view.View/*[contains(@text, '{}')]"
12     # 查找滑动框
13     def find_scroll_element(self):
14         return self.get_element(self.scroll_element)
15 # 定义操作层
16 class IndexHandle(BaseHandle):
17     def __init__(self):
18         self.index_page = IndexPage()
19     # 边滑动边查找对应的频道
20     def click_channel(self, channel):
21         xpath = self.index_page.channel[0], self.index_page.channel[1].format(channel)
```

```
22          app_swipe_find(self.index_page.driver,
23                      self.index_page.find_scroll_element(), xpath)
24 # 定义业务层
25 class IndexProxy:
26     def __init__(self):
27         self.index_handle = IndexHandle()
28     def find_channel(self, channel):
29         # 滑动频道元素框单击对应的频道
30         self.index_handle.click_channel(channel)
```

上述代码中，第 5~14 行代码创建了 IndexPage 类，该类用于定义主页面中的元素对象。

第 16~23 行代码创建了 IndexHandle 类，该类用于定义主页面元素对象的操作。

第 25~30 行代码创建了 IndexProxy 类，该类用于实现操作层的功能。

10.7　测试用例脚本编写

根据 10.3 节设计的测试用例，下面将对自媒体运营系统测试用例脚本、后台管理系统测试用例脚本和 App 用户端测试用例脚本进行详细讲解。

10.7.1　自媒体运营系统测试用例脚本

编写自媒体运营系统用户登录功能和发布文章功能的测试用例脚本的具体步骤如下。

1. 创建 scripts 包和 mp 包

在 hmAutoTest 项目中创建一个名为 scripts 的包，在该包中创建一个名为 mp 的包。

2. 创建 test_publish_article.py 文件

在 scripts.mp 包中，创建一个名为 test_publish_article.py 的文件。在该文件中编写自媒体运营系统用户登录功能和发布文章功能的测试用例脚本，具体代码如文件 10-15 所示。

【文件 10-15】　test_publish_article.py

```
1  import logging
2  import allure
3  import pytest
4  from config import BaseDir
5  import time
6  from page.mp.home_page import HomeProxy
7  from page.mp.login_page import LoginProxy
8  from page.mp.publish_page import PublishProxy
9  from utils import UtilsDriver, is_exist, get_case_data
10 case_data = get_case_data(BaseDir + "/data/mp/test_login_data.json")
11 # 定义测试类
12 @pytest.mark.run(order=1)
13 class TestPublishArticle:
14     # 定义类级别的 fixture 初始化操作方法
15     def setup_class(self):
16         self.login_proxy = LoginProxy()
17         self.home_proxy = HomeProxy()
18         self.publish_proxy = PublishProxy()
19     # 定义类级别的 fixture 销毁操作方法
20     def teardown_class(self):
21         UtilsDriver.quit_mp_driver()
```

```
22      # 定义登录功能的测试用例方法
23      @pytest.mark.parametrize("username, code, expect", case_data)
24      def test_login(self, username, code, expect):
25          logging.info("用例的数据如下: 用户名: {}, 验证码: {}, "
26                       " 预期结果: {}".format(username, code, expect))
27          self.login_proxy.login(username, code)
28          time.sleep(1)
29          allure.attach(UtilsDriver.get_mp_driver().get_screenshot_as_png(),
30                        "登录截图", allure.attachment_type.PNG)
31          # 获取登录后的用户名信息
32          username = self.home_proxy.get_username_msg()
33          # 根据获取到的用户名进行断言
34          assert expect == username
35          time.sleep(2)
36      # 定义发布文章功能的测试用例方法
37      def test_publish_article(self):
38          time.sleep(2)
39          # 跳转到"发布文章"页面
40          self.home_proxy.go_publish_page()
41          time.sleep(2)
42          # 发布文章的内容
43          self.publish_proxy.publish_article("测试发布文章", "测试发布文章内容", "数据库")
44          assert is_exist(UtilsDriver.get_mp_driver(), "新增文章成功")
45          allure.attach(UtilsDriver.get_mp_driver().get_screenshot_as_png(),
46                        "发布文章截图", allure.attachment_type.PNG)
```

上述代码中，第 10 行代码调用 get_case_data( )方法，用于获取 json 测试数据（后续创建）。get_case_data( ) 方法中传递了 2 个参数，第 1 个参数 BaseDir 表示获取测试数据文件路径的变量名（该变量在后续创建的 config.py 中），第 2 个参数 "/data/mp/test_login_data.json" 表示测试数据在项目中的路径。

第 15～18 行代码定义了 setup_class( )方法，该方法用于初始化登录页面、主页面和"发布文章"页面对象中的业务操作方法。

第 20～21 行代码定义了 teardown_class( )方法，该方法用于销毁 utils 工具类中封装的退出自媒体运营系统的浏览器驱动方法。

第 23～35 行代码定义了 test_login( )方法，该方法用于封装登录功能的测试用例脚本。在 test_login( )方法上方添加了@pytest.mark.parametrize 装饰器，该装饰器用于实现测试数据的参数化。其中，第 29～30 行代码通过结合 Allure 和 pytest 实现对登录功能的截图操作。

第 37～46 行代码定义了 test_publish_article( )方法，该方法用于封装发布文章功能的测试用例脚本。

10.7.2　后台管理系统测试用例脚本

编写后台管理系统管理员登录功能和内容审核功能的测试用例脚本的具体步骤如下。

1. 创建 mis 包

在 scripts 包中创建一个名为 mis 的包。

2. 创建 test_review_article.py 文件

在 scripts.mis 包中创建一个名为 test_review_article.py 的文件，在该文件中编写后台管理系统管理员登录功能和内容审核功能的测试用例脚本，具体代码如文件 10-16 所示。

【文件 10-16】　test_review_article.py

```
1  import time
```

```
2  import pytest
3  from config import BaseDir
4  from page.mis.audit_page import AuditProxy
5  from page.mis.home_page import HomeProxy
6  from page.mis.login_page import LoginProxy
7  from utils import UtilsDriver, get_case_data
8  case_data = get_case_data(BaseDir + "/data/mis/test_login_data.json")
9  @pytest.mark.run(order=2)
10 class TestLogin:
11     # 定义类级别的fixture初始化操作
12     def setup_class(self):
13         self.login_proxy = LoginProxy()
14         self.home_proxy = HomeProxy()
15         self.audit_proxy = AuditProxy()
16     # 定义类级别的fixture销毁操作
17     def teardown_class(self):
18         UtilsDriver.quit_mis_driver()
19     # 定义测试方法
20     @pytest.mark.parametrize("username, password, expect", case_data)
21     def test_login(self, username, password, expect):
22         self.login_proxy.login(username, password)
23         time.sleep(2)
24         result = self.home_proxy.get_quit()
25         assert expect in result
26     # 定义测试方法
27     def test_audit_article(self):
28         time.sleep(3)
29         self.home_proxy.go_content_audit()
30         self.audit_proxy.audit_article("测试发布文章",
31                                        "审核通过", "2021-11-10 00:00:00")
32         result = self.audit_proxy.audit_article_pass("测试发布文章")
33         assert result
```

上述代码中，第 12~15 行代码定义了 setup_class( )方法，该方法用于初始化后台管理系统的登录页面、主页面和"内容审核"页面对象中的业务操作方法。

第 17~18 行代码定义了 teardown_class( )方法，该方法用于销毁 utils 工具类中封装的退出后台管理系统的浏览器驱动方法。

第 20~25 行代码定义了 test_login( )方法，该方法用于实现管理员登录功能的测试用例脚本。

第 27~33 行代码定义了 test_audit_article( )方法，该方法用于实现管理员内容审核的功能。

10.7.3　App 用户端测试用例脚本

编写 App 用户端登录功能和滑屏查看文章功能的测试用例脚本的具体步骤如下。

1. 创建 app 包

在 scripts 包中创建一个名为 app 的包。

2. 创建 test_review_article.py 文件

在 scripts.app 包中创建一个名为 test_review_article.py 的文件，在该文件中编写 App 用户端登录功能和滑屏查看文章功能的测试用例脚本，具体代码如文件 10-17 所示。

【文件 10-17】　test_review_article.py

```
1  import time
```

```
2  import pytest
3  from page.app.index_page import IndexProxy
4  from page.app.browser_page import BrowserProxy
5  from page.app.login_page import LoginProxy
6  from utils import UtilsDriver
7  # 定义测试类
8  @pytest.mark.run(order=3)
9  class TestFindArticle:
10     # 定义类级别的 fixture 初始化方法
11     def setup_class(self):
12         self.index_proxy = IndexProxy()
13         self.browser_proxy = BrowserProxy()
14         self.login_proxy = LoginProxy()
15     # 定义类级别的 fixture 销毁方法
16     def teardown_class(self):
17         time.sleep(2)
18         UtilsDriver.quit_app_driver()
19     def test_visit_hm(self):
20         # 在模拟器的浏览器中输入黑马头条链接
21         self.browser_proxy.go_hm_page("http://mp-toutiao-python.itheima.net")
22         time.sleep(2)
23     def test_login(self):
24         self.login_proxy.go_index()
25     def test_find_channel(self):
26         self.index_proxy.find_channel("数据库")
```

上述代码中，第 8 行代码添加了 @pytest.mark.run 装饰器，用于设置测试用例的执行顺序，将该装饰器中的参数 order 值设置为 3，表示 TestFindArticle 类中的测试用例执行顺序为第 3 个。

第 11~14 行代码定义了 setup_class() 方法，该方法用于初始化 App 用户端页面对象中的操作方法。

第 16~18 行代码定义了 teardown_class() 方法，该方法用于销毁 utils 工具类中封装的退出 App 用户端的浏览器驱动方法。

第 19~22 行代码定义了 test_visit_hm() 方法，该方法用于测试在浏览器中访问黑马头条的链接。

第 23~24 行代码定义了 test_login() 方法，该方法用于测试登录黑马头条 App 用户端。

第 25~26 行代码定义了 test_find_channel() 方法，该方法用于测试滑屏查找"数据库"频道的文章。

10.8　数据驱动与日志收集

由于自动化测试在执行的过程中会出现异常或受网络影响等情况，所以需要收集测试用例脚本在执行过程中输出的日志信息。通过收集和分析日志信息，能够快速定位测试用例脚本出现的问题。接下来将介绍数据驱动与日志收集，具体实现步骤如下。

1. 创建 data 包和 mp 包

首先在 hmAutoTest 项目中创建一个名为 data 的包，然后在该包中创建一个名为 mp 的包，mp 包用于存放自媒体运营系统的测试数据。

2. 创建自媒体用户登录的测试数据文件

在 data.mp 包中，创建一个名为 test_login_data.json 的文件，该文件用于存放自媒体运营系统的用户登录的测试数据，具体内容如文件 10–18 所示。

【文件 10-18】　test_login_data.json

```
1  {
2    "login_success": {
3      "username": "",
4      "code": "",
5      "expect": "python"
6    }
7  }
```

上述代码中，"login_success"表示数据字典的名称，"username"表示自媒体用户的用户名，"code"表示验证码，"expect"表示断言的期望值。

需要注意的是，由于后台代码设置了自媒体运营系统在登录时自动输入手机号和验证码（系统的登录用户名为 12011111111，验证码为 246810），所以在文件 10–18 中将 username 和 code 的值设置为空。

3. 创建 mis 包

在 data 包中创建一个名为 mis 的包，该包用于存放后台管理系统的测试数据。

4. 创建管理员登录的测试数据文件

在 data.mis 包中，创建一个名为 test_login_data.json 的文件，该文件用于存放后台管理系统的管理员的登录测试数据，具体内容如文件 10–19 所示。

【文件 10-19】　test_login_data.json

```
1   {
2    "login_success": {
3      "username": "demo",
4      "password": "ABCdefg123",
5      "expect": "退出"
6    }
7  }
```

上述代码中，"login_success"表示数据字典的名称，"username"表示管理员的用户名，"password"表示管理员登录的密码，"expect"表示断言的期望值。

5. 创建 config.py 文件

在 hmAutoTest 项目中创建一个名为 config.py 的文件，在该文件中编写获取测试数据文件路径的代码和日志收集的代码，这些代码可在自媒体运营系统测试用例脚本、后台管理系统测试用例脚本中被调用，具体代码如文件 10–20 所示。

【文件 10-20】　config.py

```
1  import logging, logging.handlers
2  import os
3  BaseDir = os.path.dirname(__file__)
4  def init_logging():
5      # 创建日志器
6      logger = logging.getLogger()
7      # 设置日志的级别
8      logger.setLevel(logging.DEBUG)
9      # 创建处理器
10     fh = logging.handlers.TimedRotatingFileHandler(BaseDir+"/log/log.log",
11                                       when="midnight", interval=1, backupCount=7)
12     # 创建日志对象
13     sh = logging.StreamHandler()
14     fh.setLevel(logging.INFO)
15     sh.setLevel(logging.INFO)
```

```
16      # 创建格式器
17      fmt = "%(asctime)s %(levelname)s [%(name)s] " \
18          "[%(filename)s(%(funcName)s:%(lineno)d)] - %(message)s"
19      formatter = logging.Formatter(fmt=fmt)
20      # 在处理器中添加格式器
21      fh.setFormatter(formatter)
22      sh.setFormatter(formatter)
23      # 在日志器中添加处理器
24      logger.addHandler(sh)
25      logger.addHandler(fh)
```

上述代码中，第 3 行代码调用 os.path.dirname( )方法来获取文件的路径，然后赋值给 BaseDir 变量，该方法中的参数__file__表示当前文件，这里指 config.py 文件。第 6 行代码调用 getLogger( )方法创建日志器。第 8 行代码调用 setLevel( )方法设置日志的级别。第 10～15 行代码调用集成在 logging 模块中的 TimedRotatingFileHandler 类，该类可以设置固定时间间隔的日志记录，其中第 1 个参数 "BaseDir+"/log/log.log"" 表示日志存放的路径，第 2 个参数 when 表示日志切割的间隔时间，第 3 个参数 interval 表示间隔时间单位的个数，第 4 个参数 backupCount 表示保存日志的文件个数。第 17～19 行代码调用 logging 模块中的 Formatter 类创建格式器。第 21～22 行代码调用 Handler 类中的 setFormatter( )方法，该方法用于在处理器中添加格式器。第 24～25 行代码调用 Logger 类中的 addHandler( )方法，该方法用于在日志器中添加处理器。

6. 创建 pytest.init 配置文件

在 hmAutoTest 项目中创建一个名为 pytest.init 的配置文件，该文件的具体代码如文件 10–21 所示。

【文件 10-21】   pytest.init

```
1  [pytest]
2  addopts = -s --alluredir report
3  python_files = test*.py
4  python_classes = Test*
5  python_functions = test_*
6  testpaths = ./scripts
```

10.9   测试报告生成

在实际的测试场景中，自动化测试的结果最终是通过测试报告来呈现的，测试报告能够记录测试用例执行结果、测试步骤、测试环境等，接下来介绍黑马头条项目测试报告生成的具体步骤。

（1）通过 pytest 命令运行项目中的所有测试用例脚本文件。

（2）通过 allure 命令将测试结果文件转成 HTML 格式文件。

默认情况下，执行 pytest 命令运行测试用例后生成的测试报告文件是 JSON 格式，此时需要通过 allure 命令 "allure generate report –o report/html --clean" 将 JSON 格式的文件转换成 HTML 格式的文件，allure 命令执行结果如图 10–9 所示。

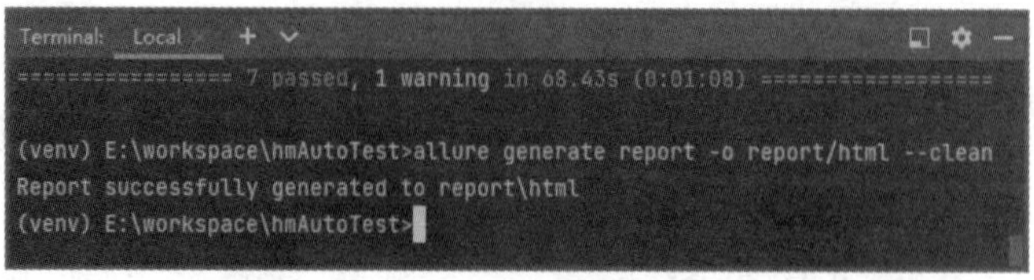

图10–9   allure命令执行结果

在图 10–9 中，输出的信息是 "Report successfully generated to report\html"，说明 JSON 格式的测试报告文

件成功转换为 HTML 格式的文件，生成测试报告文件的位置如图 10-10 所示。

在图 10-10 所示的 hmAutoTest 项目的 report 文件夹中，可以看到名为 index.html 的测试报告文件，说明 JSON 文件成功转换为 HTML 格式的文件。选中 index.html 文件，以浏览器的方式打开即可查看测试报告，index.html 文件的打开方式如图 10-11 所示。

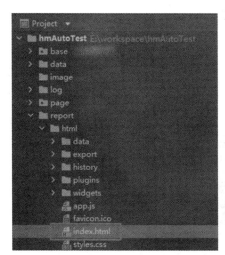

图10-10　生成测试报告文件的位置

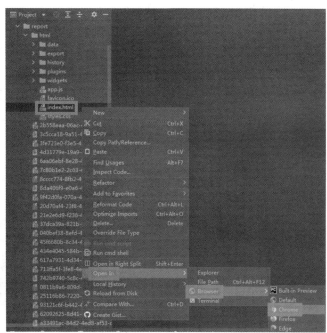

图10-11　index.html文件的打开方式

在图 10-11 中，选中 index.html 文件，鼠标右键单击依次选择 "Open In→Browser→Chrome" 选项，即可通过 Chrome 浏览器查看生成的测试报告，如图 10-12 所示。

图10-12　通过Chrome浏览器查看生成的测试报告

由图 10-12 可知，测试通过率为 100%，通过选择左侧的菜单还可以查看 "总览" "类别" "测试套" "图表""时间刻度""功能""包"。

10.10 项目持续集成

在实际的自动化测试过程中，通常会将自动化测试的脚本代码上传到 Git 进行版本控制，再通过 Jenkins 工具实现持续集成，便于后续管理和维护测试脚本，接下来将介绍对黑马头条项目进行持续集成的内容。

实现黑马头条项目持续集成的具体操作步骤如下。

1. 将自动化测试脚本代码上传到 Git

将黑马头条项目的自动化测试脚本代码上传到 Git 的具体步骤如下：

（1）创建本地仓库

首先在计算机的 E 盘（黑马头条项目保存在此盘）中创建一个名为 Chapter10 的文件夹，然后将黑马头条项目的自动化测试脚本代码复制到该文件夹中，最后选中 Chapter10 文件夹，鼠标右键单击选择"Git Bash Here"选项，此时会进入 Git 命令窗口。通过执行"git init"命令创建本地仓库，创建本地仓库的窗口如图 10-13 所示。

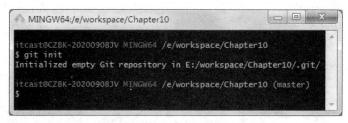

图10-13　创建本地仓库的窗口

由图 10-13 可知，执行"git init"命令后，在 Chapter10 文件夹中将自动生成一个.git 文件夹。

（2）将本地代码提交到缓存区

通过执行"git add ."命令将 Chapter10 文件夹中的所有文件都提交到缓存区，将本地代码提交到缓存区的窗口如图 10-14 所示。

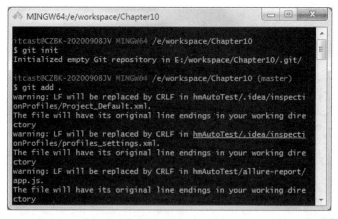

图10-14　将本地代码提交到缓存区的窗口

（3）将本地代码提交到本地仓库

通过执行"git commit -m"命令将本地代码提交到本地仓库中，将本地代码提交到本地仓库的窗口如图 10-15 所示。

图10-15　将本地代码提交到本地仓库的窗口

（4）创建远程仓库

在浏览器中访问 Gitee 官方网站，然后登录个人 Git 账号，单击页面中的➕图标，进入"新建仓库"页面，如图 10-16 所示。

图10-16　"新建仓库"页面

在图 10-16 中，输入仓库名称"Chapter10"，通常输入仓库名称后路径会自动填充，然后根据实际需要输入仓库介绍，选择"开源"或"私有"等选项，最后单击"创建"按钮即可成功创建远程仓库。

远程仓库成功创建后，页面将自动进入 Chapter10 仓库页面，如图 10-17 所示。

蓝小花/Chapter10
gitee.com/quan/chapter10
gitee
开源软件
企业版
特惠
高校版
私有云
博客
我的
蓝小花 / Chapter10
代码
Issues 0
Pull Requests 0
Wiki
快速设置— 如果你知道该怎么操作，直接使用下面的地址
HTTPS
SSH
https://gitee.com/quan/chapter10.g
我们强烈建议所有的git仓库都有一个 README, LICENSE, .gitignore 文件
初始化 readme 文件

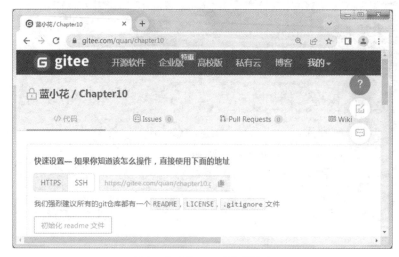

图10–17　Chapter10仓库页面

在图 10–17 中，单击页面的![]，复制 Chapter10 仓库的地址。

（5）将本地仓库代码上传到远程仓库

首先执行“git remote add origin+仓库地址”命令，再执行“git push –u origin master”命令，即可将本地仓库代码上传到远程仓库。将本地仓库代码上传到远程仓库的窗口如图 10–18 所示。

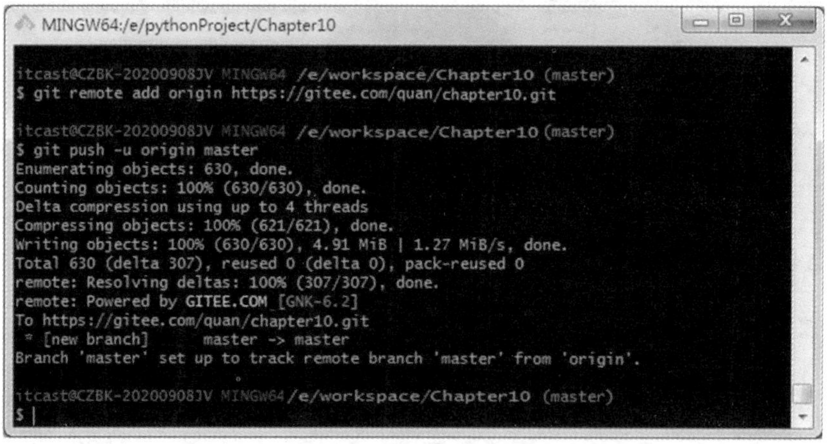

MINGW64:/e/pythonProject/Chapter10
itcast@CZBK-20200908JV MINGW64 /e/workspace/Chapter10 (master)
$ git remote add origin https://gitee.com/quan/chapter10.git
itcast@CZBK-20200908JV MINGW64 /e/workspace/Chapter10 (master)
$ git push -u origin master
Enumerating objects: 630, done.
Counting objects: 100% (630/630), done.
Delta compression using up to 4 threads
Compressing objects: 100% (621/621), done.
Writing objects: 100% (630/630), 4.91 MiB | 1.27 MiB/s, done.
Total 630 (delta 307), reused 0 (delta 0), pack-reused 0
remote: Resolving deltas: 100% (307/307), done.
remote: Powered by GITEE.COM [GNK-6.2]
To https://gitee.com/quan/chapter10.git
* [new branch]   master -> master
Branch 'master' set up to track remote branch 'master' from 'origin'.
itcast@CZBK-20200908JV MINGW64 /e/workspace/Chapter10 (master)
$

图10–18　将本地仓库代码上传到远程仓库的窗口

由图 10–18 可知，本地仓库的代码已经成功上传到远程仓库中。为了验证本地仓库的代码是否成功上传到远程仓库，可以访问 Chapter10 仓库的链接地址，查看 Chapter10 仓库页面如图 10–19 所示。

由图 10–19 可知，本地仓库的代码已经全部成功上传到远程仓库中。

2. 在 Jenkins 页面新建 Item

首先启动 Jenkins，然后单击“工作台”[Jenkins]页面左侧菜单栏的“新建 Item”选项，“工作台”[Jenkins]页面如图 10–20 所示。

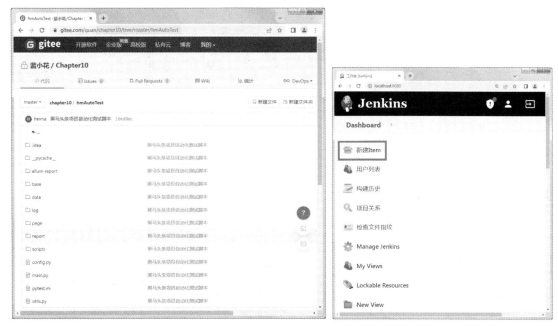

图10-19　查看Chapter10仓库页面　　　　　　　　图10-20　"工作台"[Jenkins]页面

3. 输入一个任务名称

单击"新建 Item"选项后，进入"新建 Item"页面，如图 10-21 所示。

图10-21　"新建Item"页面

在图 10-21 中，首先在"输入一个任务名称"文本框中输入"Chapter10"，然后单击"Freestyle project"，最后单击"确定"按钮。

4. 配置源码管理

在图 10-21 中，单击"确定"按钮后将进入"Chapter10"配置页面，由于黑马头条项目自动化测试脚本代码已经成功上传到远程仓库中，所以接下来需要在 Jenkins 中配置源码管理。单击菜单栏的"源码管理"，将定位到"源码管理"页面。"源码管理"页面如图 10-22 所示。

图10-22 "源码管理"页面

在图 10-22 中，选择"源码管理"下方的"Git"选项，然后将远程仓库地址复制到"Respository URL"下方的输入框中。

5. 配置构建触发器

单击菜单栏的"构建触发器"，将定位到"构建触发器"页面，"构建触发器"页面如图 10-23 所示。

图10-23 "构建触发器"页面

在图 10-23 中，需要勾选 "Poll SCM" 复选框，在日程表中设置构建的时间，此处设置为 "H 1-17/3＊＊＊"，表示每天的 1～17 点每隔 3 小时构建一次黑马头条项目自动化测试脚本代码。

6. 配置构建

单击菜单栏的 "构建"，将定位到 "构建" 页面，"构建" 页面如图 10-24 和图 10-25 所示。

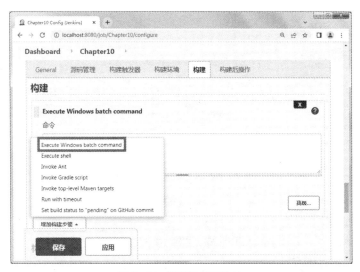

图10-24　"构建" 页面（1）

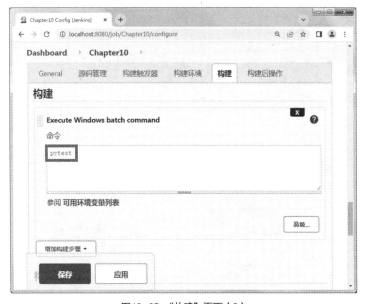

图10-25　"构建" 页面（2）

在图 10-24 中，首先单击 "增加构建步骤" 下拉选择框，然后选择 "Execute Windows batch command" 选项，此时需要在图 10-25 的输入框中输入命令 "pytest"。

7. 配置 Allure 测试报告

单击菜单栏的 "构建后操作"，将定位到 "构建后操作" 页面，"构建后操作" 页面如图 10-26 所示。

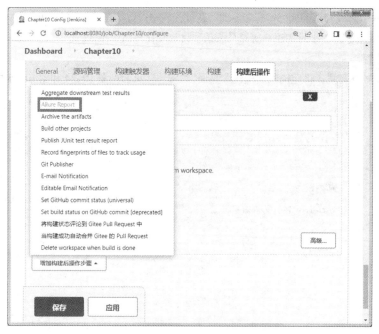

图10-26 "构建后操作"页面

在图 10-26 中，需要单击"增加构建后操作步骤"下拉选择框，然后单击"Allure Report"选项，此时需要填写测试报告数据生成的目录，配置测试报告目录页面如图 10-27 所示。

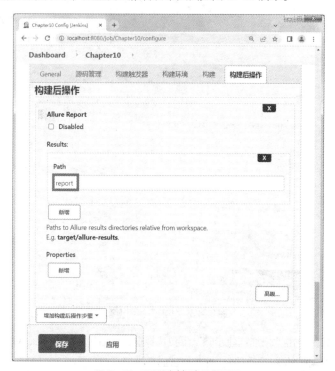

图10-27 配置测试报告目录页面

在图 10-27 所示的"Path"下方的输入框中，填写 pytest.ini 文件中配置的生成测试报告文件所在的目录。

8. 配置邮件通知

配置邮件通知的步骤与配置 Allure 插件的步骤类似，在"构建后操作"页面中单击"增加构建后操作步骤"下拉选择框，然后单击"Editable Email Notification"选项，配置邮件通知页面如图 10-28 所示。

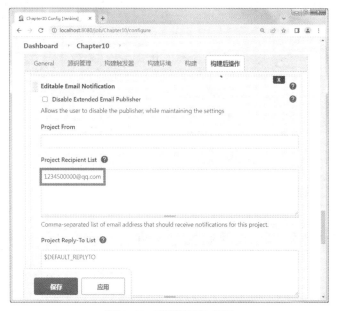

图10-28　配置邮件通知页面

在图 10-28 中，需要在"Project Recipient List"下面的输入框中填写收件人（测试人员）的邮箱地址，最后单击"保存"按钮即可完成配置。

9. 开始构建项目

单击"保存"按钮后，进入"Project Chapter10"页面，如图 10-29 所示。

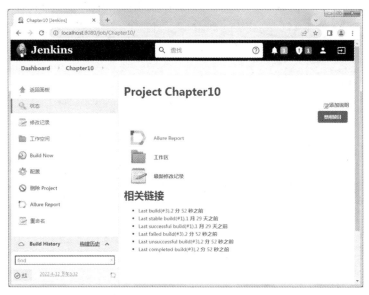

图10-29　"Project Chapter10"页面

在图 10-29 中，单击页面左侧的"Build Now"选项，将开始构建黑马头条项目的自动化测试脚本代码，

单击  可查看详细的构建信息，Chapter10 详细构建信息如图 10-30 所示。

图10-30　Chapter10详细构建信息

在图 10-30 中，可以查看状态集、变更记录、控制台输出结果等信息。

至此，完成黑马头条项目的持续集成。

10.11　本章小结

　　本章主要介绍了项目实战——黑马头条，针对该项目测试了 3 个子系统的部分功能，主要包括自媒体运营系统的登录功能和发布文章功能、后台管理系统的登录功能和内容审核功能、App 用户端的登录功能和滑屏查看文章功能。其中，自媒体运营系统和后台管理系统是基于 Web 端的自动化测试，App 用户端是基于 App 端的自动化测试。在项目的测试过程中用到了元素定位、元素操作、pytest 框架、参数化、日志收集、Allure 插件生成测试报告、Git 和 Jenkins 工具实现项目持续集成等知识点，这些知识点在自动化测试的过程中十分有用，因此希望读者能够认真分析测试功能模块，并按照步骤完成黑马头条项目的自动化测试。